씨앗부터 키워서
천이숲 만들기

일러두기

책에 나오는 식물 이름은 국가표준식물목록(www.nature.go.kr/kpni/index.do)을 기준으로 정리했습니다.

씨앗부터
키워서
천이숲
만들기

노을공원시민모임

글 김성란·오충현

목수책방
木水冊房

글을 열며

가만히 나무를 바라본다. 지금은 아름드리나무가 된 저 나무도 한때는 작은 씨앗이었다. 너무 작아 씨앗을 잃어버릴까 조심조심 흙 속에 심고 돌보던 기억이 난다. 나무의 어린 시절이 떠오른다. 지금보다 더 작고 여린 나무의 모습, 흙을 뚫고 막 올라온 새싹의 모습과 흙 속에서 싹을 틔우기 위해 준비하는 씨앗의 모습까지. 꼼짝 않고 있는 듯 보이지만 콩닥콩닥 생명의 파동을 뿜어내는 씨앗은 떠올리는 것만으로도 사랑스럽고 귀하다.

옛 쓰레기 매립지 난지도는 2002년 월드컵공원이 되었다. 하지만 쓰레기는 그대로 남아 있다. 눈에 보이지 않을 뿐이다. 이 땅에서 씨앗을 키워 숲을 만드는 노을공원시민모임이하 노고시모은 대면 활동이 어려워져도 사람들이 숲을 잊지 않도록 2020년 '집에서 씨앗 키우는 통나무'이하 '집씨통'를 만들었다. 쓰레기산을 숲으로 만드는 데 필요한 나무 씨앗을 '집씨통'으로 받아 집에서 키운 뒤 일정 크기 이상 자라면 돌려받아 쓰레기산을 '동물이 행복한 숲'으로 만드는 활동이다. 포장재 쓰레기가 나오지 않도록 고안한 '집씨통'은 받은 씨앗에서 싹이 틀 때까지 계절에 따라 몇 주에서 몇 달이 걸리기도 하는, 참여자들의 애를 태우는 활동이기도 하다. 그럼에도 대부분의 사람이 그 시간을 기다려 준다. 물론 언제 싹이 나는지, 내 씨앗이 잘못된 건 아닌지, 내가 잘못 돌보고 있는 건 아닌지 수도 없이 묻고 확인하지만 실망하면서도 다시 믿어 주고, 애태우면서도 다시 희망하면서 씨앗에서 싹이 트기를 바라고 돌보며 기다린다. 그 모습을 보면 우리가 처음 이곳에서 숲을 꿈꾸며 겪은 일들이 떠오른다.

씨앗부터 키워서 숲을 만드는 일은 우리 삶과 닮았다는 생각이 든다. 씨앗과 마주하고 이런저런 기대를 담아 돌보지만 계획과 다른 모습이 되면 내가 제대로 하는 것인지, 어떻게 해야 제대로 되는 건지 고민이 시작된다. 쓰레기 매립지에서 씨앗부터 키운 숲을 꿈꾸며 강산이 변한다는 세월이 지났지만 지금도 그 고민은 여전하다. 그러나 걸음을 멈추지 않는다면 예측할 수는 없지만 분명히 존재하는 '좋은 때 좋은 방법'으로 숲이 될 어린나무와 만난다는 사실을 이제는 조금 알게 되었다. 다만 그렇게 하기 위해서는 씨앗을 키우는 방법을 잘 배우고, 배운 것을 직접 해 보며 자신의 감각을 키우는 일이 필요하다. 지식은 실천을 통해 내 것이 되고, 내 것이 되어야 지혜라는 믿을 수 있는 길잡이가 되기 때문이다. 숲을 가꾸는 일도 삶을 가꾸는 일도 다르지 않다.

우리 역시 쓰레기산에서 씨앗을 키워 숲을 만들며 수없이 많은 시행착오를 겪고 있다. 시행착오는 너에게도 나에게도 아픔일 수밖에 없다. 그 아픔을 보상하고 치유하는 길은 시행착오를 성장의 기회로 만들려는 노력을 멈추지 않는 것인지도 모른다. 우리의 경험과 고민이 우리 자신뿐 아니라 우리와 비슷한 꿈을 꾸는 이들에게도 도움이 되면 좋겠다는 생각을 하게 된 이유이기도 하다.

쓰레기산 난지도에서 어떻게 숲을 꿈꾸게 되었는지, 씨앗부터 키워서 숲을 만들려는 이유는 무엇이며 그 과정에서 겪은 시행착오와 배움은 무엇인지, 우리가 생각하는 숲은 무엇이며 우리는 지금 무엇을 꿈꾸며 걷고 있는지, 그때그때 마주한 상황에서 고민하고 시도하며 수정해 온 길을 적어 보았다. 때로는 실수에서 배운 것을 내 것으로 소화하지 못해 똑같은 듯 보이는 실수를 반복하며 똑같은 듯 보이는 배움을 다시 마주하는 우리를 보게 될 것이다. 그렇게 올라가면 떨어지고 다시 올라가는 듯하면 또 떨어지기를 반복해 온 우리를 보며 부디 같은 자리를 맴돌지 말고 나선을 그리듯 조금씩이라도 나아지는 여러분이 되기를 바란다.

우리가 숲을 가꾸며 거쳐 온 시행착오가 조금이라도 더 나은 성장의 기회가 될 수 있도록 이 책에는 숲 생태 전문가인 동국대학교 바이오환경과학과 오충현 교수님, 환경친화적인 화법을 고민하는 화가 흐른님, 출판으로 생태 친화적인 세상을 펼치는 목수책방 전은정 대표님, 그리고 중학생 때부터 대학생이 된 이후에도 꾸준히 친구들과 봉사활동을 지속하는 사랑스러운 '꿈꾸는 젊은이' 지원, 우진, 세빈이 마음을 모아 주었다. 좋은 벗과 만난다는 건 행운이다. 개인적인 일만으로도 하루가 꽉 차는 그들이 서로를 응원하고 배려하려는 마음을 내준 덕에 서툴고 소박한 현장 경험이 숲을 가꾸고 삶을 가꾸려는 이들에게 작게나마 참고가 될 수 있을 것 같아 기쁘고 고맙다.

식물에 관해 아는 것이 전혀 없었기 때문에 쓰레기산에 씨앗을 심으며 숲을 꿈꿀 수 있었는지도 모른다. 그러니 어떤 조건으로 출발선에 섰는지 너무 걱정하지 말았으면 좋겠다. 숲을 가꾸고 삶을 가꾸려는 마음만으로도 이미 많은 것을 가졌다는 사실을 믿고 나아가기를. 걸음을 멈추지 않는다면, 길을 걷는 그 마음이 진심이라면, 가장 좋은 때에 가장 좋은 방법으로 길은 열릴 것이다. 그것이 우리가 쓰레기산에서 씨앗부터 키워서 숲을 만들며 배워 온 교훈이다. 쓰레기산을 살리고 있는 모두가 보여 준 그 희망을 많은 이에게 보여 드릴 수 있다면 참 좋겠다.

2023년 여름 김성란

차례

글을 열며   4

1장 마주하다

난지도를 걷다   12
'위해식물'과 마주하다   16

2장 숲을 꿈꾸다

생명을 받아 생명을 이어 가다   20
도움이 되도록 돕다   32
정직하게 나와 마주하다   53
본질을 기억하다   63
있는 그대로 바라보다   69

3장 씨앗부터 키워서 100개 숲 만들기

정말 나무를 심어도 될까?   75
우리가 숲을 만들 수 있을까?   87
숲이 될 나무가 자라는 '나무자람터'   103
씨앗부터 키우다   114
숲을 만들다   125
흙을 보태다   133
풀과 살다   146
동물이 마실 물그릇을 준비하다   158
빗물을 모으다   175

4장 다시, 마주하다

어떻게 볼 것인가	198
다시, 난지도를 걷다	212
다시, 숲을 꿈꾸다	216

5장 씨앗부터 키워서 1002遷移숲 만들기

인간 다람쥐가 되다	225
'집씨통'으로 내 마음에 나무를 심다	235
씨앗을 모으다	251
이 땅이 1002遷移숲이 되기를 바라며	263

6장 도시에서 천이숲을 만든다는 것의 의미 (글_오충현)   277

부록 : '씨앗부터 키워서 1002遷移숲 만들기'에 참여해 보세요!   311

① 마주하다

내 앞에 무엇이 펼쳐질지 명확하게 알 수 있는 사람이 얼마나 될까? 대부분의 우리는 내 삶이 이러저러하기를 바라고 예측하고 노력하지만 뜻대로 되지 않는 일이 비일비재하다. 어떤 일이 벌어질지 미리 알 수 없고 벌어진 일 자체를 되돌릴 수 없는 인간이 할 수 있고 또 해야 하는 일은 무엇일까. 마주한 상황에서 '나는 어떻게 할 것인가' 최선의 선택을 할 수 있도록 최고의 선을 가려낼 수 있는 눈을 부단히 길러 가는 것, 지금의 나에게는 그 외의 방법이 떠오르지 않는다.

최선을 선택하려면 세상을 바라보는 자기 인식에 '깨어나는' 과정이 있어야 한다. 마주한 상황을 어떻게 보고 있는가, 내 시선을 알아차리고 점검하는 일이다. 삶은 끊임없는 만남의 연속이다. 눈을 뜨는 순간부터 감을 때까지 누군가를 마주하고 무언가를 마주한다. 다채롭게 변화하는 햇살과 바람의 온도, 곳곳에 살아 숨 쉬는 크고 작은 생명들, 마주할 때마다 고맙고 경이로운 맑은 물과 소박한 밥상, 보고 또 보아도 물리지 않는 다양한 표정의 하늘까지. 대상을 가리지 않는다면 삶에서 무언가와 마주치지 않는 순간은 없다고도 할 수 있다. 하지만 아무리 애써도 삶의 기억은 언제나 듬성듬성 비어 있다. 모든 만남이 어쩌면 하나의 씨앗이건만 어떤 만남은 뿌리를 내리고 어떤 만남은 그렇지 못하다.

삶이 다양한 만남의 연속이라면 살아간다는 건 순간순간의 마주침에 반응하며 그 순간을 수놓아 가는 과정처럼 느껴진다. 모르고 지나치는 반응부터 희로애락에 얽히는 반응까지, 실의 색깔은 다양하지만 그 과정을 오롯이 즐길 수 있는 사람은 많지 않은 듯하다. 어쩌면 삶에서 무엇을 마주하게 될지, 마주한 것이 어떤 의미를 지니고 있는지 잘 모르기 때문인지도 모른다. 기대에 부풀어 싹을 기다리고 씨앗의 성장을 바라보는 기쁨이 어느 날 시들어 가는 잎과 마주하며 걱정으로 변하기도 하듯, 예상치 못한 만남이 설렘으로 다가오는 경우도 있지만 긴장과 두려움으로 다가오는 경우도 드물지 않기 때문이다.

쓰레기산에 심은 나무들이 계속 죽어 가던 때의 우리처럼 마치 낯선 곳에 홀로 떨어진 듯 당혹스럽고 두려운 삶의 마주침이 쌓이면 자신도 모르게 움츠러들고 때로는 잠에서 깨지 않기를, 내일이 오지 않기를 바라게 되기도 한다. 하지만 그 마음은 삶이 멈추기를 바라는 마음이 아니라 예측할 수 없는 아픈 마주침을 미루고 멈추고 거부하고 싶다는 간절함이 아닐까. 모든 것이 차갑게 식어 버리기를 바라는 것이 아니라 그만큼 더 간절하게 포근한 온기를 바라는 것이다. 그렇다면 생을 멈추고 싶다는 소리의 크기만큼 가려지는 삶을 향한 작지만 진실된 소리에 더 귀를 기울여야 하는 것은 아닐까.

난지도를 걷다

난지도와 만난 것은 쓰레기 매립이 끝나고 공원으로 바뀐 다음이다. 그곳에서 시민 참여로 할 수 있는 일을 준비하던 노고시모 사람들을 우연히 만나면서 호기심에 답사를 따라나선 덕이었다. 옛 난지도 자리에 도착하니 활자로만 접하던 쓰레기 매립지의 모습은 찾아볼 수 없었다. 눈앞에 도심 속 대규모 공원이 드넓게 펼쳐져 있었다. 쓰레기 매립지가 이렇게 변하다니 대단하다는 생각이 들었다.

답사는 쉽지 않았다. 공원을 구석구석 잘 살피고 싶었던 그들은 약 270만 제곱미터에 가깝다는 땅을 오롯이 두 발로만 걸어 다녔다. 쓰레기 매립지에 만든 월드컵공원은 모두 네 개 공원으로 이루어져 있다. 도로 포장이 잘되어 있고 평지인 평화의공원과 난지천공원을 답사할 때는 그나마 다리만 아픈 정도였다. 하지만 제1매립장이었던 노을공원과 제2매립장이었던 하늘공원을 다니기 시작하면서 상황이 달라졌다.

1993년 쓰레기 매립이 끝나고 난지도를 공원으로 만들 때 쓰레기는 그 자리에 그대로 남았다. 쓰레기를 그대로 둔 채 매립지 안정화 공사와 복원이라는 이름으로 매립 가스와 오염수 처리 시설을 갖추고, 쓰레기 속으로 빗물이 들어가지 않도록 쓰레기산 상부에 고밀도폴리에틸렌 HDPE 필름을 덮었다. 그 위에 상부 평지에는 1미터 20센티미터 정도, 사면에는 50센티미터 정도의 흙을 덮고 공원을 만들었다. 그렇게 쓰레기산 그대로 공원이 되다 보니 하늘공원과 노을공원은 대략 100미터 높이의 떡시루를 뒤집어엎은 듯한 모습의 공원이 되었다. 두 개 공원을 빙 둘러 마련한 하단의 산책로와 각각의 공원 상부에 마련한 평지 공원은 일반 방문객이 다닐 수 있지만 공원 사면은 출입할 수 없다. 우리는 우선 일반 방문객이 다니는 길을 모두 걸으며 살폈다. 그러고 나서 공원 사면 답사를 시작했다. 비탈진 곳에 들어서는 순간 생각하지도 못했던 광경이 펼쳐졌다. 바닥은 쓰레기가 드러나 있었고, 자생한 큰 나무와 풀이 그 쓰레기 속에서 자라고 있었다. 어떤 곳은 자생한 풀마저 없어서 쓰레기가 드러난 경사지가 그대로 펼쳐져 있었다. 말 그대로 '쓰레기산'이었다.

공원이 된 이곳이 쓰레기 매립지였다는 사실은 답사 전부터 알고 있었다. 하지만 정말 쓰레기와 마주하게 되리라고는 상상조차 하지 못했다. 게다가 수십 년 전에 버려진 쓰레기는 세월이 무색할 정도로 멀쩡했다. 저 멀리 산책로를 걷는 사람들이 보였다. 조금 전 저곳을 걸을 때만 해도 이곳은 쓰레기산에서 공원으로 멋지게 탈바꿈했다고 생각했는데, 그런 생각을 하는 순간에도 이곳에는 쓰레기가 드러나 있었던 것이다. 공원 조성 과정이나 쓰레기가 자연으로 돌아가는 데 걸리는 시간이 종이컵만 해도 최소 20년 이상이라는 이야기 등을 곰곰이 생각해 보면 이 땅의 실제 모습이 어떨지 충분히 예상할 수 있는 일이다. 보이지 않는다고 알아야 할 것에 무관심한 태도로 살아온 건 아닌지, 내가 보는 것이 전부가 아니건만 보이는 것만으로 판단하며 살아가고 있지는 않은지 생각이 많아졌다.

쓰레기 매립지 난지도를 공원으로 만들 때 네 개 공원 중 노을공원은 골프장이 되었다. 그러나 쓰레기 매립이 끝난 후 난지도의 생태계가 회복되고 있다는 증거가 나왔고, 대도시 서울에는 골프장보다 다수 시민이 녹색 복지를 누릴 수 있는 곳이 더 필요하다는 생각을 하는 사람도 많았다. 뜻을 모은 44개 시민단체가 손을 잡았고 2000년부터 노을공원 골프장을 공원으로 바꾸어 달라는 시민운동을 전개했다. 여러 가지 조건이 잘 맞물리면서 2008년 노을공원도 모두를 위한 공원이 되었다. 하지만 그 후로도 개발 시도가 이어졌다. 노을공원 골프장의 공원화를 이끌었던 단체들은 노을공원만이라도 생태적인 공간으로 지켜가기 위해 '노을공원시민모임'이라는 이름의 비영리 시민단체를 만들기로 했다. 2011년 2월부터 전문가 모임과 시민 토론 등을 거치며 어떻게 이 땅을 생태적인 공간으로 지켜 낼 수 있을지 방법을 찾았다. 현장 답사도 그 일환이었다. 그렇게 2011년 8월 23일 100명의 창립 회원이 모여 노고시모 창립 총회를 열었다. 여전히 목적지에 가닿기 위한 방법을 찾고 있었지만 걸음은 시작된 셈이었다.

현장에서 직접 부딪혀야 하는 우리에게 단체의 시작은 움직이는 차의 운전대를 잡은 것과 마찬가지였다. 한 손에는 정보를, 또 한 손에는 백지를 들고 우리가 마주한 것들이 어떤 이야기를 품고 있는지 세심하게 귀를 기울여야 한다는 생각이 들었다. 드러난 쓰레기를 본 뒤로 내가 아는 사실과 이 땅이 품은 진실은 다르다는 생각이 들었기 때문이었다. 그렇게 하기 위해 내가 알고 있는 것을 내려놓아야 하는, 쉽지 않은 노력을 해야 했다.

전체를 볼 수 있는 사람은 많지 않다. 그래서 우리 대부분은 나쁜 의도가 없어도 '사실'이라는 이름으로 서로 다른 이야기를 할 수 있다. 그나마 내가 모른다고 진실이 사라지거나 바뀌지 않는다는 점이 인간이 가진 인식의 한계를 보완해 주는지도 모른다. 우리 역시 난지도의 드러난 쓰레기를 마주하며 내가 아는 것은 전체의 한 부분임을 인정해야 했다. 그 덕에 판단을 서두르지 않고 알고 있는 것에 조금이나마 의문을 제기할 수 있었던 것 같다. 지금 생각해도 다행스럽고 고맙다. 어쩌면 무엇을 얼마나 알고 있는가 만큼이나 내가 모르는 부분도 있다는 것을 바르게 기억해야 어떻게 걸어갈지 끊임없이 생각하며 나아갈 수 있는지도 모른다. 내가 보는 것이 전부가 아니라는 것, 난지도를 걸으며 가장 많이 떠올린 생각 중 하나였다.

'위해식물'과 마주하다

공원 구석구석을 걸으며 마주한 이 땅의 모습은 많은 생각할 거리를 던져 주었다. 공원이라는 이름이 붙었지만 여전히 쓰레기산인 이 땅에서 우리는 무엇을 해야 할까. 아직은 알 수 없는 것투성이지만 다른 것도 아닌 내가 버린 쓰레기로 이루어진 곳인 만큼 도움이 될 수 있는 일을 찾아보기로 했다. 그렇게 처음 시작한 활동이 소위 '위해식물 제거 활동'이었다. 우연이었는지는 몰라도 당시 민관 구분 없이 가장 많은 도움이 필요하다고 언급된 활동이기도 했다.

'위해식물 제거'를 위해 봉사자를 모집했다. 놀랍게도 이제 막 시작한 작은 시민단체지만 많은 사람이 와 주었다. 작은 버스를 대절해 반 학생들을 데리고 오는 선생님도 있었다. 이곳까지 도와주러 오는 것이 고맙기도 하고 쓰레기가 드러난 경사지에 데리고 가는 것이 미안하기도 해서 처음에는 봉사자들이 오기 직전에 작업복에서 깨끗한 옷으로 갈아입곤 했다. 지금 생각하면 너무 엉뚱하지만 그때는 내가 가진 제일 좋은 옷을 입고 그들을 맞이하는 일은 고마움과 미안함을 전하는 일종의 마중 의례 같은 것이었다.

처음에는 '위해식물'로 분류된 환삼덩굴이 무엇이고 어떤 것이 단풍잎돼지풀인지 구분조차 하지 못했다. 서울시서부공원여가센터^{이하} ^{사업소} 담당자에게 구분법을 배워 봉사자들에게 알려 주며 함께 활동했다. 생태계에 해가 된다는 풀을 가려 뿌리째 뽑는 일이었다. 그렇게 '위해식물'을 '제거'하는 활동을 하고 나면 당연히 새 옷은 뜯기고 얼룩이 졌다. 하지만 옷이 망가지는 건 눈에 들어오지도 않았다. 마음에 자꾸 얼룩이 지는 것 같았기 때문이었다.

분명 생태계 보호를 위해 필요한 일이라고 했다. 하지만 살아 있는 어린 풀을 뽑을 때마다 왠지 마음이 불편해졌다. '위해식물'이 무엇일까. 모든 생명은 존재 자체로 귀하다는데 이렇게 뽑아도 될까. 다른 식물에 피해가 가는 것도 막아야 하지만 누군가를 살리기 위해 누군가를 죽이는 것이 정말 최선의 선택일까. "생명은 모두 귀하다고 했는데요"라고 묻는 아이들에게는 어떻게 설명해야 할까. 생태계를 건강하게 지키고 싶다는 마음으로 이곳까지 와서 열심히 풀을 뽑는 봉사자들을 볼 때마다 고민은 더 깊어졌다. 선해 보이는 것과 선한 것은 다를 수 있다. 우리는 어디에 뿌리가 닿아 있는 것일까.

전문적인 생태 지식은 없었지만 모든 생명이 존엄하다면 '위해식물' 목록에 오른 식물도 원래부터 해로운 존재는 아닐 거라는 생각에 자료를 찾아보았다. 이곳에서 '위해식물'인 식물이 누군가에게는 약초이자 염료인 유용한 식물이기도 하다는 것을 알게 되었다. 해가 된다 생각하면 나쁜 식물이고 도움이 된다 생각하면 좋은 식물이라면 '위해식물'도 관점의 산물이라는 뜻이었다. 누군가가 옳다고 하는 의견뿐 아니라 나는 어떻게 볼 것인지 내 관점을 찾아야 했다.

마주한 상황에서 최선의 선택에 가까워지려면 최대한 문제의 근원에 다가가려 노력해야 한다. 잎이 시든다고 반드시 물이 부족한 것은 아니기 때문이다. '위해식물'이 생겨난 원인이 풀 자체에 있는 것이 아니라면 생태계 균형이 깨진 것과 그것을 초래한 인간의 생활 태도에도 원인이 있다고 볼 수 있다. 우선 풀을 정리하며 당장의 피해를 줄이는 것도 필요하지만 근본적인 문제를 해결하기 위해서도 노력해야 한다는 의미다. 생태계 균형을 회복하고 나를 위해서라면 너를 가벼이 여길 수 있는 어긋난 균형 감각을 회복하는 일에도 마음을 기울여야겠다는 생각이 들었다.

모든 존재는 그 자체로 존엄하다. 만약 이 명제가 진리가 아니라면 내 존엄도 조건부가 될 수밖에 없다. 우리는 어떤 조건에서든 존중받기를 원한다. 그렇다면 적어도 우리에게 이 명제는 진리여야 했다. 그래서 우리는 누군가에게 아픔이 되는 상황을 바로잡되 그 존재의 존엄도 지킬 방법을 찾아보기로 했다. 모두가 존중받고 존중하며 살아가는 곳은 어떤 곳일까. 끊임없이 질문을 던지던 우리에게 어느 날 숲이라는 단어가 떠올랐다. 비전문가인 우리에게 숲은 존재 간 힘의 조화가 이루어진 건강한 생명 공동체의 표상처럼 느껴졌다. '그래, 쓰레기산을 숲으로 만들어 보자.' 전문 생태 지식이 없어서 더 용감한 우리의 숲을 향한 도전은 그렇게 시작되었다.

② 숲을 꿈꾸다

생명을 받아 생명을 이어 가다

쓰레기산을 숲으로 만들어 보자는 야무진 꿈은 생겼지만 이렇다 할 변화 없이 시간이 흘러갔다. 숲을 만들려면 어디서부터 어떻게 시작해야 할지 감도 잡지 못한 채 그저 매일매일 눈앞의 일을 처리하는 것만으로도 바빴다. 그러던 어느 날 우리에게 1만 그루의 백두산미인송 백두산에서 자생하는 소나무를 이르는 말 어린나무가 찾아왔다. 한 단체가 백두산에서 직접 씨앗을 받아 키운 나무였다. 다시 북으로 보내기로 하고 키운 것이었지만 정세 변화로 약속이 이행되기 어려워지면서 이곳까지 오게 되었다고 들었다.

관계자와 전문가가 모여 이야기를 나눈 끝에 받아들이기로 했다. 노을공원 상부 한쪽 땅을 가식假植 장소로 쓰기로 했다. 이른 아침 화천에 있는 묘포를 출발한 1만 그루의 백두산미인송 어린나무는 2012년 4월 4일 아침 7시 노을공원 상부에 도착했다. 여러 다발로 묶여 트럭에 실려 온 나무를 일단 도로변에 모두 내렸다. 손수레, 삽, 곡괭이 등 필요한 도구를 사업소 관리반에서 빌려 가식 장소까지 나무를 옮긴 뒤 땅을 팠다. 묘판도 갖추지 않은 메마른 땅인데다, 가식을 해 본 적도 없었지만 조건을 논할 상황이 아니었다. 때 이른 더위에 어린나무가 뿌리를 모두 드러낸 채 눈앞에 놓여 있었다. 일단 땅을 팠다. 손이 모자라 다발을 풀어 한 그루씩 심는 건 엄두도 낼 수 없었다. 최대한 서둘러 흙에 심어야 할 것 같은 생각에 다발째 가식을 이어 갔다. 흙이 너무 말라서 아무리 물뿌리개로 물을 떠다 주어도 수분이 부족했다. 가식한 곳마다 주변에 물고랑을 만들어 물이 고일 수 있게 해 주었다. 이른 아침부터 깜깜한 밤까지 여러 날에 걸쳐 가식을 한 후에야 모두 마칠 수 있었다.

이곳에 정말 백두산미인송을 심어도 되는지, 심는다면 어디에 어떻게 심는 것이 좋은지 관계자와 전문가의 의견을 모았다. 기다리는 사이 다발째 가식한 백두산미인송을 한 묶음씩 꺼내 다발을 풀고 한 그루씩 제대로 심기도 했다. 그렇게 3주 이상이 흐르고 드디어 나무를 심어도 되는 날짜가 잡혀 봉사자를 모집했다. 참여를 희망하는 사람이 꾸준히 이어졌다. 그 덕에 꽤 많은 나무를 사면에 옮겨 심었다. 일부는 가식한 땅 한쪽에 묘판을 새로 만들어 제대로 심고 돌보며 키웠다. 제법 긴 기간 많은 이가 나무를 심고 돌보았다. 하지만 거의 대부분의 나무가 살아남지 못했다. 환경이 맞지 않았을 수도 있고 기다리며 많이 시든 탓도 있겠지만 우리가 서툴고 부족한 탓이 더 컸을 것이다. 미안하다는 말로는 다 표현할 수 없는 마음이었다. 처음부터 받아서는 안 되는 나무를 받아서 그렇게 되었다거나 처음에 다발째 가식해서 그렇게 되었다는 이야기를 들을 때면 너무 미안해서 아무 말도 할 수 없었다.

처음 활동을 시작했을 당시 우리에게는 머물 곳이 없었다. 활동을 할 때면 필요한 물건을 들고 가 나무 뒤에 보이지 않게 놓아둔 채 진행하곤 했다. 크게 불편을 느끼지는 않았지만 가끔 사업소 관리반 분들이 사업소 물건이라 여기고 가방을 가지고 가면 여기저기 수소문해 찾는 재미난 일도 생기곤 했다. 그런 우리가 백두산미인송을 키우느라 공원 한쪽 땅을 거의 매일 사용하게 되고 그곳에 어린나무가 자라면서 그 땅은 서서히 우리가 활동할 수 있는 곳으로 변해 갔다. 처음부터 의도한 것은 아니었지만 숲이 될 나무를 키울 수 있는 땅이 생길 수도 있다는 가능성이 보이자 정말 그렇게 되었으면 좋겠다는 간절한 바람이 자라났다. 그래서 버려진 현수막과 매립지 사면에서 주운 철사로 솟대를 만들어 세우고 '나무자람터'라는 이름을 붙여 주었다. 돌봄의 세월이 흐르며 그 시간만큼 백두산미인송은 사라졌고, 나무자람터는 생겨났다. 마치 백두산미인송이 다른 나무로 모습을 바꿔 다시 태어나고 있는 듯 느껴졌다. 미안함과 고마움이 가득했다.

우리는 누군가의 생명으로 내 생명을 이어 간다. 그저 그 사실을 자주 잊고 살아갈 뿐이다. 숲이 될 나무를 키우는 나무자람터도 백두산미인송의 삶에서 시작되었다. 먹고 입고 사는 모든 시작에 누군가의 삶이 있다. 그런 생각을 하다 보면 이 고마움을 어떻게 다 갚을 수 있을까 싶다. 그러다 문득 수없이 듣고 말하는 '고맙다'는 말이 궁금해지곤 한다. 고맙다는 건 무엇일까. 나는 정말 고마움을 안다고 할 수 있을까. 물론 백두산미인송을 만난 후 나무자람터가 생긴 일은 그저 우연의 일치였는지도 모른다. 그러나 실패라고 여겼던 곳에서 길이 펼쳐지고, 죽음이라 여겼던 곳에서 생명이 자라는 크고 작은 고마움과 마주하다 보면 삶의 본질은 살리는 것에 더 가깝지 않을까 생각하게 된다.

들숨과 날숨이 하나로 흘러야 생명이 유지되듯, 삶을 움직이는 중요한 원리 중 하나가 연결과 순환이다. 물론 이 원리 덕에 우리는 원하지 않아도 뿌린 것은 거두게 된다. 그래서인지 열면 열리고 닫으면 닫힌다는 이 원리는 언뜻 긍정도 부정도 하지 않고 무표정하게 선택지만 보여 주는 듯 느껴지기도 한다. 하지만 나는 이 원리에 '살리라'는 이야기가 담겨 있다고 생각한다. 생명을 받은 존재는 살아가는 것을 기본값으로 세상에 온다고 믿기 때문이다. 물론 태어나는 순간 죽음을 향해 가는 것이 삶이다. 때로는 살아야 할 이유를 알 수 없을 만큼 커다란 고통과 마주하기도 한다. 하지만 그럼에도 대부분은 너와 나의 건강하고 행복한 삶을 기원하고 응원하는 데 더 마음을 쓴다. 누가 시키지 않아도 어떻게 살아야 할지 고민하고 내 선택이 정말 옳은 것인지 수도 없이 고민하며 살아간다. 삶을 대하는 그러한 태도는 조금이라도 더 잘 살고 싶다는 마음에서 나오는 것이 아닐까. 어쩌면 삶에 끝이 있다는 것을 알기 때문에 펼치고 정리하는 여정을 더 잘 마치고 싶다는 마음이 근간에 있는 것인지도 모른다.

살아가야 한다면, 살고 싶다면, 살 수 있는 길을 열어야 한다. 그 실마리가 연결과 순환이라는 삶의 원리에 담겨 있다. 뿌린 대로 거둔다는 것은 내 선택의 뿌리가 살리고자 하는 정직한 선함에 닿아 있다면 내가 뿌린 씨앗은 너와 나 모두를 살린다는 뜻이기 때문이다. 우리가 속한 생명 공동체가 건강하게 지속될 수 있도록 노력해야 하는 이유와 방법도 거기에 있다. 물론 나 하나만으로 이루어진 곳이 아닌 이 세상에서 나의 선택이 모든 문제의 원인이자 해결책은 아니다. 내가 뿌린 티끌 같은 씨앗이 태산이 되기까지 얼마나 많은 공을 들이며 기다려야 하는지조차 가늠하기 어려운 것이 삶이다. 하지만 기다려야 하고 힘을 들여야 한다는 것이 씨앗을 뿌리는 내 선택을 소홀히 해도 된다는 것을 의미하지는 않는다. 지금 우리가 마주한 현실의 아픈 부분들은 작지만 부주의한 선택이 모여 만들어진 것이기 때문이다. 내 탓만은 아니지만 내 탓이 아닌 것도 없는 셈이다. 그래서 더 가치 중립적으로 보이기도 하는 연결과 순환의 원리에 '살리라'는 이야기가 담겨 있다는 생각이 든다. 뿌린 대로 거둔다는 원리에는 '살리면 살게 된다'는 응원의 열쇠를 품고 살리고자 하는 삶의 본질이 드러나 있는 것 같다.

물질적이든 정신적이든 내가 살아갈 힘을 얻게 되었음을 알아차리는 순간 우리는 존재 깊은 곳에서 우러나오는 고마움을 느낀다. 그 순간 살리고자 하는 삶의 본질이 빛을 발하며 존재 간 연결과 순환이 건강하게 작동한다. 고마움이 우러나오는 순간은 살리고자 하는 힘이 작용하고 있음을 본능적으로 알아차리는 순간이기도 하다. 고마운 것이 늘어 갈수록 삶이 따뜻하고 평온하게 다가오는 이유도 삶은 혼자 걷는 것이 아니라는 말의 의미를 조금씩 깨닫기 시작했기 때문인지도 모른다. 삶을 대하는 자세가 삶에서 마주하는 굴곡 여부와 무관한 이유도 그 때문일 것이다.

우리는 모두 하나로 연결되어 순환하며 삶을 이어 간다. 그 사실이 나에게는 든든하고 고맙게 다가온다. 나와 연결된 다른 존재들이 생명의 원을 함께 지켜 준다는 의미는 설령 내가 잘못된 선택을 하더라도 생명 공동체가 단숨에 무너져 내리지는 않는다는 뜻이기 때문이다. 인간이 마치 자연의 지배자인 듯 여기고 저지른 수많은 실수에도 불구하고 여전히 자연의 일부로 받아들여져 자연의 혜택을 누릴 수 있는 것도, 아직은 다시 선택할 수 있는 기회가 남아 있는 것도 생명의 기반을 이루는 것이 나 혼자가 아니기 때문에 가능한 일이다. 그래서인지 많은 것이 부족한 나에게는 세상 모든 존재가 나와 연결되어 있다는 사실이 너무 고맙다. 하지만 모두가 하나로 연결되어 있다는 것은 든든하고 고마운 일인 동시에 서로에 대한 책임을 기억해야 하는 일이기도 하다. 연결 고리의 한 부분인 내가 내 역할을 바르게 해내지 못하면 나뿐 아니라 나와 연결된 존재들도 어려움에 처하게 된다는 것을 의미하기 때문이다. 실제로 인간이 버린 쓰레기, 인간이 베어 낸 나무, 인간이 파헤친 땅으로 아픔을 겪고 있는 것은 인간만이 아니다. 그리고 인간 때문에 생긴 많은 아픔은 그냥 사라지지 않고 미세 먼지, 인수 공통 감염병, 미세 플라스틱 등 다양한 이름으로 인간에게 돌아오고 있다. 뿌린 것은 거두게 된다는 삶의 원리대로 너에게 준 아픔이 나에게 돌아오고 있는 것이다.

우리는 내 삶의 모든 순간이 누군가의 삶으로 가능해진 것임에도 삶의 모든 순간을 고마움으로 채우지 못한 채 살아간다. 고마움이라는 따뜻하고 행복한 감각을 놓치며 살아갈 수 있는 이유 중 하나는 나를 살게 하는 힘이 내게로 흘러드는 모습을 보지 못하기 때문일지도 모른다. 땅속을 흐르는 빗물의 삶도, 산소를 공급하는 나무의 삶도, 내게 필요한 것을 제공하는 뭇 존재의 삶도 모두 나를 살리는 삶이지만 그것을 늘 자각하며 살아가는 사람은 많지 않다. 모르는 것은 아니지만 기억하지 못하고, 보이는 것이 전부가 아니건만 보이는 것이 전부인 듯 살아가며 나를 살리는 고마운 것들을 놓치는 것이다.

어떤 의미에서 보이지 않는 것을 본다는 것은 내 눈에 보이지 않지만 분명히 나와 연결된 너를 기억하는 것이다. 이 땅의 아픔도 보이지 않는 너를 잊었기 때문에 생겨났는지도 모른다. 누구도 다른 누군가를 아프게 하려고 이 땅에 쓰레기를 버리지는 않았을 것이다. 그저 나와 연결된 너를 기억해 주지 못했던 것이다. 내 선택이 너에게 어떤 영향을 미치는지, 내가 뿌린 씨앗이 어떤 모습으로 나에게 돌아올지 미처 생각하지 못한 것이다. 하지만 몰랐다고 내가 준 아픔이 사라지지는 않으며, 몰랐다는 말로 내 선택에 대한 대가를 치르지 않고 지나갈 수도 없다. 지금 우리가 겪는 수많은 환경문제나 사회문제가 의도적으로 나쁜 뜻을 가지고 행한 것은 아니라 해도 내가 원하는 것을 얻기 위해 나와 연결된 다른 존재의 안위를 잊은 결과라고 할 수 있기 때문이다. 그나마 아직은 다시 선택할 기회가 있다는 것이 다행이고 고마울 뿐이다. 그래서 자꾸 생각하게 된다. 어떻게 하면 이 기회를 살릴 수 있을까. 어떻게 하면 더 많은 사람이 눈에 보이지 않지만 나와 연결된 존재를 기억할 수 있을까. 어떻게 하면 우리가 하나로 연결되어 서로를 지탱하며 살아간다는 든든하고 고마운 진실을 잊지 않을 수 있을까.

 고맙다는 감각은 어쩌면 우리에게 말을 거는 삶의 목소리인지도 모른다. "산다는 것은 살리는 것이며 살리면 살게 된다는 것, 세상에는 살리려는 삶의 본질을 따라 순리대로 살아가는 존재가 분명히 존재하고 있으며 그 덕에 너와 내가 속한 생명 공동체가 건강하게 유지되고 있다는 것, 그리고 이제 그들에게서 살아갈 힘을 받은 내가 선택할 차례라는 것." 나는 고마움이라는 감각을 통해 삶이 우리에게 건네려는 이야기를 바르게 듣고 그 이야기를 자신의 삶으로 정직하게 이어 나가는 것이 고마움을 아는 것이라 생각한다. 나도 너에게 삶이 되어주는 것, 그렇게 나도 너에게 고마움이 되어 주는 것이다. 어쩌면 살리는 삶을 살며 고마움으로 피어나는 것이 삶의 참모습인지도 모른다.

뿌린 대로 거둔다는 사실을 모르지는 않지만 잘 지키지 못하는 이유는 무엇일까. 어쩌면 내가 바라고 예상하는 대로 펼쳐지지 않는 삶을 겪으며 삶의 원칙이 제대로 작동하고 있다는 믿음이 조금씩 흔들린 탓인지도 모른다. 하지만 내가 바라는 대로만 펼쳐지는 삶은 정말 나에게 이롭다고 할 수 있을까. 모든 선택이 늘 옳고 좋은 사람이 얼마나 될까. 진짜 옳은 것, 참으로 좋은 것을 가려낼 만큼 인간이 지혜로웠다면 지금 우리가 겪고 있는 아픔은 존재조차 하지 않았을지도 모른다.

너와 나는 하나로 연결되어 있다. 나 홀로 사는 것이 아니라 우리는 '하나' 되어 살아간다. 그 사실을 바르게 이해하고 기억하며 살아가는 사람에게는 삶의 모든 순간이 경이롭고 고맙게 느껴진다. 내가 혼자가 아님을, 나를 살리는 네가 있음을 볼 수 있게 되기 때문이다. 이제까지 보지 못했던 너의 진심이 보이기 시작하면 사람은 조금씩 아쉬움보다 고마움을 더 많이 마음에 담게 된다. 그렇게 고마움을 더 많이 알아차릴수록 사람은 더 이상 자기중심적으로 살아갈 수 없게 된다. 너와 나 모두를 살리는 고마운 연결의 순환이 내 자리에서 끊어지지 않도록 나도 너를 살려야 한다는 것을, 그것이 나를 살리는 길이라는 것을 분명히 알게 되기 때문이다. 그리고 그 시작은 언제나 지금 내 자리다. 지금 이곳만이 내가 영향력을 행사할 수 있는 시공간이다.

하지만 아직도 우리는 내가 받은 것에 대한 만족감의 표현으로 고맙다는 말을 하고, 때로는 고마움의 조건마저 내 기준에 따라 정하곤 한다. 내가 원하는 것을 주면 고맙고 그렇지 않으면 서운해지는 우리는 아직도 세상의 중심에 나를 두곤 한다. 하지만 세상의 중심에 인간을 두고 살아 온 결과가 보여 주듯 건강한 연결과 순환은 누군가를 중심에 두고 이루어지지 않는다. 더 소중한 것과 덜 소중한 것이 있다는 건 조건이 바뀌면 우선순위도 바뀔 수 있다는 뜻이기 때문이다. 고마움을 느끼지만 고마움을 모르는 사람이 되지 않으려면 고맙다는 표현으로 가린 자기중심성을 제대로 알아차릴 수 있어야 한다.

 1만 그루로 찾아온 백두산미인송은 이제 한 그루만 남았다. 한때 그들의 삶이 펼쳐졌던 자리는 쓰레기산을 숲으로 만들어 줄 어린나무를 시민과 함께 키우는 나무자람터가 되었다. 그곳에는 이제 씨앗부터 키우는 100여 종에 가까운 토종 나무가 자라고 있다. 어쩌면 삶의 모든 순간이 길을 품은 씨앗인지도 모른다. 다만 그 씨앗이 품은 길의 모습을 알지 못해 두려워하고 내가 생각한 것과 길의 모습이 달라 실망할 뿐이다. 하지만 시간이 흐른 후 그때 그 일이 모두를 위한 최선의 길이었다는 것을 알아차리기도 하듯, 내가 모른다 하더라도 삶은 언제나 또 다른 문을 열어 주고 길을 이어 주며 우리를 살게 한다. 어쩌면 실패라는 생각도 삶이 품은 연결의 이야기를 듣지 못해 할 수 있는 것이 아닐까. 실패를 만드는 것은 일의 결과가 아닌 내가 예상한 것과 다르게 펼쳐진 일에 실패라는 이름을 붙이고 닫힌 문만 바라보는 나 자신인지도 모른다. 우리도 백두산미인송과의 만남을 실패로 만들지 않으려면 그들의 삶이 다시 삶으로 이어지도록 열린 문을 찾고 길을 이어 가야 한다는 생각이 든다.

우리는 나무자람터에 백두산미인송의 삶이 깃들어 있다고 생각한다. 우연이라 하더라도 그들의 삶이 더 많은 존재의 삶으로 이어지고 있기 때문이다. 그 고마움을 오래오래 기억하며 이어 가고 싶다. 나무자람터에서 서로를 살리는 여러 존재의 연결과 순환을 건강하게 지키며 우리도 너에게 삶이 되어 주고 싶다. 그렇게 나도 너에게 고마움이 되고자 노력하는 것, 그것이 우리가 백두산미인송을 향한 고마움을 기억하고 전할 수 있는 길인지도 모른다.

숲 이야기: 제13권역

우리가 숲을 만드는 곳은 쓰레기산 사면이다. 우리의 활동지 중 평지는 나무자람터뿐이다. 이곳에서 우리는 사면에 내려가 나무 심기를 몹시 어려워하는 이들이나 1회성 활동을 하러 방문한 이들과 나무를 심는다. 노을공원 파크골프장이 끝나는 곳과 자연물놀이터 사이 누에체험장 아래 나무자람터 포함 그 주변 2100제곱미터 지역인 13권역은 2012년 12월 12일 한 미용업계 회사에서 처음 나무를 심으러 왔다. 알고 보니 대표자가 잘 알려진 사람이고 환경부 미용 부문 홍보대사였는데 언제나 적극적으로 활동을 이끌었다. 첫 식목 행사 때 월드컵경기장역까지 배웅해 '나무 심으러 가는 자전거 트리클treecle(이하 트리클)'을 타고 평화의공원을 거쳐 노을공원으로 이동했다. 젊은 미용사들이 쾌활하면서도 군대처럼 질서 정연하게 이동해서 놀랐다.

이렇게 시작한 나무자람터를 중심으로 형성된 13권역 나무 심기는 다른 권역과는 다른 모양새를 띠면서 지금까지 진행되고 있다. 초기에는 사면 나무 심기가 띄엄띄엄 진행되었고, 참여자들이 비탈로 내려가는 일에 익숙하지 않아서 나무자람터와 그 주변 나무 심기를 주로 했다. 그 결과 황량했던 나무자람터 주변이 숲으로 변했다. 공원 상부에는 대부분 조경수, 버드나무, 아까시나무가 자라고 13권역은 꾸지나무가 자리 잡았는데, 지금은 나무자람터 주변으로 다양한 토종 수종을 식재해 봉사자와 방문객 들에게 교육을 겸한 볼 거리와 쉼터를 제공하려 노력 중이다.

다녀간 사람도 각양각색이다. 개인은 물론 학교, 기업, 종교 단체, 가족 등 다양한 그룹이 찾아와 봉사활동을 했다. 2018년까지 2312명이 나무를 심었다. 온라인 중고 서적 운영사에서 나무자람터 통로를 따라 심은 꾸지나무가 지금은 나무자람터 전체를 에워싼 울타리가 되었고, 10년 전 폐현수막 화분에 도토리를 키워서 옮겨 심은 상수리나무는 키가 7~8미터나 자랐다. 이곳에서는 100여 종에 가까운 우리 식생을 볼 수 있다. 수년 전 권역을 지나는 200여 미터 산책로 목책을 따라 심은 꾸지나무가 의도대로 지금은 긴 꾸지나무 터널이 되어 멋진 산책로를 이루었다. 요즘에도 나무를 심을 수 있는 유일한 평지인 13권역은 '씨앗부터 키워서 1002遷移숲 만들기'의 요람으로, 연중 활동이 끊이지 않는 곳이다. 노고시모 활동이 궁금하다면 이곳을 찾으면 된다.

제13권역에 심은 나무 57종 총 6만582그루

가래나무, 꽃사과나무, 꽃산딸나무, 꾸지나무, 꾸지뽕나무, 남천,

닥나무, 단풍나무, 대왕참나무, 덜꿩나무, 들메나무, 뜰보리수,

라일락, 마가목, 매실나무, 머루, 목련, 무궁화, 물푸레나무,

미선나무, 미스김라일락, 박태기나무, 백당나무, 버드나무, 병꽃나무,

병아리꽃나무, 복자기, 사철나무, 산겨릅나무, 산딸나무, 산복사나무,

산수국, 상수리나무, 수수꽃다리, 아로니아, 영산홍, 오갈피나무,

오리나무, 왕벚나무, 이팝나무, 일본매자나무, 자두나무, 자작나무,

잣나무, 졸참나무, 진달래, 철쭉, 층층나무, 탱자나무, 팥배나무,

포도나무, 헛개나무, 호두나무, 화살나무, 회양목, 흰말채나무, 히어리

도움이 되도록 돕다

백두산미인송이 이어 준 땅은 흙도 물 빠짐도 좋지 않은 땅이었지만 우리에게는 너무나 소중했다. 삽을 들고 배수로를 만들고 수레로 흙을 나르며 개간을 해 나갔다. 물기 많은 땅에서 자라는 식물을 우선 키우되 다른 식물도 키울 수 있는 다양한 묘판을 만들어 갔다.

처음 시작한 것은 버드나무 꺾꽂이였다. 지금처럼 씨앗부터 키워서 숲을 만들어 보자는 생각을 했기 때문은 아니다. 당시 우리는 나무를 살 경제적 여유가 없었다. 나무를 심으려면 나무를 사야 하는데 우리를 찾아오는 이들은 대부분 후원금을 내지 않고 할 수 있는 봉사활동을 찾았고 우리도 그들을 후원할 경제력을 갖추지 못했다. 우리가 가진 힘의 범위 안에서 할 수 있는 일을 찾아야 했다. 다행히 그때는 찾아오는 봉사자도 적었고 지금처럼 숲 만들기를 본격적으로 하기 전이라 자체적으로 소박한 활동을 모색할 수 있는 환경이었다. 그런 과정에서 눈에 들어온 것이 버드나무였다. 공원 곳곳에 푸른 가지를 늘어뜨린 버드나무는 보기 좋았다. 물을 좋아하는 나무이니 물기 많은 나무자람터에서 키울 수 있겠다는 생각이 들었다. 소박한 규모로 시도해 보기로 하고 풀로 가득한 나무자람터 한쪽에 버려진 현수막을 깔았다. 지금이라면 그렇게 하지 않겠지만 그때는 풀에게 조금 미안해도 풀이 무성한 나무자람터가 어색한 봉사자들과 꺾꽂이할 버드나무를 위해 풀의 성장을 어느 정도 억제할 필요가 있다고 생각했다.

봉사자들이 찾아오면 100여 미터 높이의 언덕을 함께 걸어 올랐다. 전기 자동차를 태워 줄 경제력도 없었지만 그때나 지금이나 우리는 우선 걷기를 권한다. 몸을 움직여 직접 땅을 밟아 보기를, 어떻게 계절이 모습을 드러내고 있는지 작지만 분명한 변화를 찬찬히 찾아보기를 바라기 때문이다. 쓰레기산이 어떻게 변해 가는지 조금 더 주의 깊게 바라보고 에너지 자원을 사용하는 것에 관해 한 번이라도 더 생각해 보기를 바라기 때문이기도 하다. 함께 걷기에 동의해 준 봉사자와는 조금 돌아가게 되더라도 일반 방문객이 들어갈 수 없는 중간 순환 길로 들어가 걷는다. 걸으며 매립 가스관과 드러난 쓰레기가 있는 환경에서 살며 땅을 변화시키는 식물과 동물의 이야기를 들려준다. 그렇게 이곳은 공원이라는 이름이 붙었을 뿐 여전히 쓰레기산이라는 사실과 함께 스스로를 살리고 모두를 살리는 생명의 힘을 보여 주고자 노력한다.

버드나무 꺾꽂이를 하기 위해 사람들이 찾아오면 우선 언덕길을 걸어 오른다. 공원 상부에 도착하면 예전 골프장의 흔적인 잔디밭이 있다. 드넓게 펼쳐져 시야가 탁 트인 잔디밭을 가로질러 나무자람터까지 걷는다. 그러다 잘 자란 버드나무를 만나면 걸음을 멈추고 꺾꽂이에 적합한 가지를 고른다. 고른 가지를 나무가 아프지 않게 주의해서 자른 후 한 사람 한 사람 꽃다발을 건네듯 자른 가지를 안겨 준다. 푸르고 부드러운 잎이 가득한 버드나무 가지를 품에 안고 함께 잔디밭을 걷는 일은 그 자체만으로도 좋았다. 품에 꼭 안고 걷는 사람, 잔디밭에 끌며 걷는 사람, 연을 날리듯 높이 들고 달리는 사람, 버드나무 가지로 서로 장난을 치며 걷는 사람, 모두가 아름다웠다. 어른 아이 할 것 없이 좋아하는 버드나무 꺾꽂이 활동을 하며 아이가 자라듯 사람들과 처음부터 차근차근 나무를 키워 보면 좋겠다는 생각이 들었다.

버드나무 꺾꽂이 같은 활동과 함께 시민 참여 나무 심기도 이어 갔다. 나무나 숲에 대해 아는 것은 없었지만 모든 만남이 길을 품은 씨앗이라면, 살리는 것이 삶의 본질이라면 어디로 어떻게 펼쳐질지 모른다고 밀어내기보다 마주하고 방법을 찾아보자며 용기를 냈다.

우리는 나무를 심는 방법부터 배워야 했다. 나무를 심는 큰 단체를 찾아가 나무 심기 준비부터 함께하며 필요한 것을 배웠다. 몇 번 전문가를 초빙해 나무 심기 진행을 부탁하기도 했다. 나무 심는 방법을 알려 주는 도안도 처음에는 다른 단체에서 사용하는 것을 빌려 썼다. 단체마다 나무 심는 환경은 달랐지만 그만큼 우리는 아는 것이 없었다. 어떤 나무를 심어야 하는지도 몰랐다. 그래서 처음에는 사업소의 식재 지침을 참고해 그중 구할 수 있는 나무를 사다 심었다. 그 과정에서 필요한 나무를 다양하게 구하기가 의외로 어렵다는 것을 알게 되었다. 나무를 판매하는 입장에서는 수요가 많은 나무가 중심이 되다 보니 시장에서 구할 수 있는 나무는 조경수나 정원수로 분류되는 나무들이 대부분이었고 외래종도 많이 포함되어 있었다.

어느 날 규모 있는 숲 만들기 문의가 들어왔다. 대규모 나무 심기를 이어 가고 싶지만 서울에서 넓은 지역을 찾기 어려워진 탓에 이곳까지 오게 된 듯했다. 논의를 거쳐 약 9000제곱미터의 땅에 5000여 그루의 나무를 심어 보기로 했다. 당시 우리에게는 엄청난 규모의 나무 심기였다. 하지만 해 보기로 했다. 대신 모든 과정을 외부 전문가에게 맡겼다.

준비부터 마무리까지 100일 넘게 꼬박 매달렸다. 그 덕에 어떻게 나무를 고르고, 나무는 어떻게 구할 수 있으며, 어떻게 나무를 심어야 하는지 배울 수 있었다. 쉽지 않은 여정이었지만 외부 전문가와 함께한 덕에 큰 도움을 받았다. 무엇보다 이 일을 경험하면서 우리가 꿈꾸는 숲을 이 땅과 우리 실정에 맞게 만들어 보아야겠다는 생각을 할 수 있게 되었다. 큰 나무 심기는 여러 면에서 우리가 하던 어린나무 심기와 달랐기 때문이었다.

활동 초기에도 지금처럼 어린나무를 심었다. 그때 어린나무를 심은 이유는 큰 나무를 살 수 있는 여유가 없었기 때문이었다. 하지만 큰 나무 심는 일이 조금씩 늘어나면서 이렇게 큰 나무를 밖에서 들여와 심는 것이 정말 이 땅에 도움이 되는 일일까 조금씩 의문이 생기기 시작했다. 큰 나무 심기가 나쁜 것은 아니지만 우리처럼 작은 단체 입장에서 볼 때 큰 나무는 땅에 맞지 않아 죽을 경우 입게 되는 손실이 컸다. 쓰레기산이라는 조건 탓인지 살아남아도 어린나무에 비해 건강하게 적응했다는 느낌이 들지 않는 경우가 있었고, 실제로 어린나무를 쓰레기산 사면에 심고 돌보면서 이곳과 같이 척박한 땅에는 오히려 어린나무가 더 건강하게 살아남기도 한다는 사실도 알게 되었다. 외부에서 나무를 사 오면서 이 땅에 필요한 나무를 다양하게 구하기 어렵다는 사실도 알게 되었고, 먼 곳에서 큰 나무를 옮겨 와 심는 일이 환경에 이로운 것만은 아니라는 사실도 알게 되었다. 그 일을 하는 누구도 나쁜 뜻을 가지고 있지는 않지만 돕고 싶은 마음이 반드시 도움이 되는 것은 아닐 수도 있겠다는 생각이 들었다. 우리도 예외는 아니었다. 쓰레기산을 돕고 싶지만 어떻게 하면 정말 도움이 되도록 도울 수 있을지 생각이 많아졌다.

우리가 꿈꾸는 숲이라는 곳은 어떤 곳일까. 적어도 우리에게 숲은 사람이 돌봐야 살아갈 수 있고 사람이 가꾸어야 아름다울 수 있는 곳은 아니라는 생각이 든다. 비전문가의 환상일지도 모르지만 '함께'라는 이름으로 개체를 지우는 곳이 아니라 모두가 따로 또 같이 행복할 수 있는 곳, 어려움이 없는 곳이 아니라 어려움을 슬기롭게 극복할 수 있는 힘이 있는 곳이 숲이 아닐까 생각한다. 우리는 이 땅이 단순히 나무만 많은 곳이 아니라 동물, 식물, 미생물, 무생물, 인간까지, 존재하는 모두가 조화를 이루며 서로가 서로를 살리는 곳이 되었으면 좋겠다. 그리고 그런 어울림이 인간의 도움이 반드시 없어도 가능할 만큼 건강해졌으면 좋겠다.

이 땅이 '스스로 크는 숲 함께 가는 숲'이 되었으면 좋겠다는 생각을 하면서 이 땅의 회복에 도움이 되는 수종을 찾고 쓰레기 매립지 사면이라는 특수 상황에 맞는 나무 심기 방법을 찾아야겠다는 생각을 했다. 또 구입할 수 있는 몇 종류 안되는 나무만 심을 것이 아니라 이 땅의 회복에 필요한 나무를 최대한 다양하게 심을 방법도 찾아보고 싶어졌다. 그리고 숲으로 가는 걸음을 평범한 많은 이와 함께 걸어 보고 싶어졌다. 쓰레기산을 숲으로 만들어 보자는, 어쩌면 도저히 앞이 잘 보이지 않는 상황에서도 희망을 더 많이 보고 정성을 더 많이 기울일 수 있는 사람이라면 무엇을 마주하든 어둠보다 빛을 더 많이 바라보고 선택하려 노력할 것 같았다.

어느 날 버드나무 꺾꽂이를 하던 아이가 이런 조그만 나뭇개비가 정말 나무가 되느냐고 물었다. 그랬으면 좋겠다고 대답했다. 앞날은 알 수 없으니 약속은 할 수 없지만 겉모습은 나뭇개비 같아도 아직은 분명히 살아 있는 나무라고 하면서, 우리도 바르게 정성을 다하고 버드나무 가지도 나무가 되기를 원하면 자라 줄 거라 생각한다고 이야기했다. 아이가 염려하던 작은 나뭇가지는 고맙게도 많은 이의 소망을 잊지 않고 쓰레기산 사면에서 멋지게 자랐다. 그 나무들을 볼 때마다 존재하는 모든 것은 변하고 삶은 지나간다는 말을 곰곰이 생각하게 된다.

모든 것은 멈추어 있지 않고 다양하게 모습을 바꾸며 흘러간다. 어떻게 되기를 바라고 노력할 수는 있지만 붙잡을 수도 거부할 수도 예측할 수도 없는 것이 삶이다. 그런 삶이 늘 반가울 리만은 없다. 지금 내가 가진 것은 영원하지 않으며 눈앞의 장면이 지나간 자리에 또 어떤 장면이 펼쳐질지 알 수 없는 삶은 때로 덧없고 막막하게 다가오기도 한다. 한 고개 넘으면 또 한 고개가 기다리고 때로는 애써 노력한 것이 모두 부정당한 듯한 결과와 마주할 때도 있다. 삶이 지치고 두렵고 허무하게 느껴지는 것도 어떤 의미에서는 당연하다는 생각도 든다.

처음 쓰레기가 가득한 땅과 마주했을 때 과연 이곳에서 무엇을 할 수 있을지 막막했다. 이 땅에 도움이 되는 일을 해 보자며 나무를 심기 시작했지만, 나무를 심고 간 자리에 남겨진 새로운 쓰레기와 생명의 존엄을 말하며 생명을 멸할 수 있는 인간의 상반된 언행, 그리고 인간이 원인이 된 척박함을 견디지 못해 스러져 가는 나무들을 볼 때마다 쓰레기 속에 나무를 심어도 되는지, 쓰레기산에서 숲을 꿈꾸어도 되는지 망

설임이 더 컸던 때도 있었다. 하지만 모든 것을 멈추어 세우고 싶을 만큼 커다란 망설임과 막막함을 품은 순간에도 삶은 변화하며 흐르기를 멈추지 않았고, 바로 그 흐름 덕에 작은 가지는 큰 나무가 되고 풀도 자라기 어려울 수 있다던 쓰레기산에 풀과 나무가 살기 시작했다. 그 변화를 알아차리고 나서야 비로소 변화하고 지나가는 삶의 속성에는 예측할 수 없는 것에 대한 두려움만큼이나 치유와 성장의 기회 역시 담겨 있다는 사실을 다시 생각하게 되었다.

활동 초기 무더웠던 어느 날을 기억한다. 놀라울 정도로 빠르게 자라는 풀에 덮인 나무를 꺼내 주기 위해 여느 때처럼 낫을 들고 쓰레기산 사면으로 내려갔다. 마치 나무처럼 굵고 크게 자란 풀들이 빽빽하게 들어차 있었고, 빛을 차단하고 열을 가두어 침침하고 습한 공간을 만들어 내고 있었다. 그곳은 쓰레기산 깊은 곳에서 올라오는 특유의 열기와 냄새로 가득 했다. 질퍽거리는 검은 바닥과 우글거리는 벌레들을 헤치며 밀림 같은 풀숲에서 어린나무를 꺼내 주었다. 덥다거나 힘들다는 말로는 다 표현할 수 없는 어둡고 무거운 열기와 냄새가 무척 거북하고 불편했다. 그저 해야 할 일이니 하자는 생각뿐이었다. 그렇게 쓰레기 냄새로 물든 습한 열기 속에서 기계적으로 나무를 꺼내 주던 어느 순간 갑자기 피식 웃음이 나왔다. 이 모든 것이 결국 나라는 생각이 들었다. 한때는 나와 함께 나를 이루던 물건이었다. 그저 어떤 이유로 욕망의 대상에서 제외된 탓에 쓰레기라는 이름을 달고 이곳까지 왔을 뿐이다. 그런데 그게 왜 그렇게 더럽고 꺼림직하게 느껴졌을까. 이것들이 더럽다면 그것들로 이루어진 나는 깨끗하다 할 수 있을까. 드러난 쓰레기를 바라보는 시선에 의문이 들자 내가 서 있는 자리도 조금씩 달리 보이기 시작했다. 푹푹 찌고 벌레로 가득한 쓰레기 더미가 아니라 나와 똑같은 생명들이 살아가고 있는 땅이 보였다. 냄새나고 썩어 가는 쓰레기산이 아니라 정직하고 성실하게 살아가는 존재들 덕에 치유와 성장의 길로 변화하며 나아가고 있는 땅이 보였다.

어쩌면 모든 것이 변하고 지나가는 삶의 속성은 삶이 허무하고 막막하게 느껴지는 진짜 이유가 아닐지도 모른다. 실제로 나무를 심은 어떤 이들은 한 계절도 지나기 전에 숲이 된 사진을 요구하고, 씨앗을 심은 어떤 이들은 달이 차고 기울기도 전에 왜 아직도 싹이 나지 않는지 반복해서 묻는다. 씨앗이 싹으로, 나무가 숲으로 변하기를 바라는 그들은 삶이 변화하고 흐르기를 기꺼이 바라고 있다. 내가 원하는 것이 어디에 있는가에 따라 흘러가는 삶이 아쉬워지기도 하고 변화하는 삶이 기대되기도 하는 것이라면 삶을 대하는 태도를 좌우하는 것은 '무엇을 마주했는가'가 아니라 '어떻게 바라보고 있는가'인지도 모른다. 내가 바라는 것, 나에게 가치 있는 것이 무엇인가에 따라 마주한 삶에 대한 반응은 달라질 수 있다는 뜻이다.

사람은 무언가를 끌어당기거나 밀어내는 데 더 익숙한지도 모른다. 원하는 것은 잡아당겨 곁에 두려 하고 원하지 않는 것은 밀어내고 버리려 하는 이유가 좋고 싫음이든 옳고 그름이든 필요와 불필요든 밀고 당김을 좌우하는 기준은 내가 바라는 것에 대한 갈망이 아닐까 싶다. 겉으로 드러난 선택이 달라 보일 뿐 내가 원하는 것을 기준으로 삼는다는 점에서는 동일한 셈이다. 원하는 것을 선택하고 원하는 삶을 살고자

숲을 꿈꾸다

하는 바람 자체가 나쁘거나 불가능한 것은 아니다. 다만 애정과 애착이 다르고 희사와 희생이 다르듯 밀고 당기며 욕망을 선택하는 일이 너와 나 모두에게 아픔이 되지 않으려면 그 뿌리가 어디에 닿아 있는지 욕망의 근원을 정직하게 살펴볼 필요가 있다. 나 혼자만의 것처럼 느껴지기도 하는 내 인생조차 다 헤아릴 수 없는 많은 존재의 삶과 이어져 있기 때문이다. 삶을 바라보는 자신의 시선을 점검하지 못하면 눈에 보이지 않지만 분명히 존재하는 쓰레기산의 다양한 존재도, 눈에 보이지 않지만 분명히 시작된 흙 속 씨앗의 숲을 향한 여정도 볼 수 없게 된다. 분명히 존재하지만 누군가에게는 보이지 않는 것이 있다면, 똑같은 상황에서도 서로 다른 것을 볼 수 있다면, 마주할 삶을 선택할 수는 없어도 마주한 삶에서 무엇을 찾아낼지는 내가 선택할 수 있다는 뜻이다.

물론 존재하는 모두가 하나로 연결되어 서로에게 영향을 주며 살아간다는 것이 내가 마주한 삶이 온전히 내 탓만은 아니라는 뜻이기도 하다. 드러난 삶의 현상은 내가 통제할 수 없는 수많은 요소가 어우러져 펼쳐진다. 그래서 삶은 내 노력만으로는 예단할 수 없다. 그러니 혹여 원하지 않는 장면이 내 인생에 끼어든다 해도 나를 책망하거나 너를 원망하는 일에 너무 많은 힘을 쓰지 않는 것이 좋다. 과거를 바르게 이해하고 기억해야 하는 이유는 너와 내가 놓친 지혜를 찾아 치유하고 성장하며 나아가기 위함이지 어느 한 시점에 머물며 지난 어리석음을 곱씹기 위함은 아니기 때문이다. 그러나 내가 마주한 삶이 내 탓만은 아니라는 뜻이 나와 무관하다는 뜻도 아니라는 점 역시 기억해 두면 좋겠다. 삶은 변화하고 지나가지만 하나로 이어져 있고 순환하기 때문이다.

나무를 심으며 이 땅 곳곳에 드러난 오래된 쓰레기들과 마주할 때면 너와 내가 하나로 연결되어 영향을 주고받는다는 사실을 우리가 정말 알고 있나 의문이 들곤 한다. 깨끗하게 정리하고 치웠다고 생각하지만 실은 내 눈에 보이지 않게 밀어낸 것일 뿐인지도 모르는 물건들은 쓰레기라는 이름을 달고 여전히 지구 한편에 남아 있다. 그리고 내 삶에 영향을 미친다. 그 모습이 보이지 않는다고, 그래서 내가 잊고 살아갈 수 있다고 해서 내가 한 일의 영향력이 사라지는 것은 아니다.

가을이 오면 공원 곳곳에서 낙엽 치우는 일을 한다. 낙엽으로 가득 찬 자루들이 쌓여 가는 모습은 매년 보면서도 매번 의문이 든다. 사람들이 찾는 공원인 만큼 어느 정도 치우고 정리하는 일은 필요하겠지만 지금과 같은 방식으로 낙엽을 치우는 것이 정말 우리 모두에게 이로운 일인지 아직은 잘 모르겠다. 넓은 공원인 만큼 낙엽의 양이 상당하다. 그 낙엽들은 일반 공원 방문객이 출입할 수 없는 쓰레기산 사면에 버려지는 경우가 많다. 쓰레기산 사면에서 나무를 심고 돌보며 숲을 꿈꾸는 우리에게 낙엽을 정리하는 시기는 주의가 필요한 시기다. 낙엽을 필요한 곳에 도움이 되도록 잘 펼쳐 두는 것이 아니라 한곳에 가득 부어 쌓다 보니 나무 위로 쏟아진 무거운 낙엽 더미는 어린나무를 부러뜨리고 두껍게 쌓인 낙엽은 빛을 막아 풀뿐 아니라 어린나무도 살지 못하게 한다. 깨끗하게 치운 낙엽은 공원 산책로에서는 보이지 않겠지만 사라진 것은 아니다. 낙엽을 치워 정리된 길이 누군가에는 만족스럽겠지만 그 만족을 위해 누군가는 아픔을 겪는다. 무한대로 시간을 늘려 보면 언젠가는 흙으로 돌아가겠지만 그때까지 겪어야 하는 누군가의 아픔이 정말 필요하다 할 수 있는지, 그렇게 해서 얻는 이득이 정말 이롭다 할 수 있는지, 그득 쌓인 낙엽 더미를 볼 때마다 생각하게 된다.

 원하지 않아도 우리는 서로 영향을 주며 살아간다. 내가 원하는 대로 이루어지지 않는 일이 생기고, 아쉽고 부족하게 느껴지는 순간이 생겨나는 것도 그와 무관하지 않다. 세상을 바라보는 시선이 서로 다른 존재들이 자신에게 옳다고 여기는 것을 각자 선택하며 살아가는 세상이니 당연한 일일 것이다. 나와 다른 기준을 가진 너와 함께 살아가기 위해 상황을 바르게 이해하고 조금이라도 더 지혜로운 길을 찾고자 노력하는 일은 나 자신을 위해서도 필요하다.

 상황을 바르게 이해한다는 것은 내가 옳다고 생각하는 것을 정답으로 고정해 둔 채 너의 선택을 평가하는 일이 아니다. 너와 나 모두를 살릴 참된 지혜를 찾아가는 일이다. 그렇기 때문에 더더욱 그 과정이 비난보다 이해이기를, 처벌보다 용서이기를, 배척보다 협력이기를 바라게 된다. 물론 용서도 이해와 협력도 스스로 선택해야 가능한 것이라 강요되어서도, 강요될 수도 없다. 또 서로를 위해 아픔을 기꺼이 나누는 것과 누군가를 위해 누군가를 아프게 하는 것은 다르다. 너만을 위해 나를 아프게 하는 것이든 나만을 위해 너를 아프게 하는 것이든 고통의 무게가 균형을 잃으면 내가 속한 생명공동체 전체의 조화가 깨지기 마련이다. 쓰레기산 사면에 버려지는 낙엽 더미에서 우리가 느낀 것도 기울어진 고통의 무게였던 것 같다.

 생각 끝에 우리는 사업소에서 모은 낙엽을 받아 보기로 했다. 작업하시는 분들이 조금이라도 편하게 일할 수 있도록 폐현수막으로 낙엽

담는 자루를 만들어 전달했다. 낙엽 쌓을 곳을 함께 정한 뒤 사면에 낙엽을 쏟지 말고 정해진 곳에 자루째 쌓아 달라고 부탁했다. 그렇게 모인 낙엽 자루를 봉사자들과 쓰레기산 사면에 들고 내려가 나무가 덮이지 않도록 사이사이 깔고 풀 때문에 피해를 입을 것으로 예상되는 곳에 골고루 펼쳐 덮어 준다. 여러 면에서 힘이 더 드는 일이지만 그렇게 하는 것이 내가 가진 선택이라는 힘을 기울어진 고통의 무게를 바로잡는 데 쓰는 것이라 생각했다.

하나로 연결된 세상에서 힘을 갖지 않는 선택은 없다. 나 혼자 쓰레기산을 만들어 낸 것은 아니지만 나도 쓰레기산을 만드는 데 일조하고 그 영향을 받는다. 내가 내린 선택은 모두에게 영향을 줄 뿐 아니라 내가 마주하게 될 삶의 장면들을 만들어 내는 데도 영향을 미친다. 선택이 힘을 가지고 있다는 것, 다시 말해 내 선택이 너와 내가 마주하게 될 삶을 결정하는 데 영향을 미친다는 것은 어떤 일이 펼쳐질지 알 수 없는 것이 삶이라고 해서 삶에 어떤 영향력도 가하지 못한 채 대책 없이 삶을 마주해야 한다는 의미는 아니다. 선택의 결과가 드러날 때까지 소요되는 시간적 간극과 결과를 초래하는 데 영향을 미치는 선택이 내 선택에만 국한되지 않는다는 점 때문에 내가 내린 선택의 힘을 실감하기 어려울 수 있다. 하지만 그렇다고 내 선택이 무의미하게 사라지지는 않는다. 사안의 경중을 떠나 자신의 선택에 온 정성을 기울여야 하는 이유, 상처를 상처로 풀어내서는 안 되는 이유도 그 때문이다.

삶은 끊임없이 변하며 흘러간다. 그 덕에 실수를 반복하는 우리도 다시 선택하고 바로잡을 기회를 얻고 있는 것인지도 모른다. 그렇다면 변화하고 흘러가는 삶의 속성은 덧없고 막막한 것이 아니라 다시 선택할 수 있는 기회가 된다. 삶이 끊임없이 변화하며 다양한 장면을 눈앞에 펼쳐 놓는 이유도 아직 더 배워야 하는 지혜가 남아 있고 함께 이루어야 할 삶이 남아 있기 때문인지도 모른다. 내가 놓치고 있는 것들을 알아차릴 수 있도록 수많은 경우의 수를 연출하며 실마리를 건네는 다양한 삶의 장면과 마주하다 보면 드러난 삶의 겉모습은 그저 지혜를 전하기 위해 선택된 수단일 뿐인지도 모른다는 생각을 하게 된다.

　달콤해 보이는 삶의 장면들이 때로는 독이 되기도 하듯 드러나는 겉모습으로 마주한 삶을 판단하지 않고 삶이 나에게 전해주려는 지혜에 귀를 기울일 수만 있다면 어떤 모습으로 나타난 삶이든 그 속에 선택의 기회가 담겨 있다는 것을 알게 된다. 고통스러운 삶의 굴곡이 없다는 것이 아니라 고통에 빠져 헤어 나올 수 없는 것은 아니라는 뜻이다. 마주한 삶의 고통이 클수록 그만큼 더 선택의 기회가 있다는 사실을 기억해야 한다. 선택할 수 있다는 것은 길이 열려 있다는 뜻이다. 물론 시간이 걸리고 힘을 들여야 하겠지만 주저앉으면 길은 펼쳐지지 않는다. 모든 것은 반드시 지나간다. 다만 흐르고 변하며 선택할 기회를 주는 것은 삶이지만, 기회를 살리는 것은 각자의 몫이라는 사실을 기억하면 좋겠다.

　선택은 삶을 바라보는 자신의 시선을 드러낸다. 선택은 삶에 영향력을 행사할 수 있는 수단이지만 삶을 어떻게 보는가에 따라 같은 것을 마주하고도 다른 것을 선택한다. 가끔 오늘 하루가 그저 똑같이 반복되는 일상이 아닌 다시 선택할 수 있도록 조건 없이 주어진 기회라는 사실을 운 좋게 알아차릴 때가 있다. 그럴 때면 잊고 있던 삶에 대한 내 몫의 책임과 함께 깊은 고마움을 다시 기억해 내곤 한다. 이 하루가 그냥 주어진 것이 아님을, 나와 함께 생명 공동체를 이루는 존재들이 정직하고 성실하게 살아 준 덕에 얻은 기회임을 부인할 수 없기 때문이다. 존재하는 모두가 하나로 연결되어 순환하는 삶의 속성은 서로에게 아픔을 주는 요인이기도 하지만 서로를 지켜 주는 울타리가 될 수 있는 방법이기도 하다. 너와 내가 하나라는 사실을 어떻게 이해하고 어느 쪽을 선택할지는 각자의 몫이다.

모습을 바꾸며 삶을 이어 가는 빗물도, 떨어져도 사라지지 않고 다시 숲으로 살아나는 나뭇잎도, 자신의 삶으로 모두를 살린다. 쓰레기산이 치유되고 성장하며 숲의 기반을 만들어 갈 수 있는 이유도 보이지 않지만 곳곳에서 순리대로 살아가는 존재들 덕이라고 생각한다. 어쩌면 인간을 제외한 대부분의 삶의 동료들은 흐르고 순환하는 것만으로 하나로 연결된 모두를 살리며 살아간다. 하지만 인간인 나는 어떠한가. 너와 내가 하나라는 사실을 알지 못해 내게 소중한 것만 먼저 챙기고, 고여서 썩은 것은 멀리 밀어내며, 어쩌면 필요 없었을지도 모를 여분의 정화와 처분의 책임을 삶의 동료들에게 지우고 있지는 않은가. 그런 인간에게도 다시 선택할 기회가 주어진다는 것을 어떻게 이해해야 할까.

모든 일은 반드시 올바르게 귀결된다고 한다. 물이 흐르며 스스로를 정화하듯 삶도 흐르고 변하며 모든 것을 바로잡아 간다. 변화하며 흐르는 삶이 살리고자 품은 존재는 하나로 연결된 모두다. 몇몇 조건을 공유하는 다수가 아닌 각양각색의 너와 나, 특정 힘을 가진 누군가가 아닌 존재하는 모두다. 그 누구도 배제하지 않으며 조건 없이 모든 존재를 소중히 품고 흐르는 것이 삶이다. 실수투성이인 나에게도 다시 선택할 기회가 주어지는 것 역시 삶이 살리고자 품은 존재가 너와 나 모두이기 때문일 것이다. 그 의미를 바르게 알지 못하면 이제까지 그래왔듯 나를 중심에 두고 내 기준과 내가 원하는 것을 우선하는 실수를 반복할 수밖에 없다. 그런 우리의 어리석은 오류조차 길고 긴 삶의 흐름 안에서 언젠가 정화되고 바로잡혀 가겠지만 그때까지 누군가가 겪어야 하는 아픔은 인간인 나에게도 이로울 것이 없다는 것을 눈앞에 펼쳐진 현실로 확인하는 시대를 살아가고 있다.

삶을 어떻게 볼 것인가. 그것 역시 각자의 몫이다. 삶이 내 바람과 다르게 전개된다고 삶에 대한 기대를 접을 수는 있겠지만 그렇다고 해서 흐르고 변하며 길을 열어 주고 모든 것을 바로잡아 가는 삶의 본질이 변하거나 사라지지는 않는다. 그렇지 않았다면 인간이 쓰레기산으로 만들어 버린 이 땅에서 씨앗이 자라 다시 숲을 향해 나아가는 일은 일어나지 못했을 것이다. 어떤 삶이 펼쳐질지 알 수 없는 삶에서 두려움을 보는 사람과 기회를 보는 사람의 선택은 달라질 수밖에 없다. 나는 삶을 어떻게 바라보고 있는가. 삶이 모두를 품고 살리듯 나도 나와 다른 것을 이해하고 용서할 것인가, 아니면 내 기준에 따라 밀고 당기며 우리끼리의 삶을 모두를 위한 것이라 칭하며 살아갈 것인가. 어쩌면 쓰레기산이라는 상징적인 공간에서 숲을 꿈꾸는 일은 그 질문에 내 삶으로 답을 제시하는 일인지도 모른다. 나와 연결된 너를 잊은 결과가 쓰레기산이라면 숲으로 나아가는 길은 너와 내가 하나임을 기억하고 삶으로 살아내는 것으로 이어진다.

우리는 매 순간 선택할 수 있는 기회와 마주한다. 반복되는 실수에도 포기하지 않고 내린 바른 선택이 모여 너와 내가 마주할 삶을 치유하고 나아가게 한다. 지금 이 순간 나에게 주어진 선택이라는 힘을 바르게 쓰고자 노력하는 것은 들여야 할 정성을 들이고, 기다려야 할 시간을 기다리며, 한 걸음씩 정직하고 성실하게 걸어가는 일인지도 모른다. 그렇게 삶의 변화와 흐름을 받아들이고 삶의 일원으로서 내 몫을 다할 때 비로소 돕고자 하는 마음이 정말 도움이 되는 시작점에 설 수 있지 않을까. 부족한 나에게는 여전히 멀고도 어려운 길이다. 하지만 나뭇개비 같던 가지가 커다란 나무가 되었듯 우리도 다시 선택하며 성장할 수 있는 기회를 얻은 존재임을 기억하면서 용기를 내 찬찬히 걸어보고 싶다. 내가 마주한 삶이 어떤 모습을 하고 있든 겉으로 드러난 희로애락의 표정 뒤에는 들어야 할 이야기가 담겨 있고, 그 이야기에 귀를 기울일 때 삶은 지나가며 치유와 성장이라는 변화를 남긴다. 그것을 이 땅의 변화가 보여 준다. 나는 이곳에서 무엇을 선택하고 있을까. 모두를 품은 숲을 말하면서 또다시 나를 내세우고, 숲이라는 이름의 가면 뒤에서 또 다른 쓰레기산을 만들고 있는 것은 아닌지 정직하게 나를 되돌아보며 걸어야겠다. 그래야 내가 내미는 손이 너를 부끄럽지 않게 잡아 줄 수 있을 것 같다.

왕버들 물꽂이

노을공원에서는 왕버들이 귀해서 물꽂이를 자주 한다. 잎이 나기 시작하는 봄부터 여름까지 왕버들을 볼펜 정도의 길이로 잘라 통에 넣고 물을 5센티미터쯤 채운다. 통 크기는 머그컵 정도가 좋다. 나뭇가지는 너무 빽빽하지 않을 정도로 가득 넣는다. 통은 뿌리가 나오는지 확인할 수 있는 투명한 것이 좋다. 물은 탁해지지 않도록 자주 갈아야 한다. 한여름에는 이틀에 한 번 정도 갈아 준다. 가끔 꺼내 상한 가지는 가려낸다. 뿌리가 자리 잡기 전에는 활발한 광합성이 힘들기 때문에 가지를 자를 때 잎은 위쪽 1~2개 정도만 남기는데 설령 잎이 모두 없어도 괜찮다. 같은 이유로 물꽂이 통은 직사광선이 닿지 않는 곳에 둔다. 눈에 잘 뜨이는 실내 한 장소에 두는 것이 잊지 않고 관리하기에 좋다. 상한 가지는 가려내고 물을 갈아 주면서 조급해하지 말고 몇 주 기다리면 뿌리가 나오기 시작한다.

물꽂이는 어디에서나 할 수 있고, 가까이에 두고 관리하기도 쉬울 뿐 아니라, 뿌리가 자라는 모습을 볼 수 있어서 좋다. 어린이들이 그 과정을 볼 수 있게 함께 키우면 좋다. 뿌리가 서로 엉킬 정도로 충분히 자라면 묘상에 직접 심어도 되지만 작은 화분에 옮겨 심어서 가지가 충분히 자랄 때까지 몇 주에서 한두 달 더 키운 후 묘상에 옮겨 심는 것이 안전하다. 묘상에서 1~2년 더 키워서 1~1.5미터 정도 크기로 자라면 사면 숲에 심는다. 우리는 많은 묘목이 필요하기 때문에 물꽂이 통에 20여 개의 가지를 넣지만 가정에서는 3~4개만 넣어서 파뿌리처럼 뿌리가 충분히 자라게 하는 것이 좋다.

물꽂이는 꺾꽂이 앞에 추가된 단계라고 볼 수 있다. 나뭇가지는 작년에 나온 가지를 쓴다. 묘상에 심어서 제대로 자리 잡아 겨울을 나게 하려면 8월까지는 물꽂이를 마치고 늦어도 9월까지는 묘상 식재를 마치는 것이 좋다. 우리가 이곳에서 주로 쓰는 식물 번식법은 파종, 꺾꽂이, 물꽂이 정도로 간단하지만 할 때마다 깨닫는 것은 무엇이든 제대로 하려면 온 마음을 쏟아야 한다는 점이다.

노고시모의 물꽂이 하는 법

① 꺾꽂이할 나뭇가지를 볼펜 크기 정도로 자른다. 이때 윗부분은 평평하게 하고, 물이나 흙에 꽂을 부분은 비스듬하게 잘라 준다.

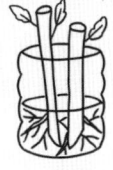
② 나뭇가지가 반쯤 잠길 정도로 물을 채운 투명한 물통에 비스듬하게 자른 쪽을 아래로 해서 넣는다. 그런 다음 뿌리가 가득 자랄 때까지 키운다.

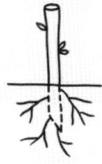
③ 뿌리가 파뿌리처럼 충분히 풍성해지면 묘상에 옮겨 키운다.

숲 이야기: 제14권역

　　가습기 살균제 피해자와 석면 피해자 추모 모임의 두 번째 숲은 14권역에 있다. 노을공원 나무자람터 인접 산책로를 따라 저녁노을 전망대까지, 목책 아래 사면 1800제곱미터 지역인 14권역은 2013년 11월 9일 한 시중은행 지점을 시작으로 매우 다양한 기업, 학교, 모임 등이 참여해 2019년까지 1536명이 나무를 심었다. 지금이나 예전이나 꾸준히 참여하는 단체는 많지 않다. 끈기 있게 자기 숲을 만드는 단체는 대개 추천하는 장소에서 나무를 심는다. 반면 1회성으로 찾아오는 단체는 활동하기 쉬운 곳, 전망이 좋은 곳, 접근성이 좋은 곳을 선호한다.

　　나무자람터 산책로 주변 평이한 비탈인 14권역은 그러한 수요에 적합한 장소여서 좁은 장소임에도 많은 사람이 다녀갔다. 땅은 좋지 않았다. 노을공원과 하늘공원을 통틀어 단풍잎돼지풀이 가장 무성한 곳이었다. 나무를 심을 수 없는 폐기물 퇴적층도 있었다. 그러나 계속 나무를 심었고 꾸준히 참여하는 기업도 생겼다.

　　한 보험사는 여러 지점에서 참여했다. 덕분에 예전 모습은 사라지고 나무가 하늘을 가릴 정도로 자랐다. 활동 초기 식재지 아래쪽 소단에 있던 3~4미터 크기의 팽나무가 칡과 환삼덩굴에 덮여 제대로 자라지 못했다. 전에는 위에서 내려다보기만 했지만 나무를 심으면서 자연스럽게 덩굴을 걷어 내게 되었다. 지금은 가지 아래에 길쭉한 나무 의자도 놓았다. 근처에 쓰러진 아까시나무를 엔진 톱으로 켜서 얻은 판자와 나무못으로 만든 것이다. 팽나무 아래쪽은 몇 해 더 나무를 심어야 한다.

여기도 토양 상태가 유난히 안 좋다. 아까시나무도 못 자랄 정도라면 꾸지나무를 심어야 하지만 그 정도는 아니므로 헛개나무 정도가 적합한 듯했다.

이렇게 불편한 곳에 여러 해 전부터 나무를 심는 이들이 있다. 가습기 살균제 피해자 추모 모임, 석면 피해자 추모 모임이다. 이분들의 나무 심기는 특별하다. 이들은 고인을 추모하는 마음을 고이 담아 나무를 심는다. 쓰레기산에 심는 나무는 살아남지 못할 수도 있다. 더구나 이렇게 좋지 않은 환경에 심으면 살지 못할 확률이 더 높다. 장소가 중요한 그분들에게 자리를 옮기자고 할 수도 없고 옮길 만한 장소도 만만치 않다. 지날 때마다 안쓰러울 뿐이다.

제14권역에 심은 나무 40종 총 3890그루

꽃산딸나무, 꾸지나무, 꾸지뽕나무, 낙상홍, 낙엽송, 남천, 느티나무, 단풍나무, 대왕참나무, 뜰보리수, 라일락, 마가목, 매실나무, 머루, 모감주나무, 물푸레나무, 미스김라일락, 백당나무, 버드나무, 병아리꽃나무, 뽕나무, 사철나무, 산벚나무, 산복사나무, 산수유, 살구나무, 상수리나무, 소나무, 아로니아, 영산홍, 왕벚나무, 이팝나무, 자두나무, 자작나무, 잣나무, 층층나무, 팥배나무, 헛개나무, 화살나무, 회양목

숲 이야기: 제15권역

아이가 염려하던 꺾꽂이 버드나무가 있는 곳은 15권역이다. 노을공원 노을계단 상부 한강 전망 덱 아래 사면 2800제곱미터 지역인 15권역은 2012년 5월 13일 한 대학교 개교 기념 행사로 나무를 심기 시작해 2019년까지 1572명이 숲 만들기 봉사활동에 참여했다. 매점, 맹꽁이 전기차 정류장, 화장실 등이 있는, 공원 방문객이 가장 많이 찾는 한강전망대 아래여서 46개 권역 중 참여자가 가장 선호한다. 그러다 보니 학교, 기업, 자원 봉사 모임 등 많은 사람이 참여해 2019년까지 나무를 심었다.

전망 덱 바로 아래는 조망에 방해된다는 이유로 해마다 훤하게 정리되곤 했지만 바닥은 어린 꾸지나무로 가득하다. 전망 덱 왼쪽에 있는 커다란 버드나무들은 초기에 나무자람터에서 꺾꽂이로 키운 조그만 버드나무 묘목을 심은 것이다. 남사면은 건조해서 버드나무가 잘 자라지 않는데 다행히 큰 나무로 잘 자라 주었다. 노을계단 상부 좌우에는 커다란 꾸지나무가 많은데, 계단 아래를 넘어 뿌리로 번식한 오른쪽 꾸지나무가 자기를 키워 준 왼쪽 꾸지나무보다 풍성하게 성장했다. 왼쪽은 전망을 막는다고 자주 베어졌기 때문이다. 아래쪽에는 '동물물그릇'과 5톤짜리 빗물통이 설치되어 있다. 전망 덱에서 왼쪽 20여 미터 나아가 산책로 목책에 가습기 살균제 피해자 추모의 숲 표지판이 달려 있다. 정해진 모임 장소가 없다는 피해자 가족들이 죽은 이들을 기리는 숲을 만든 것이다. 2019년 이후 더 이상 나무를 심지 않는 지역이 되면서 14권역에서 두 번째 숲 만들기를 시작했다.

제15권역에 심은 나무 42종 5326그루

꾸지나무, 나무수국, 낙상홍, 단풍나무, 덜꿩나무, 뜰보리수, 라일락,

마가목, 말발도리, 매실나무, 머루, 명자꽃, 모감주나무, 목련, 무궁화,

버드나무, 병꽃나무, 복사나무, 뽕나무, 사철나무, 산딸나무, 산벚나무,

산복사나무, 산수국, 산수유, 산철쭉, 살구나무, 상수리나무, 소나무,

수수꽃다리, 앵도나무, 영산홍, 이팝나무, 자두나무, 자작나무,

좀작살나무, 철쭉, 층층나무, 팥배나무, 팽나무, 헛개나무, 회양목

정직하게 나와 마주하다

전문가들과 함께 답사부터 기획, 나무 심기 준비를 하는데 한 달 정도 걸렸다. 이후 약 9000제곱미터 땅에 5000여 그루의 나무를 심기까지 다시 한 달이 걸렸다. 물뿌리개로 물을 떠 올 수 있는 곳도 아니었고, 물을 받아 둘 통도 없는 곳이었기 때문에 물 주기는 생략하고 우선 심기로 했다. 고맙게도 나무 심기 봉사활동에 참여하고 싶어 하는 사람들은 많았다. 그 덕에 그나마 한 달 정도의 시간에 5000여 그루의 나무를 심을 수 있었다. 여럿이 같이 들어도 무거운 나무를 혼자 번쩍 들고 사면을 오르는 사람도 있었고, 워낙 척박한 탓에 삽질이 쉽지 않아 두세 명이 애를 써서 겨우 나무 한 그루를 심는 경우도 있었다. 그래도 쓰레기산 경사지에서 고맙게도 즐겁게 나무를 심어 주었다. 물 없이 나무

를 심기로 하면서 나무들은 어느덧 한 달 이상 물 없이 지내고 있었다. 나무 심기를 마무리 짓자마자 물 주기에 들어갔다.

심은 그루 수도 많았고, 나무의 크기와 나무 심은 장소의 특성을 고려할 때 물뿌리개로 해결할 수 있는 상황이 아니라고 생각했다. 나무를 심은 노을공원 남사면은 매우 척박한 곳 중 하나다. 흙이 거의 사라져 쓰레기가 드러나고 사면이 무너지지 않도록 설치한 구조물이 드러난 곳에도 나무를 심은 상태였다. 물을 충분히 주되 최대한 빠른 시일 내에 모든 나무에 물을 주어야겠다고 생각했다.

사업소에서 알려 준 공원 상부 QC밸브에 호스를 연결해 수백 미터 떨어진 사면으로 물을 끌어 왔다. 무전기를 나누어 가진 후 한 사람은 QC밸브 곁에 머물며 무전에 따라 열고 잠그기를 반복했다. 지금이라면 더 가까운 곳에서 물을 끌어 갈 수 있었을 텐데 활동 초기에는 공원 내 급수 시설을 다 파악하지 못해 어렵게 물을 주었다. 하지만 장난감 무전기를 가지고 놀던 어린 시절 추억처럼 힘들었지만 즐거웠던 기억 중 하나다.

물을 주기로 하고 처음 마주한 어려움 중 하나는 물이 흙 속으로 잘 스미지 않는다는 점이었다. 제법 물을 듬뿍 준 듯해도 손으로 흙을 만져 보면 겉흙만 젖어 있을 뿐이었다. 지형도 경사지다 보니 나무 밑동 주변에 고랑을 파고 물을 주어도 물은 그 자리에 머물며 스미지 못했다. 어떻게 하면 뿌리까지 물이 닿게 할 수 있을까, 궁리 끝에 소방관창에서 실마리를 얻었다. 버려진 파이프로 직사형 소방관창을 흉내 내 만들었다. 물 호스를 어깨에 걸치고 나무뿌리 쪽으로 기다란 금속 파이프 끝을 찔러 넣어 물을 주었다. 물이 무사히 뿌리까지 가닿았다. 이렇게 주면 되겠다 싶어 매일매일 물을 주기 시작했다. 언제 또다시 5000여 그루에 물을 듬뿍 줄 수 있을지 알 수 없었다. 그래서 한 그루 한 그루 잘 주고 싶었다.

나무가 잘 자라려면 물이 필요하다. 적어도 우리는 그렇게 알고 있었다. 그런 단순한 생각을 가지고 있던 우리에게 내가 심은 나무에 물을 주는 일은 너무 당연했다. 하지만 실제로 물을 주어야 하는 상황이 되자 나에게 당연한 것이 너에게도 당연한 것이 아님을 알게 되었다. 물을 줄 필요가 없다거나 물을 주어도 효과가 없는데 왜 그렇게 열심히 하는지 모르겠다는 이들도 있었다. 일용직으로 사람을 구해 '관리'를 해야지 힘든 일을 직접 하는 건 고생을 사서 하는 것이라고 하는 이들도 있었다. 서로 다른 의견이었지만 그들 입장에서 들으면 나름대로 일리가 있어 보였다. 모두 자신의 시선에서 보았을 때 '옳았다'.

우리는 정답을 몰라도 매 순간 삶을 대하는 자신의 태도를 선택해야 한다. 우리 역시 서로 다른 의견 속에서 나는 어떻게 할 것인가 선택해야 했다. 조언을 구할 수는 있지만 내 삶에서 하는 선택은 언제나 내 몫이기 때문이다. 다양한 의견에 마음을 열고 귀를 기울이되 나에게 가장 소중한 것은 무엇일까 곰곰이 생각해야 했다.

우리는 물을 주는 쪽을 선택했다. 이유는 단순했다. 물을 주지 않아도 괜찮지만 물을 주어도 괜찮다면, 그저 배고픈 이와 밥을 나누듯 물을 주고 싶었다. 운 좋게 체력도 시간도 그렇게 할 수 있는 여건이 되었다. 고되기는 했지만 내가 목마를 때를 떠올리면 물이 고팠을지도 모를 나무에 풍족하고 넘치도록 물을 줄 수 있다는 것이 고맙고 신났다. 몸이 힘들다고 마음까지 힘들어야 하는 것은 아니라는 말이 마음 깊이 와 닿았다.

한 그루 한 그루 물을 주다 보니 우리가 어떤 곳에 나무를 심었는지 실감이 났다. 숲을 꿈꾼다고는 하지만 흙도 물도 부족한 쓰레기산에 나무를 심다 보면 나무를 심는다는 것은 무엇일까 생각하게 된다. 나무는 살아 있다. 나의 살아 있음과 너의 살아 있음이 똑같이 소중하다면 나를 아끼듯 너를 아껴야 한다. 어쩌면 나무를 심는다는 건 아이를 낳으면 내버려 두지 않듯 너와 함께 걸어가겠다는 나와의 약속인지도 모른다. 특히 이곳처럼 조건이 열악한 곳에 나무를 심는 행위는 그 약속의 무게가 가벼울 수 없다. 다른 사람들은 어떤 마음으로 이 땅에 나무를 심을까 궁금해졌다.

나무를 심고 돌보다 보면 중요한 것은 겉으로 드러나는 것이 아니라는 생각이 들 때가 있다. 똑같이 나무를 심고 돌보는 듯 보여도 서로 다른 마음으로 임할 수 있기 때문이다. 물론 그 마음이 어떤 마음인지 나는 모른다. 때로는 자기 자신조차도 진짜 제 마음을 모르기도 한다. 하지만 마음은 흔적까지 지우기는 어려운 듯하다. 서로 다른 마음은 서로 다른 태도로 드러나 서로 다른 열매를 맺기 때문이다. 모든 선택은 그에 걸맞은 결실을 가져온다. 쉽지 않지만 최선의 선택에 가까워지려면 왜 그런 선택을 하는지 선택의 뿌리를 분명하게 알아차리는 연습이 필요하다.

한창 푸르러야 할 어린나무가 잎을 떨구기 시작했다. 문제가 무얼까 살피는 내게 뿌리가 건강하면 나무는 산다고 누군가 말해 주었다.

나무에 물을 주기로 선택한 그때 내 마음의 뿌리는 어디에 닿아 있었을까 생각해 본다. 내가 옳다는 생각이었을까 아니면 정말 나무를 소중히 여기는 마음이었을까. '옳다, 좋다'는 가면으로 본심을 가리고 내가 쓴 가면에 내가 속는 일을 나라고 하지 말라는 법은 없다. 어리석음에 빠지는 이유도 그것이 자신에게 정말 '좋다'고 믿었기 때문이 아닐까. 진짜가 아니라는 사실을 몰랐던 것이다. 하지만 몰랐다는 말은 내 손으로 내 눈을 가리는 것일 뿐 내가 삶에 남긴 흔적을 지우거나 바꾸지는 못한다. 그건 어떤 의미에서 다행스러운 일 같다. 몰랐다는 말로 세상에 가한 아픔을 외면하며 한없이 나락으로 떨어지지 않도록 삶이 내 손을 잡아 살리는 장치 중 하나이기 때문이다.

   5000여 그루의 나무에 물을 주는 데 다시 한 달 넘는 시간이 걸렸다. 우리에게는 신나고 뿌듯한 시간이었지만 우리가 준 물이 나무에게는 얼마나 도움이 되었을까. 매 순간 내 마음뿐 아니라 그 마음의 뿌리도 정직하게 바라볼 수 있다면 얼마나 좋을까. 언제나 지나고 나서야 아쉬움을 떠올리는 나는 그저 언젠가 뿌린 대로 돌려받게 될 때 내가 뿌린 그때 그 씨앗이 부디 좋은 씨앗이었기를 간절히 바랄 뿐이다. 지금부터라도 마주한 삶을 어떤 태도와 마음가짐으로 살아가고 있는지 조금 더 진솔하게 자신의 모습을 볼 수 있으면 좋겠다. 그렇게 마주하는 삶의 모든 순간을 존재하는 모두가 행복하기를 바라는 마음으로 정성을 다할 수 있다면 참 좋겠다.

노고시모의 물 주기

10년 전쯤 숲 만들기를 처음 시작하던 즈음에는 나무를 심고 난 후에도 부지런히 물을 주었다. 노을공원 북동사면 식재지에서 100미터 이상 떨어진 난지천에 내려가 물뿌리개에 물을 떠서 양손에 하나씩 들고 비탈을 오르내렸다. 추석 보름달을 보며 물을 퍼 나른 기억도 있다. 힘은 들었지만 그렇게 할 수 있는 여력이 있었다는 뜻이기도 하다. 노을공원 남사면 노을계단 쪽 넓은 곳에 나무를 심고 나서 한 달 동안 호스를 끌고 다니며 물을 주기도 했다. 식재지가 늘어나기 전이었기 때문에 가능했던 일이기도 하다.

해가 가면서 나무 심는 장소가 늘어났고 모든 곳에 다시 찾아가 물을 주는 일이 어려워졌다. 가뭄이 너무 심하고 피해가 심한 곳에는 필요에 따라 여러 날에 걸쳐 호스를 어깨에 메고 물을 주기도 했지만 모든 식재지 나무들에게 그렇게 하기에는 일손이 너무 부족했다. 그렇게 식재지가 늘어나면서 물은 가뭄이나 폭염 같은 극심한 상황이 발생하지 않는 이상 나무 심을 때 한 번 제대로 주는 것을 기본으로 하게 되었다. 나무 심기 중간에 물을 듬뿍 주고 마지막에 물뿌리개 한 통의 물이 다 고일 수 있을 만큼 물집을 만들어 물을 주는 방식이다. 다행히 큰 탈 없이 운 좋게 잘 지나가는 듯했다.

그런데 2022년 봄 가뭄이 심했다. 여름이 되며 풀을 정리하다 보니 어린나무가 많이 죽어 있었다. 그동안 너무 무심했구나 싶었다. 빗물급수관 6킬로미터를 노을공원과 하늘공원에 설치했고, 급수관에는 5

톤 빗물통 31개가 연결되어 빗물이 가득 차 있다. 식재지에는 5톤 빗물통에서 물을 나누어 받을 수 있는 600리터 물통이 수십 개 놓여 있고 물뿌리개도 함께 있다. 물을 주기 위해 물뿌리개를 들고 수백 미터를 걸어가야 했던 옛날과 달리 이제는 마음만 먹으면 누구나 물을 줄 수 있는 환경이다. 이제부터는 가뭄이 오면 미루지 말고 나무 심은 사람들을 불러 모아서라도 물을 주고 풀 정리도 같이 해야겠다. 가뭄이 아니어도 자주 찾아가서 사람이 함께하고 있다고 나무들에게 말해 주는 것이 맞다.

숲 이야기: 제8권역

준비부터 마무리까지 세 달에 걸쳐 5000여 그루의 나무를 심은 곳이 8권역이다. 노을공원 노을계단 아래 우측 둘레길 위에서 중간 관리도로까지, 사면 9000제곱미터 지역인 8권역은 2013년 3월 29일 한 외국계 보험사에서 국제구호개발비영리단체와 함께 어린이숲 만들기에 큰 규모로 후원해 나무를 심기 시작한 곳이다. 2015년 5월까지 다른 기업과 다양한 자원 봉사 모임의 참여로 나무 심기가 계속되었고, 2019년 한 금융 컨설팅 회사에서 추가 식목 행사를 하기까지 연인원 1591명이 나무를 심었다.

시작할 당시 한강 쪽에서 바라보면 텅 비어 있던 곳으로, 단풍잎돼지풀만 무성했지만 풀이 자라니 나무도 살아남을 것이라 믿고 시작했다. 그때만 해도 경험이 부족하고 규모가 큰 식목 행사라서 조경회사에 의뢰했다. 단체 운영비는 전혀 확보하지 못했지만 다음부터는 스스로 할 수 있다는 자신감을 가지는 계기가 되었다. 기업, 시민단체, 학생 봉사 모임, 가족, 미군 부대원 등 다양한 사람들이 참여해 4월 내내 쉬지 않고 5000여 그루의 나무를 심었다. 물은 5월 내내 주었다. 수백 미터 떨어진 공원 꼭대기 매점 옆 QC밸브에 호스를 연결해서 험한 사면을 헤치고 둘레길 위까지 내렸다. 끝을 뾰족하게 자른 금속 파이프를 호스에 연결해 약 9000제곱미터 면적의 식재지를 돌면서 파이프를 땅에 넣어 5000여 그루에 일일이 물을 주었다. '100개 숲을 돌보는 건강한 사람들'인 백수건달百樹健達 선생님들의 도움이 아니었으면 할 수 없는 일이었다.

9000제곱미터의 3분의 2 정도는 처음 시작한 회사의 후원이었고, 나머지 부분은 다른 기업들의 참여로 완성되었다. 한번은 이곳에서 450명이 풀을 관리한 적이 있다. 지금 생각하면 어떻게 그런 일까지 했는지 믿기지 않는다. 한 시중은행에서 나무 심기를 몇 차례 하고 나서 450명 가족 행사를 희망했다. 그것도 낫을 쓰는 풀 정리였다. 급히 500여 자루의 낫을 준비하고 적절히 분산 배치한 덕에 행사를 무사히 치렀다. 낫 쓰는 일은 450명이 아니라 45명도 많다. 활동가 혼자 진행해서 열 명을 넘지 않는 것이 안전하다. 꼼꼼한 준비와 참여 기업의 진행요원, 백수건달 선생님들의 도움으로 가능했지만 이제 이런 일은 하지 않는다. 많은 사연을 안고 조성된 숲은 흙이 변할 정도로 무성한 숲이 되었고 씨앗으로 쓸 도토리도 내준다.

제8권역에 심은 나무 29종 총 6330그루

갈참나무, 곰솔, 국수나무, 꾸지나무, 꾸지뽕나무, 노각나무, 닥나무, 덜꿩나무, 때죽나무, 뜰보리수, 물푸레나무, 백당나무, 버드나무, 병꽃나무, 뽕나무, 사철나무, 산딸나무, 산벚나무, 산사나무, 산수유, 상수리나무, 소나무, 이팝나무, 졸참나무, 찔레나무, 팥배나무, 팽나무, 헛개나무, 화살나무

숲 이야기: 제29권역

8권역의 시작을 열어 준 어린이숲 후원사는 이후로도 2013년부터 2015년에 걸쳐 총 다섯 곳에 숲을 만들었다. 노을공원 파크골프장 옆 공원 내부 순환도로 400여 미터, 좌우 8500제곱미터 지역인 29권역도 그 중 하나다. 2014년 3월 28일에 시작해 다음 해까지 839명이 나무를 심었다. 당시는 가능했으나 지금은 소나무재선충병 감염 우려 때문에 공원에 심지 않는 소나무를 많이 심었는데, 잘 자라서 길가에 늘어선 소나무들을 볼 수 있다. 작은 묘목이었던 자작나무들도 꽤 자랐다. 공원 안쪽 잔디밭 가장자리를 따라 한 프랑스계 제약회사에서 심은 꾸지나무가 가로수처럼 자리 잡아 가을이면 빨간 열매로 공원 이용자들의 관심을 끈다.

2014년 외국계 호텔 그룹에서 전 세계 100명의 호텔 CEO를 나무 심기 행사에 참여시키면서 항공기 이용 탄소 감쇄를 위해 얼마나 많은 나무를 심어야 하는지 물어 왔다. 계산 결과 필요한 나무 수량이 너무 많아서 참고하지 않기로 했다. 앞으로 어떤 해결 방안이 나올지 모르겠으나 비행기를 타기 전에 꼭 필요한 탑승인지 짚어 볼 일이다.

사업소와 이곳에 나무 심기를 상의할 때 파크골프장이 가려질 염려 때문에 반대 의견이 있었으나, 찬성한 공무원이 있어 가능했다. 당시 심은 작은 나무들이 공원 풀 관리 기계에 피해를 보았다. 아예 사라진 수종도 있다. 초기에는 가지를 치면 항의도 했다. 그러다가 포기했다. 사면과는 달리 공원 상부는 공원관리반 관리 구역이라 참견하기도 미안했다. 10년이 지나고 보니 많은 나무가 살아남아 자랄 만큼 자란 것 같다. 지날 때마다 모두에게 고마울 뿐이다.

> **제29권역에 심은 나무** 43종 총 2361그루
>
> 감나무, 개쉬땅나무, 꽃사과나무, 꾸지나무, 꾸지뽕나무, 단풍나무, 뜰보리수, 라일락, 마가목, 매실나무, 모란, 무궁화, 박태기나무, 백당나무, 벚나무, 복사나무, 사철나무, 산사나무, 산수유, 살구나무, 상수리나무, 소나무, 수수꽃다리, 스트로브잣나무, 주목, 영산홍, 왕벚나무, 이팝나무, 일본매자나무, 자두나무, 자작나무, 잣나무, 전나무, 조팝나무, 진달래, 철쭉, 층층나무, 함박꽃나무, 헛개나무, 화살나무, 황매화, 흰말채나무, 히어리

본질을 기억하다

    이 땅의 회복에 필요한 나무를 이 땅에 맞는 방법으로 최대한 다양하게 심어 보고 싶다는 생각을 하면서 여러 전문가에게 조언을 구하며 씨앗과 묘목을 추천받았다. 주머니 사정이 넉넉하지 않았지만 필요한 나무를 심어 보고 싶었던 우리는 씨앗부터 나무를 키우는 일에 관심이 갔다. 씨앗부터 키우면 적은 비용으로도 필요한 나무를 다양하게 심을 수 있을 것 같았다. 씨앗부터 키우면 돈이 있어도 구할 수 없는 나무도 심을 수 있으니 금상첨화였다. 씨앗부터 키우는 일은 많은 이가 좋아했고, 큰 나무를 옮기는 데 드는 에너지와 탄소 발자국을 줄일 수 있다는 점도 매력적으로 다가왔다. 품이 들고 시간이 걸리겠지만 필요한 나무를 필요한 만큼 키워 심을 수 있다면, 그리고 그것이 누군가에게 아픔을 주는 것이 아니라면, 씨앗에서 숲이 되는 과정을 차근차근 걸어 보고 싶었다.

    처음에는 봉사자들과 평화의공원에 있는 사업소 건물에서 만났다. 그곳에서 쓰레기 매립지가 공원이 되기까지 난지도 역사를 잘 정리한 자료를 본 후 봉사활동을 했다. 쓰레기산을 사람들과 함께 숲으로 만들어 보고 싶다는 생각을 하게 되면서 이 땅의 변화 과정은 물론 그 변화가 우리에게 건네는 화두도 생각해 보고 싶어졌다. 지식이 삶과 이어지려면 드러난 변화를 초래한 가려진 본질을 알아차려야 한다고 믿었기 때문이었다. 우리는 '평화수업'이라는 이름으로 이 땅에 대한 정보와 함께 우리가 생각하는 쓰레기산과 숲 이야기를 건네 보기로 했다. 봉사활동 방법을 안내하는 것도 중요하지만 이런 활동을 하려는 이유와 활동에 담은 마음을 전하며 생명이 무엇이고 생명을 존중한다는 것은 무엇인지 함께 생각해 보고 싶었다.

학교에서 단체로 봉사활동을 하러 온 날이었다. 그날도 씨앗도 생명이고 씨앗에 숲이 담겨 있으니 씨앗을 소중히 대해 달라고 부탁하며 활동을 시작했다. 활동이 끝나고 아이들이 돌아왔을 때 한 소녀가 찾아와 울먹였다. 깜짝 놀라 까닭을 물었다. 친구들이 호미와 돌로 씨앗을 깨뜨렸다고 했다. 함께 있던 어른들도 바라만 볼 뿐 말리지 않았다고 했다. 활동 시작 전에 씨앗 안에 나무가 들어 있다 하지 않았느냐며 소녀가 물었다. 그렇다고 대답하자 자기라도 말렸어야 했는데 그러지 못했다며 고개를 숙인 채 눈물을 떨구었다. 사실 씨앗이나 나무를 함부로 대하는 일은 드물지 않았고, 나이 어린 사람만 그런 행동을 하는 것도 아니었다. 아무 말도 나오지 않아 가만히 소녀의 눈물을 바라보았다.

씨앗부터 키우는 활동을 하다 보면 씨앗이 '잘못된' 것 같다는 이야기를 들을 때가 있다. 내가 생각한 때에 싹이 트지 않을 경우 그런 이야기를 많이 듣는다. 그 이야기를 들으면 싹이 트지 않는 '잘못된' 씨앗은 생명일까 아닐까 엉뚱한 의문이 피어난다. 그러고는 씨앗도 생명이라는 말은 무슨 뜻일까 다시 곰곰이 생각하게 된다.

씨앗은 싹을 틔우고 나무가 되어 숲을 이룰 힘을 가지고 있다. 하지만 싹을 드러내지 않았다고 그 힘이 없다고 생각하지 않는다. 실제로 씨앗을 심고 돌보다 보면 모든 씨앗이 싹을 틔우지 않는다는 사실을 매번 새롭게 알게 된다. 씨앗을 심기 전에 발아율이 높아 보이는 씨앗을 고르기도 하지만 결과적으로 누가 싹을 틔울지 알 수 없다는 사실만 확인할 뿐이다. 그럼에도 때가 되면 씨앗을 심고 모든 씨앗에 정성을 기울인다. 모든 씨앗은 변화의 힘을 품고 있다고 믿기 때문이다. 나에게 씨앗이 품은 그 힘은 주변과 조화를 이루며 변화할 수 있는 힘이지 반드시 나무가 될 힘을 의미하는 것은 아니다. 어떤 의미에서 생명의 힘이란 끊임없이 변화하는 또 다른 창조의 힘인지도 모른다.

씨앗이 잘못된 것 같다며 실망하고 혹여 자신이 서툴렀기 때문은 아닌지 마음 졸이는 참여자들에게 우리는 괜찮다고 말해 준다. 씨앗은 싹을 틔우면 틔우는 대로, 틔우지 않으면 않은 대로 자연으로 돌아가 생태계의 건강한 순환에 합류하며 숲의 일원이 된다고 생각하기 때문이다. 내가 기대한 모습과 다른 모습으로 숲을 이루는 데 기여했을 뿐이다. 그래서 우리는 싹을 틔운 씨앗과 다른 형태로 숲의 일원이 된 씨앗에게도 고마움과 응원을 보내면 어떨까 이야기하곤 한다. 설령 내가 소홀해서 벌어진 일이라 해도 그들에게 건네는 말은 크게 달라지지 않는다. 벌어진 일을 되돌릴 수 있는 사람도 없고 소홀함에 대한 책임은 어떤 형태로건 지게 되니 그 역시 걱정할 필요가 없다. 책임을 진다는 표현이 조금 무겁게 들릴지도 모르지만 내 선택의 진위를 배울 수 있는 기회라고 보면 어떤 의미에서 뿌린 대로 거두는 삶의 원리는 유용하고 고마운 것이기도 하다. 이미 벌어진 일에 대해 우리가 할 수 있는 것은 그 일을 최대한 바르게 인식하고 바르게 대처하는 것이다. 그러니 내가 배워야 할 것을 제대로 배워 내 삶의 태도를 정직하고 진실하게 바꿔 나가는 것은 나 자신과 내 삶에 대한 최고의 예우인지도 모른다. 그것은 내가 져야 할 소홀함에 대한 책임의 무게를 덜어 줄 수 있는 중요한 요소이기도 하니 더더욱 고마운 기회다.

주변과 상호작용하며 변화하는 힘과 그 힘을 펼칠 기회를 품고 있는 존재가 생명이라면 죽음은 생명의 반대가 아니다. 숲의 일원이 된 씨앗의 죽음을 숲을 이루기 위해 생명이 펼치는 변화의 한 모습으로 본다면 죽음은 결코 무의미한 끝이 아니다. 씨앗은 변화할 수 있는 힘과 기회를 품고 있다. 씨앗은 생명이다. 나도 너도 모두 그러하다. 생명의 힘은 씨앗만 가지고 있는 것이 아니며 특별히 나만 가지고 있는 것도 아니다. 내가 노력해서 성취한 것도 아니며 내가 줄 수 있는 것도 아니다. 어떤 기준에 따라 차등을 둘 수 있는 것도 아니며 실수에 따라 차감되는 것도 아니다. 변화의 기회와 변화할 수 있는 힘은 존재하는 모두에게 주어진다. 그러니 내 것이 아닌 생명의 힘을 너에게서 빼앗아서는 안 된다. 나만의 것이 아닌 생명의 힘에 차등을 두어서도 안 된다. 적어도 나는 그렇게 생각한다. 빼꼼히 고개를 내민 싹을 보고 있으면 그 안에 깃든 생명의 힘과 나를 존재하게 하는 생명의 힘은 하나라는 생각이 든다. 그 힘이 아름답게 변화를 피워 내도록 돕지는 못해도 발목을 잡는 일은 하지 않으며 살아가고 싶다. 그것은 특별히 선한 마음이라기보다 그저 똑같은 생명을 부여받아 살아가는 존재 대 존재로서 지켜야 하는 기본이라 생각한다. 그 기본을 지키는 것이 존중의 시작이자 숲의 시작일지도 모른다.

깨진 도토리에 눈물 흘린 소녀의 마음을 그려 본다. 씨앗이 살아 있다고 믿었기에 친구들의 장난이 아프게 다가왔을 것이다. 재미로 하나의 생명을 사라지게 하는 모습도, 생명에 대한 사람들의 무감각함도, 생명을 지켜 주지 못한 자신의 용기 없음도 쉽게 받아들이기 어려웠을 것이다. 삶의 마무리가 더 가까워지기 시작한 나에게도 여전히 쉽지 않은 일이다. 그래서 자꾸 묻게 된다. 생명은 무엇이고 생명을 존중한다는 것은 무엇일까. 어떻게 하면 삶의 모든 걸음에 생명과 존중을 바르게 담아낼 수 있을까. 그렇게 하기 위해 나는 어떻게 해야 할까. 언제 어디서 무엇을 하든 삶은 이 질문에 대한 자신의 답에서 시작하는지도 모른다.

들풀에 깃든 생명과 나를 살게 하는 생명이 하나라면 너와 나는 다르지 않다. 원하는 것을 받고 싶다면 받고 싶은 대로 너에게 주라는 것도 그래서인지도 모른다. 무엇을 하는가보다 더 중요한 것은 삶의 본질을 놓치지 않는 것이다. 씨앗을 키우고 나무를 심고 숲을 말한다고 내가 너보다 더 생명을 이해하고 존중하는 삶을 산다고 말할 수는 없다. 보이는 것이 전부는 아니다. 소녀의 눈물은 어떻게 하면 생명이라는 말에 담긴 깊고 맑은 울림을 내가 걷는 삶의 걸음마다 담아낼 수 있을지, 나의 말은 얼마나 내 삶과 일치하는지 생각하게 했다.

숲 이야기: 제40권역

노을공원 북동사면 고양시 덕은지구가 내려다보이는 중간 순환길 아래 기다란 사면 9800제곱미터 지역인 40권역은 2019년 5월 3일 커피 전문점 회사에서 처음 나무를 심기 시작해 한 해 동안 20여 단체의 1455명이 다녀갔다. 길이 200여 미터의 넓은 장소여서 이곳에 그해 나무 심기 행사가 집중되었다. 아래로 내려다보이는 자유로 건너편 고양시 덕은지구의 건물 올리기와 경쟁이라도 하듯 여기서는 나무를 심었다.

코로나바이러스감염증-19이하 코로나19가 확산되었던 3년 동안 풀 정리조차 제대로 못하다가 2022년 가을 숲 관리 회사를 불러서 정리한 빈 곳에 다시 나무를 심었다. 특히 성과가 미미한 길가 시드뱅크 자리 200미터 구간에는 촘촘하게 상수리나무 묘목을 심었다. 2021년 봄 나무자람터에 도토리를 심어서 키운 묘목이라 아직 작아서 서로 의지하며 자라도록 한 구덩이에 세 그루에서 일곱 그루를 한꺼번에 심었다. 600구덩이쯤 심었으니 2000그루 정도로 봐도 된다. 앞으로 2년 더 매달리면 이곳 나무 심기도 마무리된다. 그쯤 되면 덕은지구 입주도 끝나고 나무숲과 건물숲이 마주하게 될 것이다. '동물물그릇' 두 개 소, 대형 빗물통 세 개가 있는 이곳에서 어느새 빌딩숲을 이룬 덕은지구를 건너다본다. 나무 심기도 아파트 짓기도 행복한 삶을 지향한다. 부디 본질을 잊지 말고 참 행복을 보장할 수 있는 선택을 할 수 있기를, 그렇게 둘 다 경쟁하듯 좋은 곳이 되기를 바란다.

제40권역에 심은 나무 22종 총 4179그루

갈참나무, 개암나무, 고로쇠나무, 꾸지나무, 노각나무, 벚나무,
때죽나무, 마가목, 매실나무, 무화과나무, 물푸레나무, 밤나무,
병꽃나무, 복자기, 산딸나무, 상수리나무, 쉬나무, 왕벚나무, 층층나무,
팥꽃나무, 팥배나무, 헛개나무

있는 그대로 바라보다

단체 초기 몇 년간은 숲이 될 나무를 키우는 나무자람터에서도 나무 심기 행사를 했다. 사면에 내려가 나무 심는 일을 어렵게 생각하는 사람들을 대상으로 하거나 지속적인 숲 만들기 참여가 아닌 1회성 나무 심기 같은 행사가 그랬다. 초기의 나무자람터는 일부 풀이 무성한 곳을 제외하면 아무것도 없다시피 한 곳이었기 때문에 어느 정도 나무를 심을 필요가 있었다. 공원 상부 평지에 자리한 덕에 나무자람터에서의 나무 심기는 제법 인기가 있었다. 2012년 늦가을 그날도 나무자람터에 나무를 심는 날이었다.

단체에서 나무를 심으러 오는 경우 대부분 기념 표지판을 설치하고 싶어 한다. 그날도 마찬가지였다. 활동 초기에는 지금과 같이 이곳에 살다 쓰러진 나무로 자연물 숲 표지판을 만들어 주는 활동이 없었기 때문에 외부 전문 업체에 의뢰해 만든 표지판을 각자 가지고 왔다. 나무 심기 안내를 하고 어느 정도 진행되고 있을 때 끝나고 기념사진을 찍을 수 있도록 표지판 설치 작업을 시작했다. 그리고 준비된 표지판을 들어 올렸다. '여기 한 그루의 나무를 심습니다.' 비록 어린나무이기는 해도 70여 명이 700여 그루의 나무를 심는데 한 그루라니. 몇 그루의 나무를 심는지 강조하는 데 익숙하던 우리에게는 한 그루라는 표현이 신선하게 다가왔다. 겸손한 표현이라는 생각이 드는 순간 갑자기 '몇 그루를 심든 지금 내가 마주하는 건 언제나 한 그루의 나무구나'라는 생각이 들었다. 지금까지 마주한 수많은 '한 그루'에 나는 얼마나 정성을 기울였을까, 지난 시간이 스쳐 갔다.

더운 여름에 기온은 높고 비는 오래 오지 않아 심은 나무들이 어려움에 처한 적이 여러 차례 있었다. 사람도 숨 막히게 하는 열기와 뜨겁게 달구어진 건축 폐기물 사이에서 봉사자들과 심은 나무들이 말라 갔다. 나무자람터의 어린나무들도 눈에 띄게 빠르게 쓰러져 갔다. 모두 입을 모아 걱정했지만 강렬한 열기 속에서 실제로 돕기 위해 나서는 사람은 많지 않았다.

도움이 필요한 상황에서 내가 그것을 도울 수 있는데도 다음으로 미루지 말라는 말을 곰곰이 생각하곤 한다. 그 말이 전하고자 하는 바는 미루지 말라는 것이 아니라 도움이 필요한 상황을 제대로 알아차리고 내가 도울 수 있는 부분을 바르게 인지하라는 것이 아닐까 싶다. 도움이 필요하다는 것을 알고 내가 도울 수 있음을 아는데도 미루는 사람은 많지 않을 것 같다. 왠지 사람들은 그냥 미루는 것이 아니라 알아차리지 못하거나, 할 수 없는 이유를 가지고 있는 경우가 많은 듯하다. 그럼에도 그 말을 몇 번이고 다시 생각하게 되는 이유는 주의를 기울이지 못해서든 할 수 없는 이유가 있어서든 그 판단이 내가 생각하는 '옳음'에서 나왔다면 그건 미루는 것보다 더 슬픈 일일 것 같아서다. 판단의 중심에 내가 많을수록 연결보다 단절을 선택하기 때문이다.

몇 그루를 심든 내가 마주하는 건 언제나 한 그루의 나무라는 사실을 안다는 것도 우리에게 그와 비슷한 맥락으로 다가왔다. 지금 이 순간 마주한 상황에서 내가 해야 할 일을 놓치지 않는 것이다. 그렇게 하려면 내 선택의 옳음을 뒷받침하는 내 이야기, 내가 세상을 판단하는 내 기준에서 물러설 수 있어야 한다. 옳음보다 사랑을 선택하라는 말은 옳음과 사랑이 일치하지 않는 인간 세상에서 늘 기억해야 하는 지침이다. 그걸 모르지 않으면서도 어느새 이름표를 붙이고 옳다 그르다 구분하며 내 손으로 내 눈을 가리고 있다. 뿌리 깊은 이 습관에서 벗어나 마주한 상황을 있는 그대로 볼 수 있다면 얼마나 좋을까. 그렇게 도움이 필요한 상황을 알아차리고 내가 할 수 있는 것을 아낌없이 나눌 수 있다면 얼마나 좋을까.

2016년 가을 지인에게서 그때 그 표지판을 세우며 나무를 심었다는 사람과 만난 이야기를 전해 들었다. 노고시모 이야기를 듣고는 자신도 그곳에 나무를 심은 적이 있다며 "그 나무 다 죽었죠?"라는 답이 포함된 듯한 질문을 던졌다고 했다. 2012년 나무를 심은 후로 심은 나무를 돌보거나 또 다른 나무를 심기 위해 우리를 찾은 적은 없으니 아마도 초기 나무자람터의 황량함이 나무가 살 것이라는 믿음을 주지 못했을 수도 있겠구나 싶었다. 곰곰이 생각하다 그 이야기를 가만히 품고 나무자람터로 갔다. 어느덧 4년이라는 시간이 흘렀고 그 시간만큼 나무들은 자라 있었다. 나무 곁에 서서 "저희 살아 있어요. 내가 마주한 한 그루의 나무를 생각하게 해 주어서 고맙습니다"라고 그 분들에게 마음으로 답을 전했다. 그리고 나무에게도 "이렇게 척박한 땅에서 부족한 우리와 함께해 주어서 정말 고맙습니다"라고 인사를 건넸다. 서운한 것이 없지 않을 텐데 밉다 곱다 구분하지 않고 마주한 상황에서 자신이 할 수 있는 것을 그저 펼치며 살아가는 나무가 참 고마웠다.

사람들과 씨앗을 함께 키우다 보면 열심히 잘해 보려 한 것이 오히려 나무를 아프게 하는 경우를 보게 된다. 그럴 때 우리는 걱정과 정성은 다르며 씨앗의 시간과 나의 시간이 반드시 일치하지 않을 수도 있다는 이야기를 건네곤 한다. 하나하나 헤아리려 하기보다 그저 묵묵히 믿어 주는 것이 때로는 따뜻한 이해가 되기도 하듯 참된 정성도 관심을 기울이고 열심히 노력하며 애쓰는 것과는 조금 다르다고 생각하기 때문이다. 정성은 내가 기울이는 관심과 노력의 뿌리가 어디에 닿아 있는지 묻는다. 두려움인가 사랑인가. 그리고 관심과 노력의 중심에 누가 있는지도 묻는다. 나인가 너인가. 그 질문에 대한 답을 바르게 얻으려면 어쩌면 내가 마주한 적조차 없는 순도 높은 정직함을 통과해야 한다. '너를 사랑해서'라는 말로 '나의 두려움'을 가리고 자신마저 속일 수 있는 존재가 인간이기 때문이다.

걱정과 정성은 다르다. 걱정은 불안함에 조급함을 부르지만, 정성은 삶과 존재를 믿고 감사한 마음으로 기다리며 걸을 수 있게 해 준다. 걱정은 시선을 과거와 미래로 돌려 지금 마주한 삶을 사라지게 하지만, 정성은 삶이 품은 씨앗을 그대로 받아 지금 내가 할 일을 놓치지 않게 한다. 걱정은 모든 중심에 내가 있지만, 정성은 나를 기꺼이 내려놓게 한다. 걱정이 마음에 풍랑을 일으켜 지치게 하는 것과 달리, 정성은 평온함으로 몸과 마음을 지켜 준다.

정성을 기울이는 일은 모든 주의를 지금 이 순간으로 가져오는 것에서 시작한다. 하지만 지금 이 순간에 존재한다는 것이 내 생각과 마음의 소리에 귀 기울이는 것을 의미하지는 않는다. 모든 것을 지금 이 순간으로 가져오는 일은 오히려 나에게서 물러서는 일이기 때문이다. 생각과 마음조차 구분하지 못하게 하는 쉼 없는 내 안의 이야기에서 기꺼이 물러나는 것이다. 그렇게 내 이야기, 내가 세상을 바라보는 기준을 모두 내려놓을 때 비로소 삶을 있는 그대로 바라보고 지금 내가 해야 할 것들을 바르게 이해하게 된다. 그제야 지금 내 앞에 있는 삶이라는 나무 한 그루와 제대로 마주할 수 있다.

아쉽게도 어떻게 해야 쓰레기산에서 제대로 숲을 만들 수 있을지 아직 잘 모르겠다. 그저 걱정에 삶을 내주며 지금 내가 마주한 삶의 씨앗이 사라지게 하지는 말아야겠다 생각할 뿐이다. 지금 이 순간은 내가 살아 있을 수 있는 유일한 순간, 내가 사랑을 선택해 참된 정성을 기울일 수 있는 유일한 순간이기 때문이다. 세상을 사랑하는 만큼 삶의 후회는 지워진다고 생각한다. 어떤 씨앗을 선택하고 어떻게 키워 갈 것인가. 이는 비단 식물을 키우는 일에만 국한된 화두는 아닐 것이다.

문득 씨앗부터 키워서 숲을 만들어 보면 어떨까 하는 생각이 들었다. 쓰레기산이라는 상징적인 공간에서 씨앗부터 키워서 숲을 만들 수 있다면 내 안에 있는 쓰레기산에서도 조금씩 빛의 싹이 자랄지도 모른다. 그렇게 삶이라는 숲을 이루어 갈 힘이 나에게도 있음을 깨달을 수 있다면 그 사람은 자신의 삶도 타자의 삶도 결코 소홀히 하지 않으리라는 생각이 들었다. 하나의 씨앗이 모여 숲을 이루듯 한 사람의 바른 마음이 모여 세상의 빛을 지켜 갈 것이다. '씨앗부터 키워서 100개 숲 만들기', 우리의 숲 만들기 방향이 조금씩 윤곽을 드러냈다.

③ 씨앗부터 키워서 100개 숲 만들기

정말 나무를 심어도 될까?

우리가 숲을 꿈꾸며 나무를 심는 곳은 쓰레기가 드러난 매립지 사면이다. 그중에서도 처음 우리가 마주한 곳은 가장 열악하다 할 수 있는 땅이었다. 매립 종료 후 자생한 아까시나무마저 자라지 못하는 곳, '위해식물' 또는 외래종으로 분류된 특정 종류의 풀만이 쓰레기 속에서 자라고 있는 곳이다. 그만큼 상태가 좋지 않다는 뜻이기도 하다. 건축 폐기물과 일반 쓰레기가 드러나 있는 것은 물론, 곳에 따라 검은 물이 고여 있거나 흙에서 냄새가 올라오기도 한다. 물론, 매립지 안정화 사업으로 공원 곳곳에 매립 가스 포집정과 침출수 처리 시설이 잘 갖추어져 있고 오염 문제는 초기에 비해 많이 안정되어 가고 있다고 들었다. 하지만 아직도 공원 사면에서는 작은 규모지만 매립 가스나 침출수의 흔적과 마주할 수 있다.

난지도는 공식적으로 1978년부터 1993년까지 약 15년 동안 서울시의 쓰레기 매립장으로 운영되었다. 실제로는 그 이전부터 쓰레기 매립이 시작되었고 산업 폐기물이 대규모로 매립되었다는 이야기가 있다. 1975년 5월 2일 〈동아일보〉에 '종말 처리 產業산업 폐기물 蘭芝島난지도에 매립 의무화'라는 제목의 기사가 실려 있는 것을 보면 근거 없는 이야기만은 아닌 듯하다. 게다가 난지도에서 진행한 쓰레기 매립 방식은 비위생 매립 방식이었다. 어떤 쓰레기가 어디에 어떻게 어느 정도 쌓여 있는지도 모르고, 버려진 쓰레기가 어떻게 변해 가고 있는지도 알지 못한다고 한다. 사람이 정기적으로 건강검진을 하듯 공원이 된 난지도 내부에도 정기적으로 내시경을 넣어 살펴볼 수 있다면 좋겠다고 늘 생각한다.

　잘 가꾼 공원 상부에 서면 참 좋다는 말이 절로 나온다. 하지만 나무를 심고 돌보는 사면으로 내려가 드러난 쓰레기와 검게 고인 물, 새어 나오는 가스 냄새와 마주하면 이곳이 쓰레기 매립지였음을 실감한다. 실제로 행정 분류상 공원으로 규정된 곳도 잘 가꾼 매립지 상부 평지뿐이다. '어떻게 이런 곳에서 활동할 수 있지', '어떻게 이런 땅에 나무를 심을 수 있지'라고 생각하며 거부감을 가질 수도 있지만 '어떻게 이런 곳에 동식물이 살아가지'라는 의문으로 들여다보고 살피고 싶은 생각도 함께 드는 곳이기도 하다.

　나는 이 땅이 미안하고 고맙다. 그냥 척박한 땅이 아니라 내가 버린 쓰레기로 척박해진 땅이기 때문에 미안하고, 그 덕에 내가 깨끗하게 살았구나 싶어 고맙다. 내가 누린 깨끗하고 편안한 삶이 평온한 삶을 누릴 누군가의 권리를 빼앗았기에 가능했다는 것이 미안하고, 그럼에도 그들이 다 사라지지 않았다는 것이 고맙다. 눈에 보이지 않는다고 알아야 할 것에 무관심했던 내가 미안하고 이제라도 알 수 있어 다행이라는 생각이 든다.

　어떻게 보는가에 따라 눈앞에 펼쳐진 삶은 다른 이야기를 들려준다. 지금 내가 마주한 상황을 되돌릴 수 없다면 부족한 것만 들추어내기보다 지금 내가 해야 하고 또 할 수 있는 일에 더 마음을 기울이고 싶다. 진심으로 미안하다면 미안한 일을 계속 이어 가서는 안 된다. 정말 고맙다면 나도 너에게 고마운 사람이 되고자 노력해야 한다. 난지도를 구석구석 걷고 또 걸으며 이 만남이 인간의 삶을 지탱해 준 난지도에 미안함과 고마움을 전할 기회가 되면 좋겠다고 생각했다. 여전히 이런 곳에 나무를 심어도 되는지, 아무것도 모르는 우리가 정말 숲을 만들 수 있는지 알 수 없었지만 일단 해 보기로 했다.

처음 몇 년 동안에는 나무를 심으면 많이 죽었다. 몸이 힘든 건 아무것도 아니었다. 봉사자들과 함께 심은 나무가 죽어 가면 정말 이 땅에 나무를 심어도 되는 건지 생각이 많아졌다. 하지만 심은 나무 중 자리를 잡아 가는 나무와 마주하면 주저하던 마음은 어느새 사라지고 나무를 살릴 방법을 찾고 싶어졌다. 나무를 심는다는 건 함께 걸어가겠다고 나와 한 약속이라는 말이 실감났다. 그래서 이 땅이 어떤 곳인지 봉사자들에게 알리고 꽤 많은 나무가 죽을 수 있다는 점을 알리고 양해를 구하며 하루 또 하루 나무를 심고 돌보았다.

1회성 나무 심기만 간헐적으로 이루어지던 중 함께 나무를 심었던 한 기업에서 앞으로 매달 한 번씩 꾸준히 봉사활동을 하고 싶다는 제안을 했다. 게다가 매달 일정 금액의 후원도 함께 하겠다고 했다. 처음이었다. 그 덕에 우리는 2011년 6월부터 매달 한 번씩 어린나무를 구입해 한 장소를 정해 꾸준히 나무를 심을 수 있게 되었다.

쓰레기가 드러난 매립지 사면에서 나무를 심는다는 것은 나무에게만 힘든 일이 아니다. 이 일을 그들이 얼마나 계속할 수 있을까, 의문을 품었는데 우리 생각이 보기 좋게 어긋났다. 2011년부터 2013년까지 그들은 자신들이 한 약속을 지켜 주었다. 그 덕에 우리는 잊을 수 없는 변화와 마주할 수 있었다. 온통 쓰레기로 뒤덮여 있던 곳에 나무들이 살기 시작했다. 모기만 가득하던 곳에 계절별로 꽃이 피고 열매가 맺히면서 이름 모를 곤충들이 눈에 더 많이 들어왔다. 심은 나무가 죽으면 또 심고 살아남은 나무는 돌보며 걸어온 지 3년이었다. 작고 어린나무는 키가 자라고 줄기가 굵어졌다. 기세등등하게 땅을 뒤덮고 있던 환삼덩굴과 단풍잎돼지풀은 어느 순간부터 세가 약해져 다른 식물들을 방해하는 존재가 아니라 어우러져 살아가는 동료가 되어 갔다. 그리고 나무의 생존율이 높아지기 시작했다. 떨어진 씨앗에서 어린나무가 자라고 길게 뻗은 뿌리에서도 어린나무가 자랐다. 더 이상 사람이 집중적으로 나무를 심지 않아도 되는 곳이 되어 갔다. 전문적인 기준으로 보면 여전히 부족한 곳이겠지만 우리에게는 그 모습이 '숲'으로 다가왔다. 그렇게 시민과 함께 만든 첫 번째 숲 '튼튼숲'이 선물로 주어졌다.

'튼튼숲'에서 진행된 나무 심기는 2011년부터 2013년까지 이루어졌지만 튼튼숲에 심은 어린나무의 광합성을 어렵게 하는 풀을 정리하는 활동은 2015년까지 계절마다 이어 갔다. 그 후 풀을 정리하는 활동은 1년에 두 번에서 한 번으로 줄어들었고, 그렇게 '튼튼숲'은 서서히 '스스로 크는 숲 함께 가는 숲'이 되어 인간의 돌봄에 의존하지 않고 자립해 갔다. '튼튼숲'을 함께 만들어 준 이들은 매달 봉사활동을 하고 후원도 하겠다는 자신들의 약속을 2011년부터 코로나19로 대면 활동이 어려워지기 전인 2019년까지 꾸준히 이어 가며 '튼튼숲', '삼손숲', '미래숲', 이렇게 세 곳에 '숲'을 만들었다.

시민의 힘으로 만든 '튼튼숲'은 숲 만들기 활동에 참여하고 싶어하는 이들이 반드시 다녀가는 곳 중 하나다. 모두가 그들처럼 하기는 쉽지 않겠지만 '튼튼숲'의 사례는 사람들에게 기준이 되는 활동 방향과 희망의 근거다. 우리 역시 그들의 꾸준한 헌신 덕에 이 땅에 나무를 심고 숲을 꿈꾸어도 되겠다는 믿음을 가질 수 있었다.

'씨앗부터 키워서 100개 숲 만들기' 활동은 그 땅에 맞는 어린나무를 최대한 다양하게 심되 한 번 심고 끝내지 않는다. 사람이 집중적으로 나무를 심지 않아도 되는 숲의 기반이 만들어질 때까지 심고 돌본다. 최소 3년은 나무를 꾸준히 심고, 최소 5년에서 10년까지 꾸준히 풀을 관리한다. 이런 방식이 자리 잡게 된 것은 자신의 실천으로 쓰레기산을 숲으로 바꿀 수 있음을 보여 준 사람들 덕이다. 얼마나 고마운지 모른다. '튼튼숲'을 시작으로 지속적인 숲 만들기 참여와 후원을 약속하는 사람들이 생겨났다. 그들 덕에 나무에 대한 미안함도 이 땅에 대한 고마움도 갚을 수 있는 길이 열리기 시작했다. 우리 힘만으로는 결코 할 수 없는 일이다.

많은 사람과 어느새 10년 넘게 이곳에서 숲을 꿈꾸며 나무를 심어 왔다. 고마움이 쌓여 갈수록 우리도 그들에게 고마운 존재가 되고 싶다는 생각이 자라난다. 그중 하나가 토양오염 정도를 확인해 보고 싶다는 생각이다. 봉사자들과 나무를 심을 때 가장 많이 받는 질문 중 하나가 식용식물에 관한 것이다. 동물의 먹이가 되는 식물, 꿀벌을 위한 밀원식물 등은 심으려 노력해 왔지만 사람이 먹을 수 있는 식물은 심지 않거나 사람 손이 미치지 않는 곳을 택하려 주의해 왔다. 기본적으로 우리는 이곳이 오염된 땅이라는 전제 아래 나무를 심고 있기 때문이다. 그래서 감나무 대신 고욤나무를, 복사나무나 배나무 대신 산복사나무나 돌배나무를 심는다. 하지만 상황이 달라지고 있다. 출입이 통제된 곳조차 사람들의 손이 점점 더 많이 닿고 있음을 느낀다. 방문객이 다니는 공원 곳곳에서 먹을 수 있는 식물을 채취하는 모습은 쉽게 볼 수 있다. 채취 금지 규정을 떠나 안전할까 걱정된다. 그래서 그런 분들과 마주치면 이곳은 쓰레기산이기 때문에 식용으로 채취하는 것은 지양하면 좋겠다고 말씀 드리지만 막을 수는 없다.

 인간만 마음에 걸리는 것이 아니다. 이 땅의 흙이 오염되어 인간에게 나쁘다면 사람에게 나쁜 것을 동물은 먹게 해도 되는 건지 마음에 걸린다. 동식물 종류가 늘어나며 먹을 수 있는 것도 늘고 있다. 누군가는 괜찮다며 먹는다. 하지만 누군가는 여전히 이곳에서 자란 것을 위험하다 여긴다. 규정상 안 된다, 안 하는 것이 좋을 것 같다, 두루뭉술하게 말하기보다 전문적인 조사를 하고 신뢰할 수 있는 근거를 알려 주고 싶다. 우리가 직접 토양오염 조사를 해 보려고 이곳저곳 알아보기도 했지만 비용을 비롯한 여러 가지 이유로 하지 못했다. 마음 같아서는 꿀벌에게 밀원식물을, 동물에게 먹이가 될 식물을 심듯 사람에게 좋은 것도 많이 심어 나누어 주고 싶다. 하지만 정말 그런 식물을 심는 것이 괜찮은지, 그것이 동식물과 인간, 그리고 흙과 물과 공기를 포함한 미생물과 무생물 모두에게 도움이 되는지, 안된다면 왜 안되는지 찬찬히 살펴보고 설명할 수 있는 노력을 할 때가 되지 않았나 생각한다. 그런 노력을 기울이는 일도 이제까지 우리가 받은 고마움에 보답하는 방법이 될지도 모른다.

노고시모의 숲 만들기

나무 심기는 한곳에서 한 번 심으면 끝이라고 생각하는 경우가 있다. 물론 그렇게 해서 되는 곳도 있다. 노을공원에서도 사업소 나무 심기는 그렇다. 좋게 말하면 계획적으로 잘 심는다고 할 수 있다. 간격을 잘 맞추어 제법 큰 나무를 심고 지주목을 세우고 연중 계획을 세워 물을 주고 풀을 베어 준다. 초기에는 그 방식이 우리에게도 맞는지 확인하기 위해 몇 차례 시도해 본 적이 있다. 제법 많은 비용을 들여 조경회사에 맡겨 나무를 심은 적도 있다. 그렇게 해 본 결과 그 방법이 나쁜 것은 아니지만 반드시 지켜야 하는 방법도 아니라는 사실을 알게 되었다. 그런 시도 덕에 기존 방식에 구애받지 않고 우리가 활동하는 현장 특성과 지향에 맞는 숲 관리 방식을 찾아야겠다는 생각이 커졌다.

개인적인 감상이지만 지주목을 대고 가지런히 줄 세워 심은 나무들 사이에 들어가면 숲이라기보다 조금 낯선 타지에 온 듯한 기분이 들어 다정함이 부쩍 더 그리워졌던 것도 우리만의 방식을 찾아야겠다는 생각을 하게 한 것 같다. 물과 흙이 부족하고 쓰레기가 드러난 이 땅의 특성 덕에 한 장소를 정해 그곳에서 어느 정도 숲의 기반이 마련될 때까지 여러 해 꾸준히 나무를 심는 방식은 단체 초기부터 적용되었다. 대략 3년간은 연간 몇 차례씩 나무를 심고 이후에도 연간 두어 차례씩 10년 정도는 숲을 돌보는 방식으로 숲 만들기를 해 오고 있다.

단체 초기에는 참여 기업마다 자기 장소를 정해 각자 숲 만들기를 했다. 하지만 나무가 자라고 숲과 숲이 저절로 연결되면서 2018년부터 숲 자리를 권역으로 묶고 자기 장소가 아닌 공동 장소에서 같이 숲을 만드는 방식으로 바꾸었다. 나무를 심어 숲 만들기를 시작할 장소는 한 해 나무 심기가 끝난 다음부터 이듬해 나무 심기를 시작하기 전까지의 기간에 정한다. 전체 숲을 돌아보며 한 해 동안 봉사자들과 심고 돌본 나무들의 활착 정도와 분포를 살피고 그곳에 남겨진 동물들의 흔적 등을 살피며 더 심어야 할 곳, 더 심어 줄 필요가 있는 나무들을 정한다. 그러고는 나무를 심고 싶어 하는 사람들이 찾아오면 그해 초에 정한 공동장소에 심어 보기로 한 나무를 심는다.

우리의 숲 만들기 활동은 사람들이 찾아오는 시기가 곧 나무를 심고 돌보기 좋은 시기다. 언뜻 무계획적으로 보이지만 이런 방식으로 나무 심기를 한 해 두 해 이어 가다 보면 어느새 빈 자리가 채워졌다는 느낌을 받는다. 그런 경험이 쌓이며 숲 만들기는 기성 제품도 맞춤 제품도 아닌 조각보 같다는 생각을 하게 되었다. 사람들이 언제 어디에 나무를 심고 어떤 간격으로 심는지 등을 물으면 너무 덥거나 추운 때처럼 사람이 움직이기 힘든 때는 피하고, 바람에 씨앗이 뿌려질 때 줄 맞추어 뿌리지 않듯 보기에 허전한 곳에 심으면 된다고 안내한다.

그렇게 전문 지식도 경험도 없이 무계획적으로 나무를 심고 돌봐 왔지만 참여하는 봉사자들의 따스한 마음과 지혜로운 자연의 너그러움 덕에 10여 년이 지난 지금은 나무가 우거져 들어가기 힘든 곳이 생겨나고 숲의 기반이 만들어지고 있다. 부끄럽지 않게 하늘에 맡길 수 있도록 최선을 다하되 최선이라는 말로 내 계획을 붙잡는 일도 하지 말아야겠다.

> 숲 이야기: 제1권역

2011년부터 매달 숲 만들기 활동에 참여하겠다는 약속을 지금까지 지키며 이 땅에서 숲을 꿈꾸어도 된다는 것을 보여 준 이들이 만든 세 개의 숲은 1권역, 7권역, 20권역에 있다. 서부면허시험장 사거리 난지1교 쪽 노을공원 둘레길 20여 미터 위쪽 사면 1100제곱미터 지역인 1권역은 2011년 6월 18일 '100개 숲 만들기'라는 활동명으로 처음 나무 심기를 시작한 곳으로, 4월부터 10월까지 3년 동안 연인원 653명이 참여했다. 유난히 가물었던 해에는 그때까지 심은 나무가 모두 말라 죽어 걸어서 난지천 물을 물뿌리개로 퍼 나르기도 했다. 하지만 지금은 심은 사람들도 믿을 수 없을 정도로 울창한 숲이 되었다.

또 이곳은 참여 기업 대표자의 특별한 환경 의식이 돋보이는 곳으로 이후 3년 간격으로 2022년까지 네 번째 숲을 만들고 있다. 몇 해 전 그 대표자가 방문해 첫 번째 숲부터 돌아보며 '믿을 수 없다', '땅이 변했다'라며 감탄했다. 쓰레기산이지만 숲이 된 곳은 나무뿌리와 낙엽, 미생물 덕에 흙이 부드러워져서 신발이 푹 빠지는 듯한 느낌을 준다. 3년간 꾸준히 나무를 심고 10년 동안 돌보면 숲이 된다는 것을 증명하는 곳이기에 기업에서 숲 만들기 사전 답사를 오면 꼭 들른다.

제1권역에 심은 나무 15종 총 1146그루

갈참나무, 꾸지나무, 나무수국, 낙상홍, 닥나무, 덜꿩나무, 뜰보리수,

산딸나무, 산벚나무, 상수리나무, 소나무, 이팝나무, 졸참나무,
팥배나무, 팽나무

숲 이야기: 제20권역

하늘공원 하늘계단 상부에서 하늘공원 입구로 가는 산책로 아래 사면 1만제곱미터 지역인 20권역은 1권역에 첫 번째 숲을 만든 이들이 조성한 두 번째 숲이다. 2013년 9월 8일 '시민의 숲'이라는 이름으로 자원봉사 고등학생 두 명이 이팝나무 한 그루를 심은 것을 시작으로 2021년까지 2116명이 숲을 만들었다. 이곳은 숲 만들기 중 넓이, 참여 인원, 기간 모두 최고 기록을 남겼다. 그러다 보니 자연스럽게 학생, 청년, 시니어, 회사원 등 다양한 계층의 봉사 모임이 나무 심기, 숲 돌봄 활동을 해 주었다. 서울시 공모 지원 사업, 비영리단체 공모 지원 사업과 지정 기탁 사업, 해외 비영리단체 후원 사업, 직접 나무 심기 활동을 하지 못하는 기업의 대리 식재 후원 사업 등이 자연스럽게 이곳에 집중되었다.

2014년 식목일, 기업 참여가 본격적으로 시작되었다. '씨앗부터 키워서 100개 숲 만들기' 활동을 맨 처음 시작한 회사가 노을공원에서 첫 번째 숲 만들기를 마치고 두 번째 숲 자리를 이곳으로 정했다. 20권역에서 유일하게 꾸준히 참여한 이 회사는 이곳의 중심을 잡아 준 후 2017년

노을공원에서 세 번째 숲 만들기를 시작했다. 이후 옆과 아래로 영역을 넓히며 2021년 11월까지 숲 만들기가 지속되었다. 늦게 심은 장소는 앞으로도 나무를 더 심어야 하고 2~3년 더 관리해야 한다. 2011년 노고시모 시작 때부터 출근길 월드컵경기장 사거리에서 바로 올려다보이는 하늘공원 20권역은 삭막했다. 작은 단체의 힘으로 숲을 만드는 일은 요원한 듯 느껴졌다. 요즘은 여기저기 나무 심기에 쓰던 물통이 보이는데 빈 자리는 거의 눈에 띄지 않는다. 낙숫물이 바위를 뚫는다는 말처럼 작은 힘도 모이고 지속되면 좋은 결과를 가져온다는 것을 실감한다.

제20권역에 심은 나무 61종 총 9749그루

개암나무, 고로쇠나무, 굴참나무, 귀룽나무, 꾸지나무, 꾸지뽕나무, 낙상홍, 노각나무, 느티나무, 닥나무, 단풍나무, 덜꿩나무, 두릅나무, 들메나무, 뜰보리수, 마가목, 매실나무, 모감주나무, 목련, 나무수국, 무궁화, 물푸레나무, 미선나무, 백당나무, 버드나무, 병꽃나무, 복자기, 뽕나무, 사철나무, 산겨릅나무, 산딸나무, 산목련, 산벚나무, 산복사나무, 산사나무, 산수유, 살구나무, 상수리나무, 소나무, 수수꽃다리, 쉬나무, 앵도나무, 영산홍, 오갈피나무, 왕벚나무, 음나무, 이팝나무, 자귀나무, 자작나무, 잣나무, 졸참나무, 쥐똥나무, 철쭉, 층층나무, 팥배나무, 헛개나무, 화살나무, 회양목, 회화나무, 흰말채나무, 히어리

숲 이야기: 제7권역

　　노을공원 최북단 둘레길 위쪽에서 공원 상부 진입 경사로 아래까지 3300제곱미터 지역인 7권역은 2017년 6월 16일부터 2019년 11월 16일까지 제1권역, 제20권역에 숲을 만든 회사에서 만든 세 번째 숲이다. 여기서만 3년에 걸쳐 연인원 505명이 22회 나무를 심었다. 자유로 건너 맞은편은 고양시 덕은지구로, 지금은 건물이 병풍처럼 들어선 곳이지만 그때는 국방대학원이 있었고 주변 야산에는 고물상과 주택이 드문드문 흩어져 있었다. 노을공원 최북단이어서 겨울 내내 순환길이 얼어 있다. 가끔 지나다 보면 경사가 심하고 넓은 장소가 온통 가시박으로 덮여 있었다. 2011년 최초로 '100개 숲 만들기'를 시작해 3년씩 6년 동안 두 개의 숲을 완성하고 세 번째 숲 자리를 찾는 사람들에게 적합한 곳이었다. 본래 정해 준 장소에서 준비한 나무를 묵묵히 심어 주는 회사여서 가능했다.

　　걷기에는 먼 거리여서 '트리클'을 이용하기로 하고 난지천주차장 옆에 자전거를 준비해 두었다. 20여 대의 자전거를 점검하는 것이 나무 심기 준비 중 하나가 되었다. 이 회사가 맡기 전부터 이 지역에 숲을 만들어 보려고 여러 번 시도했지만 성과가 좋지 않았고, 매번 다시 가시박에 덮여 숲 만들기가 힘든 듯 보였다. 하지만 2011년부터 두 곳에 숲을 만들어 온 한 회사가 조용하지만 집요하게 3년을 매달린 끝에 아직도 여름이면 한두 차례 가시박을 정리해야 하지만 제법 숲이 되었다. 상단에는 5톤짜리 빗물통을 놓고 거기서 30여 미터 아래로 '동물물그릇'을 설치해 지금은 고라니와 너구리, 새가 물을 마시고 쉬어 가는 장소가 되었다. 여기서 조금 더 가면 정확한 지점은 모르겠으나 삼풍백화점 잔해가 쌓인 곳이라고 한다. 곁에 숲을 만들었으니 다행이라 여기면서도 왠지 안쓰러운 마음에 고개가 숙여진다.

제7권역에 심은 나무 47종 총 4286그루

가래나무, 갈참나무, 고로쇠나무, 꽃사과나무, 꾸지나무, 단풍나무, 덜꿩나무, 두릅나무, 때죽나무, 뜰보리수, 마가목, 매실나무, 모감주나무, 목련, 무궁화, 물푸레나무, 박태기나무, 밤나무, 백합나무, 벚나무, 병꽃나무, 복사나무, 복자기, 사철나무, 산겨릅나무, 산딸나무, 산벚나무, 산복사나무, 산사나무, 살구나무, 상수리나무, 소나무, 아로니아, 앵도나무, 옻나무, 이팝나무, 자두나무, 자작나무, 잣나무, 좀작살나무, 쥐똥나무, 진달래, 쪽동백나무, 층층나무, 팥배나무, 헛개나무, 화살나무

우리가 숲을 만들 수 있을까?

우리는 땅이 어는 한겨울과 가장 더운 7~8월을 빼고 대략 3월부터 12월 초까지 꾸준히 나무를 심는다. 겨울에도 볕이 좋아 좀처럼 땅이 얼지 않는 곳에는 필요에 따라 도토리를 심지만 일상적인 일은 아니다. 나무를 심지 않아도 숲을 위한 일은 때를 놓쳐서는 안 되는 일이 봄부

터 겨울까지 늘 있다. 덥거나 춥거나 비바람이 거세지거나 가뭄이 심해지는 등 조건이 안 좋아지면 평소보다 더 세심하고 넉넉하게 시간과 마음을 나무에 내주는 것이 좋다고 생각하는 편이다.

가을이 무르익고 나무 심기 행사가 조금씩 줄어들면 슬슬 겨울 맞을 준비를 시작한다. 노을공원과 하늘공원 양쪽 사면을 다니며 모두 무사히 겨울을 지내고 봄을 맞을 수 있도록 필요한 것을 알아차리고 그에 답하는 활동을 한다. 보온과 습기 보존을 위해 낙엽을 덮어 주고, 빗물 시설과 '동물물그릇'을 점검하고, 작업 도구를 안전하게 정리한다. 봄부터 가을까지 많은 이가 심고 돌본 나무가 얼마나 자리 잡았는지, 부족하거나 불편한 곳은 없는지, 뒷정리는 잘되었는지, 겨울나기에 필요한 것은 무엇인지, 전체적으로 살피고 돌보며 다음 해 활동을 기획할 수 있는 고마운 때이기도 하다. 활동 특성상 아무래도 살아 있는 생명을 대하는 활동이다 보니 내 시간, 내 흐름을 중심에 두고 움직이기 어려운 상황이 늘 생긴다. 하지만 갑자기 열이 오른 아이를 보살피느라 뜬 눈으로 아침을 맞아도 열이 내린 아이가 고맙듯 나무를 돌보는 우리도 그런 경우가 많다.

2013년 11월도 늘 그렇듯 노을공원과 하늘공원 사면을 다니며 살펴보고 있었다. 볕이 좋은 노을공원 남사면에 올랐다. 평소와 달리 사면 상부에 심은 소나무 중 한 무리가 죽어 가고 있었다. 이상한 느낌이 들어 올라가 살펴보니 나무 밑동에 검은 물이 고여 있었다. 오염 정도가 심하지는 않았지만 침출수였다. 사업소에 알리자 담당자들이 나와 수로를 만들어 고인 물이 빠져나갈 수 있게 해 주었지만 나무는 살아남지 못했다. 이런 경우가 흔하지는 않지만 마치 시궁창 흙이 굳어 버린 것처럼 흙이 검고 단단하며 냄새가 나는 곳이 제법 있다. 물이 고여 있거나 하지는 않지만 침출수 때문에 오염된 곳이다. 이런 곳에는 꾸지나무 외에는 살아남지 못한다.

  2016년 3월 5일 노을공원에서 조금 특별한 나무 심기 행사를 했다. 여러 해 동안 노을공원 상부에 국제 규모의 체육 시설을 만들겠다는 계획이 있었다. 체육 시설 자체를 반대하지는 않는다. 하지만 우리는 월드컵공원 내 네 개 공원 중 하나인 노을공원만큼은 생태공원으로 지키는 것이 사람에게도 더 이롭지 않을까 하는 생각을 가지고 있다. 제1매립장이었던 노을공원은 생태적인 이유로 골프장에서 시민공원으로 바뀐 곳이고, 체육 시설은 다른 공원에도 있기 때문이다. 그래서 노을공원만은 생태공원으로 지켜 달라는 서명을 받고, 축구장 대신 숲을 만들자는 뜻에 함께하는 시민들과 '천인공NO쌩큐축구장건설' 나무 심기를 했다. 천인공노天人共怒의 한자를 천인공노千人共NO, 1000명의 사람이 함께 NO로 바꾸어 축구장 건설 반대를 나름 유쾌하게 표현한 문구다. 아직 쌀쌀함이 남아 있던 초봄이었지만 직접 만든 12개의 글자별 표지판을 직접 들고 올라가 숲 자리에 설치한 후 나무도 심고 흙도 보태고 씨앗도 심었다. 즐겁고 고마운 기억 중 하나다. 이 '천인공노숲'에는 또 하나 특별한 점이 있다. 바로 매립 가스를 볼 수 있는 곳이 있다는 점이다. 특히 날이 흐리면 아지랑이가 피어오르듯 하늘로 올라가는 가스를 볼 수 있다. 침출수뿐 아니라 이렇게 가스가 새어 나오는 곳에도 대부분 식물이 살지 못한다. 어떤 곳은 주변 풀이 모두 가스 때문에 말라 죽은 적도 있다.

물론 침출수가 다량 분출되어 나무가 많이 죽거나 매립 가스가 심하게 새어 나오는 경우는 거의 없다. 하지만 그렇다고 해서 침출수와 매립 가스 문제가 완전히 해결되었다고 할 수도 없다. 그래서 늘 주의를 기울이게 되고 쓰레기산 내부를 들여다보고 싶다는 생각을 하게 된다. 사람들과 계속 나무를 심어도 될까. 이곳에 사는 동물들은 괜찮을까. 어떤 의미에서는 이런 상황이기 때문에 더더욱 시민들과 숲을 만드는 활동을 하며 이 땅의 변화를 함께 지켜보는 것이 도움이 될 수도 있겠지만 나무에게는 괜찮을까 마음이 쓰인다.

쓰레기가 드러난 모습을 보고 도움이 되는 일을 하고 싶었다. 사람이 손대지 않았다면 건강하게 살았을지도 모를 존재들이 사람 때문에 아픔을 겪은 건 아닐까 싶었기 때문이다. 하지만 침출수와 매립 가스로 죽어 가는 식물과 마주하면 내가 돕는 것이 아니라 여전히 도움을 받고 있다는 생각이 든다. 나무나 풀이 범상치 않은 모습으로 죽지 않았다면 우리는 침출수가 분출되었다는 것도, 매립 가스가 새어 나오고 있다는 것도, 그것이 해롭다는 것도 몰랐을 것이다. 쓰레기산 내부를 들여다볼 수 없는 우리에게 풀과 나무는 아직은 더 주의를 기울여야 한다고 알려 주고 있다는 생각이 든다.

처음에는 쓰레기산에서 살아남을 수 있는 나무, 쓰레기산의 생태계를 보다 건강하게 회복시키는 데 도움이 되는 나무를 사업소의 식재 지침과 전문가의 조언을 받아 골랐다. 그렇게 준비한 나무들을 현장에 직접 심어 보며 조금씩 이 땅에 맞는 나무를 찾아 갔다. 그렇게 심어 본

나무 중 많은 도움을 받은 나무가 우리가 '고마운 나무'라 부르는 꾸지나무다. 원래 구하려던 닥나무가 잘못 전해져 우연히 인연이 닿은 나무다. 꾸지나무를 심어 보니 쓰레기 속에서도, 거침없이 땅을 독점하는 기세등등한 풀 속에서도, 메마른 가뭄과 더위에도 잘 자랐다. 플라스틱이나 비닐 쓰레기 등으로 뒤덮여 나무 대부분이 살지 못하는 거친 땅에서도 자리를 잡은 고마운 나무다.

무엇보다 인상적인 점은 크고 억센 풀에 막히거나, 빛이 들지 않는 그늘에 갇혀도 마치 흐르는 물처럼 부드럽게 구부러지며 제 길을 찾아 자라는 모습이었다. 다 자라도 10여 미터 정도여서 바람에 쓰러질 염려도 적지만, 쓰러져도 그 상태에서 그대로 살아간다. 쓰레기산 사면에는 보통 3년 이상 키운 나무를 심지만 꾸지나무는 1년생 나무를 심어도 살아남는다. 심지어 가시박 속에서도 가시박과 함께 땅을 기어가듯 살다 하늘이 보이면 하늘을 향해 자라 살아남는다. 그런 유연한 속성 때문인지 아까시나무조차 자라기 힘든 곳에서도 꾸지나무는 자리를 잡는 경우가 많다.

꾸지나무는 동물에게도 인기가 많다. 직박구리와 까마귀 같은 새들뿐만 아니라 이름 모를 곤충들도 열매가 익는 여름이 되면 꾸지나무로 모여든다. 꾸지나무를 심고 첫 몇 년은 열매를 먹는 동물들 사이에서 우리도 열심히 씨앗을 모았다. 여름이면 빨갛게 익어 가는 열매를 따다 물에 푼 뒤 체에 걸러 씨앗을 받는 게 매일매일 하루의 마지막 일과였다. 열매를 가득 매단 꾸지나무를 보면 신이 나서 더위도 피곤도 잊었다. 나무에 손을 뻗으면 새, 곤충, 인간, 흙 등 대상을 가리지 않고 이 땅을 살리는 나무의 건강하고 자애로운 기운이 그대로 전해지는 듯했다. 씨앗을 받을 때마다 고맙다는 말이 절로 나왔다.

여름에 씨앗을 받아 말려 냉장고에 보관했다가 봄이 오면 나무자람터 묘판에 파종해 모종을 키운다. 조금 자라면 더 넓은 장소로 넉넉한 간격을 두고 옮겨 심어 숲 만들 자리에 심을 수 있을 만큼 키웠다. 바닥에 두 무릎을 꿇고 맨손으로 몇 번이고 흙을 비벼 부드럽게 만든다. 그런 다음 묘판에 작은 고랑을 내 조심스럽게 씨앗을 뿌리고 흙을 덮고 흙이 파이지 않도록 조심조심 물을 주고 돌본다. 1밀리미터도 되지 않는 작은 씨앗이 잘 자라도록 낮게 몸을 낮추어 섬기듯 씨앗을 돌보는 마음과 만날 때면 깊이 고개 숙여 고마움을 전하게 된다.

이제 더 이상 인간이 씨앗을 받아 퍼뜨리지 않아도 동물들이 씨앗을 퍼뜨리고 나무뿌리에서 어린나무가 자란다. 그들 덕분에 쓰레기산 곳곳에 꾸지나무가 자리 잡기 시작했다. 동식물의 연결 고리를 만들어 보자며 징검다리 역할을 한 인간의 노력이 동식물까지 힘을 모아 준 덕분에 무사히 한 단계 막을 내린 기분이다. 꾸지나무의 왕성한 성장력과 번식력 덕에 숲 만들기 기간으로는 짧은 10여 년 만에 쓰레기산 사면이 숲처럼 우거져 보이게 되었다. 다른 나무였다면 이만큼 풍성해 보이기가 어려웠을 것이다. 언뜻 너무 잘 퍼져 나가는 꾸지나무가 행여 '위해식물'로 분류된 풀처럼 땅을 독점하는 식물이 되는 건 아닐까 싶어 꾸지나무 일색으로 보이는 곳에 들어가 살펴보곤 한다. 하지만 다행히 그 안에는 다른 나무들도 잘 살아가고 있다. 잘은 모르지만 꾸지나무가 그늘을 드리워 주어서 '위해식물'과 수분 증발 때문에 생길 수 있는 피해를 입지 않았기 때문일 수도 있겠다고 생각한다.

그래도 꾸지나무 때문에 다양성이 사라질 우려는 없는지, 나중에 꾸지나무가 사라지고 지금 꾸지나무 아래서 자라고 있는 다른 나무들이 우점종이 될 가능성이 있는지 궁금하다. 그러다 천근성뿌리가 깊이 뻗어 들어가지 않고 지표면 근처에 얕게 분포하는 성질 식물인 꾸지나무가 굵은 뿌리를 옆으로 쭉쭉 뻗으며 자라는 모습을 보면 쓰레기산이 무사히 자연으로 돌아갈 때까지 이 땅의 모든 것을 단단히 잡아 주었으면 좋겠다는 바람도 가지게 된다. 이곳은 공원이라는 이름을 달았을 뿐 아직은 관리시설에 더 가깝다고 생각하기 때문이다. 여전히 침출수와 매립 가스가 나오고 지반이 약한 곳도 있다. 그런 곳은 식재 금지 장소다. 튼튼한 뿌리로 땅을 가로지르듯 퍼져 가는 꾸지나무가 지반이 약한 곳을 그물망처럼 잡아 주면 도움이 되지 않을까 싶지만 아직은 상상만 할 뿐이다.

자연이 알아서 잘하고 있기 때문에 몇 년 전부터는 꾸지나무를 심지 않는다. 하지만 너무 척박해서 어떤 나무도 자라지 않는 곳에는 아직 꾸지나무를 심는다. 2019년 12월 13일에도 하늘공원에서 특별한 나무 심기를 했다. 쓰레기가 드러난 정도가 심하고 가파를 뿐만 아니라 비닐 쓰레기로 뒤덮여 몇 종류의 풀 외에는 식물이 자라지 않는 곳이었다. 이런 곳이야말로 숲 만들기가 필요하다고 생각하지만 이렇게 어려운 곳에 일반 시민과 나무를 심는 일은 쉽지 않다. 다행히 나무를 심던 그 며칠간은 겨울이라는 것이 느껴지지 않을 만큼 따스했다. 그렇게 늘 마음이 쓰이던 그곳에 벼르던 꾸지나무 묘목을 심었다. 그리고 '고마운 나무 숲'이라는 표지판을 세웠다. 한두 그루라도 살면 다음 단계로 가는 작은 희망이 되어 주리라 기대하며 돌보았는데 생각보다 훨씬 더 자리를 잘 잡아 가고 있다. 결국 이렇게 또다시 나무에게 쓰레기산을 부탁한다. 인간인 내가 숲을 만드는 것이 아니라는 사실을 마음에 새기게 되는 순간이다.

쓰레기 매립지에서 나무를 심고 있다고 내가 숲을 만드는 것은 아니다. 훼손된 생태계를 회복하기 위해 노력한다고 인간이 이곳을 되살리고 있는 것도 아니라는 생각이 든다. 침출수와 매립 가스가 나오는 곳을 나무와 풀이 알려 주고, 동물이 씨앗을 나르고, 뿌리내린 나무와 미생물이 흙과 물을 되살린다. 숲은 인간인 내가 아니라 인간을 포함한 자연이 함께 만들어 간다. 교만해져도 안 되지만 내가 담당해야 할 몫이 있다는 사실도 잊어서는 안 된다.

삶은 늘 누군가와 연결되어 있다. 그 연결이 눈에 보이지 않는다고 혼자인 건 아니다. 내가 알지 못할 뿐 삶은 언제나 누군가와 마주 들고 걷게 되어 있다. 실제로 쓰레기가 드러난 이곳에서 우리가 마주한 것도 언제나 삶이 삶으로 이어지는 연결과 순환의 흔적이었다. 자연의 순리는 쓰레기로 훼손된 땅이라고 다르지 않았고, 이 땅에 사는 누구도 이곳이 쓰레기산이라는 이유로 자연의 순리를 거스르거나 자신의 도리를 소홀히 하지 않았다. 다만 인간은 조금 다르다는 생각이 들 때가 있다. 삶의 원리를 바꾸거나 자연의 순리를 거스를 수 없으면서도 그 사실을 잊은 듯한 선택을 하기 때문이다.

나무를 심기 위해 사면에 내려가면 봉사자들은 드러난 쓰레기를 보고 이 땅이 쓰레기산임을 실감한다. 2020년 11월 21일 토요일 우리가

'꿈꾸는 젊은이'라 부르는 청년 봉사자들과 하늘공원에 나무를 심었다. 나무를 심던 중 한 청년이 버려진 막걸리 병을 들어 보이더니 제조일이 2020년이라고 말했다. 자세히 살펴보지 않으면 아직 썩지 않은 채 드러난 옛 쓰레기의 일부처럼 보이지만 새로 버려진 쓰레기였다. 늘 있는 일이었기 때문에 더 마음이 쓰이는 우리의 현실이다.

그날 발견한 막걸리 병은 누군가 버린 쓰레기였지만 우리라고 특별히 다르지 않다. 쓰레기산을 숲으로 만들기 위해 나무를 심는 활동을 하면서도 숲에 아픔이 되는 쓰레기를 만들어 내고, 존재의 존엄을 이야기하면서도 너에게 아픔이 되는 선택을 한다. 선해 보이는 모습으로 그럴듯한 가치를 입에 올리지만 정작 순리를 거스르고 도리를 소홀히 하는 모습은 어렵지 않게 찾아볼 수 있다. 그런 모습을 보게 되면 이것이 인간이구나, 나도 다르지 않겠구나 싶어 나를 돌아보게 된다.

자신의 선택이 무엇을 의미하는지 알았다면 그렇게 할 수 없었을 것이다. 좋은 것을 선택하고 싶어 하면서도 그릇된 것을 선택하는 건 그가 나쁘기 때문이 아니라 모르기 때문일 것이다. 물론 모른다는 것이 선택에 대한 책임을 소멸시키지는 않는다. 순리를 거스르는 선택을 할 수 있다고 순리를 거스를 수 있는 것은 아니기 때문이다. 오늘날 우리가 마주한 환경문제가 보여 주듯 그릇된 선택을 하는 만큼 조금 더 아프게 순리를 배울 뿐이다.

바른 선택을 하기 위해 전체 상황을 이해하려 노력하는 일이 때로는 조각을 모아 전체를 그려 보려 노력하는 것과 비슷하다는 생각이 들 때가 있다. 조각이 많을수록 전체를 볼 수 있는 듯 느껴지지만 다 맞춘

퍼즐이 원작이 될 수 없듯 조각은 아무리 많아도 온전한 전체가 될 수 없다. 내가 전체를 바르게 볼 수 없음을 기억하는 것이 겸손의 시작일지도 모른다.

 인간이 버린 쓰레기 속에서 하나둘 자리 잡아가는 나무를 보면 인간인 내가 한 일은 극히 일부였다는 것을 인정하게 된다. 숲을 만들기 위해 이런저런 방법을 찾고 옳다 그르다 논하지만, 나무가 우거지고 동물이 찾아온 곳에서 깨닫게 되는 건 내가 잘했기 때문에 이룬 성과가 아니라는 점이다. 나는 분명 숲과 하나지만 숲이 나의 것은 아니다. 숲이라는 전체의 움직임을 헤아리며 살아갈 수는 있지만 그 움직임을 내 뜻대로 조작할 수는 없다. 그렇다면 내가 할 일은 지금 마주한 상황에서 내가 무엇을 해야 하는지 주의 깊에 헤아리고 정직하게 실천하는 것이 아닐까. 나에게 좋은 것, 내가 원하는 것만 앞세우기 전에 숲의 일원으로 살아가기 위해 무엇이 필요한지 겸손하고 정직하게 헤아려 보는 것이다. 그렇게 아주 작은 것부터 숲을 위해 하지 말아야 할 일을 멈추고 해야 할 일을 지금 실천하며 내 삶의 방식을 바로잡아 가는 것. 그것이 뭇 존재와 함께 숲을 만드는 인간의 몫이자 함께 숲을 만드는 모두를 배려하며 숲을 만드는 방법 중 하나일 것이다.

고마운 꾸지나무

2012년 가을 노을공원에 처음으로 꾸지나무를 심었다. 전통 한지 만들기 프로그램 진행을 위해 닥나무가 필요했다. 수소문해서 닥나무를 주문했지만 실제로 공급받은 나무는 꾸지나무였다는 것을 여러 해 심고 키운 후에야 알았다. 물론 초기에는 닥나무도 조금 섞여 있었다. 그래서 지금도 공원에는 닥나무가 몇 그루 남아 있으나 환경이 안 맞는지 잘 자라지 않는다. 꾸지나무는 일반 묘목상에는 없는 나무로 전주의 한 농장에서 줄곧 구입했다.

이런 과정으로 심게 된 꾸지나무를 우리는 '고마운 나무'라고 부른다. 작은 묘목을 쓰레기산 어디에 심어도 스스로 살아남아 울창하게 자라기 때문이다. 숲 조성 장소에는 꾸지나무를 거의 다 심었다. 속성수여서 10여 년 만에 모든 숲 조성 장소를 울창하게 만들었다. 꾸지나무가 노을공원을 아예 덮어 버릴 것 같은 걱정도 들어서 전문가에게 문의하면 그러지는 않을 것이며 그래도 괜찮다는 답이 돌아왔다.

초기에는 묘목으로 많이 들여왔고 어느 정도 자리를 잡은 후부터는 우리가 직접 씨앗을 받아 나무자람터에 파종해서 묘목을 키웠다. 꾸지나무는 봄에 파종해 그해 가을에 심을 수 있을 정도로 빠르게 성장한다. 여름이면 커다란 열매가 빨갛게 익고 곤충과 새가 많이 찾아온다. 그렇게 몇 년 정도 더 파종으로 키운 꾸지나무를 심었다. 이제는 새들이 옮기는 씨앗이 사방에서 발아해 사람이 애써 심지 않아도 노을공원, 하늘공원 어디를 가나 볼 수 있는 나무가 되었다. 물론 비닐 쓰레기투성이여서 아까시나무조차 자라지 않는 곳에는 아직도 꾸지나무를 심는다.

매년 회원 총회 때면 한 해 동안 고마웠던 분들께 감사패를 드리는데 2016년 총회 때는 꾸지나무에게 '고마운나무상'을 주고 부상으로 물 한 통을 주었다. 2019년에는 비닐 쓰레기가 가파른 벼랑을 이루어 아까시나무도 자라지 않는 하늘공원 한편에 꾸지나무 묘목 수백 그루를 심고 '고마운 나무 숲'이라 이름 지었다. 기대했던 것 보다 더 잘 자라고 있다. 2011~2022년에 심은 141종 13만3708 그루의 나무 중 꾸지나무가 1만8739그루로 가장 많았다.

숲 이야기: 제9권역

꾸지나무가 가장 왕성하게 자라는 곳은 9권역이다. 노을공원 강변북로 위쪽 둘레길 초입 수소스테이션에서 200미터 지난 지점부터 중간 순환길까지, 사면 3000제곱미터 지역인 9권역은 2013년 5월 25일 종이를 유통하는 회사가 아래쪽에서 처음 나무를 심었다. 다음 해 4월에는 위쪽 중간 관리 도로에서 아래쪽으로 한 여자고등학교 환경 동아리에서 나무를 심었으나 지속되지는 못했다. 2018년 4월에는 또 한 기업이 나무를 심는 등 연인원 474명이 1512그루의 나무를 심었다. 둘레길 바로 위에서 시작했고 나중에는 위에서 심어 내려가 하나가 되었다. 위쪽 중간 관리 도로변에는 5톤짜리 빗물통이 있고, 그 아래 20여

미터 지점에는 '동물물그릇'이 있는데, 관리 도로에서도 볼 수 있다.

아래쪽 종이 유통 회사가 숲 만들기에 참여한 동기는 간단명료했다. 나무를 베어 내는 제지 공장은 아니지만 종이를 유통하다 보니 숲을 해치고 있다는 생각이 들었기 때문이라고 한다. 일하는 분위기도 독특했다. 활동가들의 인솔도 필요 없고 심을 나무를 내놓으면 얼른 심고 가는 방식이었다. 마치 특수 임무를 수행하는 모임 같았다. 인원도 예닐곱 명 쯤으로 조촐했다. 나중에는 빨리 자라는 나무를 원했다. 그래서 꾸지나무만 심게 되었다. 꾸지나무는 1년에 2미터 정도 자라는 속성수이고 한지를 만드는 나무이기도 하니 안성맞춤이었다. 이 회사는 1년에 서너 차례식 다음 해까지 꾸지나무를 심고 발길을 끊었다. 하지만 그분들이 심은 꾸지나무는 위아래, 옆으로 퍼지고 하늘을 가릴 만큼 울창해졌다. 겨울이면 일부가 동사하는 북사면과는 달리 따스한 남쪽이어서 꾸지나무가 다른 어떤 곳보다도 잘 자랐다. 다른 곳에 심을 꾸지나무 묘목이 필요할 때 가장 먼저 찾는 곳이다.

제9권역에 심은 나무 24종 총 1512그루

꾸지나무, 단풍나무, 덜꿩나무, 뜰보리수, 마가목, 매실나무, 목련,

뽕나무, 사철나무, 산딸나무, 산벚나무, 산복사나무, 산수유,

상수리나무, 소나무, 스트로브잣나무, 오갈피나무, 왕벚나무, 이팝나무,

자작나무, 잣나무, 층층나무, 팥배나무, 화살나무

> 숲 이야기: 제17권역

　　노을공원을 생태공원으로 지키고 싶은 사람들과 만든 숲은 17권역에 있다. 노을공원 바람의광장 쪽 한강 전망 산책로 목책 너머 사면 5500제곱미터 지역인 17권역은 2016년 3월 5일 '千人共No쌩큐축구장건설'이라는 이름으로 처음 나무를 심은 이후 3년 동안 4144명이 참여했다. 당시부터 누구나 자연스레 천인공노숲이라 부르게 되었는데 당시 심각한 문제가 되었던 노을공원 축구장 건설을 반대한다는 뜻으로 '1000명이 함께 No쌩큐 축구장 건설'이라는 뜻을 담아 만든 이름이다. 워낙 건축 폐기물이 많이 쌓여 있고, 한구석에서는 침출수와 매립가스가 나오는 데다 단풍잎돼지풀 외에는 풀이 자라지 않는 곳이었다. 그러니 사업소에서도 나무 심기를 권하지 않았다.

　　나무 심기를 시작할 즈음에는 좋은 흙을 보태기 위해 상당히 많은 도토리 시드뱅크를 깔았다. 여기저기에서 도토리가 싹을 틔우고 단풍잎돼지풀 그늘 덕분에 고사를 면하고 한두 해 살아남았으나 결국 모두 사라졌다. 그 이후 바닥 토양이 지나치게 메마른 곳에는 시드뱅크를 깔지 않는다. 식재 조건이 좋지 않음에도 전망, 접근성, 대규모 인원이 참여할 수 있다는 점 등 사람들이 선호하는 조건 때문에 크고 작은 나무 심기 행사가 이어졌다. 500명에 가까운 나무 심기 행사도 치렀다. 토양이 하도 척박해 구덩이에 좋은 흙을 한 자루씩 보태 주며 나무를 심어 보기도 했다. 다른 곳보다 많은 물통을 갖다 놓았고, 가물 때는 호스로 물을 끌어다 주기도 했다. 일부 장소에는 좀처럼 사용하지 않는 스프링

클러까지 설치했지만 모두 미미한 도움에 그쳤다.

그러나 6년이 지난 지금, 상전벽해가 따로 없다. 가망이 없어 보이던 구석까지 사람이 들어가기 힘들 정도로 나무가 빽빽이 들어찼다. 중턱에 올려놓은 5톤짜리 빗물통이 보이지 않는다. 빗물통 아래쪽에 설치한 '동물물그릇'에 심은 수초는 햇빛이 들지 않아 사라지고 빗물만 맑게 그득하다. 무성한 나뭇가지가 훌륭한 아치 천장을 만들어 동물 쉼터가 되었다. 이 모두가 '고마운 나무' 꾸지나무 덕이다. 아까시나무를 포함해 이 땅에 다른 나무는 자리 잡기 어렵다. 꾸지나무 아래에는 그동안 같이 심은 산벚나무, 사철나무 등이 잘 살아 있다. 언젠가는 꾸지나무가 그들에게 자리를 내줄지도 모르나 지금은 모두 제자리에서 최선을 다하고 있다. 축구장 건설 이야기도 잠잠해지고 폐기물 가득한 땅은 숲이 되어 가고 있으니 모두의 '천인공노'는 헛되지 않았다.

제17권역에 심은 나무 50종 총 1만6188그루

고광나무, 공조팝나무, 꽃사과나무, 꾸지나무, 남천, 느티나무, 닥나무, 단풍나무, 덜꿩나무, 두릅나무, 뜰보리수, 라일락, 마가목, 매실나무, 모감주나무, 목련, 무궁화, 물푸레나무, 미선나무, 미스김라일락, 박태기나무, 백당나무, 복사나무, 복자기, 뽕나무, 사철나무, 산딸나무, 산벚나무, 산복사나무, 산수유, 산철쭉, 살구나무, 상수리나무, 소나무, 수수꽃다리, 스트로브잣나무, 아로니아, 앵도나무, 영산홍, 오갈피나무,

> 왕벚나무, 이팝나무, 자두나무, 자작나무, 철쭉, 층층나무, 헛개나무, 화살나무, 흰철쭉, 히어리

숲 이야기: 제37권역

비닐 쓰레기로 가득한 곳에 '고마운 나무' 꾸지나무와 만든 숲은 37권역에 있다. 37권역은 하늘공원 남사면 중간 순환길 동쪽 철문에서 50여 미터, 서쪽 철문에서 50여 미터 들어가서 길가와 그 아래 띠 모양의 인접 사면 8700제곱미터 지역이다. 2020년 1월 1일 기준, 길가와 길가에 이어진 사면에 나무를 심고 시드뱅크를 설치하는 활동에 15명이 참여했다. 노을공원에는 남북사면 중간 순환길에 전체적으로 많은 양의 도토리 시드뱅크를 설치하고 참나무 묘목도 심었지만 하늘공원은 제대로 시작하지 못했다. 대신 '동물물그릇'에서 넘친 물이 흘러내리는 물굽이 주변에 가래나무 씨앗 시드뱅크를 시험 설치해서 좋은 성과를 거두었다.

2019년 12월에는 서쪽 철문 바로 안쪽 순환길 상부 사면에 꾸지나무를 심었다. 경사가 심하고 노을공원과 하늘공원을 통틀어 비닐 쓰레기가 가장 심한 곳이다. 비닐 폐기물을 쌓아 올렸다고 해도 될 정도다. 아까시나무도 자라지 않는 곳이다. 숲 만드는 기업에 권할 장소도 아니라 활동가와 이곳 활동에 익숙한 자원봉사자가 심었다. 그때 심은 꾸지

나무가 이곳을 덮었고 '고마운 나무 숲'이라는 숲 표지목을 세웠다. 쓰레기산 노을공원과 하늘공원에서 꾸지나무는 '고마운 나무'로 통한다.

제37권역에 심은 나무 2종 총 1140그루
꾸지나무, 상수리나무

숲이 될 나무가 자라는 '나무자람터'

씨앗을 키워 숲을 만드는 노고시모의 보물 중 하나는 숲이 될 나무가 자라는 '나무자람터'다. 3300제곱미터 정도 되는 나무자람터는 노란색과 보라색 꽃을 피우는 붓꽃, 원추리, 서양벌노랑이와 부처꽃 등이 많은 땅이었다. 지금은 어린나무를 키우는 묘판 외에도 씨앗을 보관하는 씨앗곳간, 물을 좋아하는 식물이 자라고 동물이 물을 마시는 빗물연못, 직접 숲 만들기에 참여할 수 없는 사람도 씨앗부터 키워서 숲을 만드는 활동에 참여할 수 있도록 '집씨통'을 만드는 '집씨통 목공터'가 있다. 또 숲 만들기가 끝나 소임을 다한 숲 표지판을 모아 둔 퇴역 표지판 모음터, 묘판의 흙을 개간하기 위해 흙과 퇴비를 쌓아 두는 흙더미와 숲에 필요한 도구를 모아 두는 연장보관소, 쓰러진 나무를 모아 말리는 나무곳간과 버섯자람터, 그 외에도 생활목공터, 교육장 등이 있다. 한때 퇴비장이었다 물품보관소로 쓰였던 곳은 지금은 다양한 우리 나무와 풀을 키우고 알리기 위한 '풀꽃동산'이 되었다. 모두 씨앗부터 키워서 숲을 만드는 데 필요한 일들이 이어져 차츰차츰 생겨난 곳이다.

나무자람터에서 처음 키우기 시작한 나무는 버드나무, 참나무류, 소나무, 꾸지나무 정도였다. 지금은 씨앗부터 키우거나 외부에서 구입해서 키우는 약 100종의 우리 나무가 자라고 있다. 그중 절반 정도가 씨앗부터 키운 나무이고, 그 비율을 높이고자 매년 노력 중이다. 언제든 숲에 옮겨 심을 수 있을 만큼 키운 나무가 수천 그루 정도 준비되어 있는 나무자람터는 봄부터 겨울까지 연중 꼭 필요한 일이 있는 곳이다. 그 덕에 언제 누가 찾아와도 서로에게 도움이 되는 활동을 할 수 있는 고마운 곳이기도 하다. 그 손길이 쌓여 숲으로 피어나기 때문이다.

'씨앗부터 키워서'라는 표현을 쓰지만 모든 나무를 씨앗부터 키운다는 뜻은 아니다. 나무의 특성과 상황에 따라 씨앗으로도 키우고 꺾꽂이 같은 번식법도 쓴다. 큰 나무 아래서 자라기 어려운 어린나무를 옮겨 심어 키우기도 하고, 필요한 어린나무를 구입해 키우기도 한다. '씨앗부터 키운다'는 말에는 '필요한 과정을 거르거나 소홀히 하지 말고 차근차근 정성을 다해 보자'는 뜻이 담겨 있다. 그와 더불어 구하기 어렵지만 심으면 이 땅에 도움이 되는 나무나 지킬 필요가 있는 나무는 나무 시장에서 구할 수 없으니 우리가 직접 씨앗을 모아 키우고 심어 보자는 다짐이자 바람을 담은 표현이기도 하다.

씨앗부터 직접 키운 어린나무로 숲을 만들어 보려는 이유는 이곳처럼 심하게 훼손된 땅인 경우 어릴 때부터 이 땅에 적응하며 자란 나무가 조금 더 건강하게 살아남는 걸 보아 왔기 때문이다. 다양한 나무를 구하기 쉽지 않은 현실에서 땅의 회복에 도움이 되는 나무를 최대한 다양하게 심을 수 있는 방법이기도 하고, 만나기 어려운 우리 나무를 지키고 알리는 방법이기도 하다. 나무 시장에서 구할 수 없다 해도 대한민국 땅 어딘가에 나무가 있는 한 씨앗은 받을 수 있다. 씨앗이나 묘목부터 키워서 숲을 만들면 같은 비용으로도 더 많은 나무를 심을 수 있고 흙, 빗물, 씨앗 등 숲에 필요한 다른 곳에도 비용을 쓸 수 있다. 우리처럼 후원 회원이 적어 운영비 확보가 안정적이지 않은 작은 단체에게는 활동에 필요한 비용을 마련하는 것도 중요한 일이다. 숲이라는 곳도 어릴 때부터 오랫동안 그곳에 뿌리내리며 자란 생명들이 어우러진 곳이 아닐까 하는 생각을 하기 때문이기도 하다. 씨앗이나 어린나무는 큰 나무에 비해 육묘나 운반 등에 필요한 에너지 양이 상대적으로 적어 에너지 소비를 줄일 수 있다는 점도 우리에게는 중요하다. 다만 씨앗부터 키우면 숲이 되기까지 조금 더 오랜 시간을 기다려야 하고, 어린나무가 자리 잡을 때까지 최소 수년간 돌보아야 한다는 어려움도 분명히 있다.

 이곳은 아직 건강을 되찾은 땅이 아니다. 그렇기 때문에 씨앗부터 키워서 숲을 만들려면 돌봄이 필요하다. 나무자람터에서 매립지 사면에 옮겨 심을 수 있을 만큼 자랄 때까지 최소 1년에서 3년이 소요된다. 숲을 만들 매립지 사면에 나무를 옮겨 심은 후에는 5년에서 길게는 10년까지 풀을 관리하며 나무를 돌본다. 10년이 지나면 사람이 들어가기 힘들 정도로 우거지지만 그때까지도 1년에 한두 번은 보살필 일이 생긴다. 짧지 않은 시간이지만 의외로 현장에서는 순간처럼 느껴질 때가 많다.

 숲이 될 나무를 씨앗부터 키우기 위해 처음 나무자람터에서 한 일은 묘판을 만드는 것이었다. 나무자람터가 된 땅은 물이 잘 빠지지 않는 곳이었기 때문에 흙을 개간하고 배수로를 내며 묘판을 만들어야 했다. 관련 지식도 경험도 없는 우리는 전문가에게 묻고, 책을 찾고, 관련 기관을 견학하면서 보고 듣고 배운 것을 하나씩 시도해 보았다. 처음에는 쓸 수 있는 재원도 적고 재활용에도 관심이 많았던 탓에 어린나무를 키우는 데 폐현수막과 버려진 1회용 컵 등을 많이 이용했다. 풀 위에 폐현수막을 깔고 버드나무 꺾꽂이를 하고 봉사자들과 중고 미싱으로 폐현수막 화분을 만들어 씨앗부터 키웠다. 커피 전문점을 찾아 다니며 취지를 설명하고 버려진 1회용 컵을 쓰레기 집하장에서 직접 모아오기도 했다. 오염된 땅이라는 전제로 활동을 하고 있기 때문에 텃밭 활동을 원하는 봉사자들을 위해 수백 제곱미터의 땅에 방수포를 깔고 기능성 상자텃밭을 본뜬 대형 상자텃밭을 만들어 감자나 고구마를 키워 나눈 적도 있다. 생분해 성분이라고 잘못 알고 들여온 플라스틱 망 포트를 이용해 어린나무를 키워 심기도 하고, 도토리를 잘 키워 보겠다며 국립산림과학원의 시설 양묘장에서 본 플라스틱 육묘 포트와 깔판을 구입해 키우기도 했다. 모두 이제는 쓰지 않는 방법이다.

각각의 방법은 내가 원하는 바에 따라 나에게 좋은 방법이 되기도 하고 나쁜 방법이 되기도 한다. 버려진 물건을 재활용하고 싶은 이에게 폐현수막과 사용한 1회용 컵은 나쁜 소재는 아니라고 생각한다. 우리도 육묘용으로는 더 이상 활용하지 않지만 씨앗을 모으거나 낙엽을 모으는 용도로는 지금도 폐현수막으로 만든 자루를 쓴다. 육묘 포트에 키운 묘목은 쓰레기산에 직접 심기에는 너무 작아 망 포트에 옮겨 심고 2

년을 더 키워야 했지만, 그것이 필요하고 도움이 되는 환경도 있다고 생각한다. 묘목을 망 포트에 키운 덕에 계절에 상관없이 나무를 심을 수 있었고, 흙이 부족하고 건축 폐기물이 드러난 쓰레기산에서도 나무가 비교적 안정적으로 자리 잡을 수 있었다. 폐현수막 화분에 키운 도토리들도 제법 많이 살아남아 지금은 10여 미터 크기의 참나무로 자라났다. 이렇듯 각각의 이점이 있음에도 더 이상 그 방법을 쓰지 않기로 한 이유는 그 방법들이 나쁘기 때문이 아니라 우리에게 맞지 않는 방법이라는 것을 알게 되었기 때문이다.

쓰레기산을 숲으로 만들어 보고 싶었다. 그래서 폐현수막과 버려진 1회용 컵을 선택했지만 어느 순간 쓰레기산에 다시 쓰레기를 보태고 있다는 사실을 알았다. 폐현수막과 1회용 플라스틱 컵은 화분으로 재활용해 땅에 묻어도 썩지 않는다. 그 긴 시간을 기다려도 될 만큼 씨앗을 키우고 숲을 만드는 효과가 크다면 모르지만 그렇지 않다면 재활용이 아니라 쓰레기를 늘리는 일이 된다는 것을 직접 해 보고서야 알았다.

씨앗부터 키워서 숲을 만든다는 건 씨앗이 매립지 사면에 옮겨 심을 정도의 나무로 클 때까지 최소 3년 이상을 기다려야 한다는 뜻이기도 하다. 지금은 나무자람터에 매립지 사면에 옮겨 심을 수 있는 나무가 늘 있지만 파종부터 숲 만들 자리에 식재하기까지 공급과 순환이 비교적 안정적으로 이루어지기까지 제법 오랜 기간을 준비해야 했다. 씨앗부터 키운 나무로 숲을 만들 수 있는 날을 맞이하기 위해 노력하던 때의 관심은 씨앗과 어린나무를 무사히 키워 내는 것, 그때까지 단체 운영을 무사히 이어 가는 것이었다.

그때는 다양한 나무를 키우고 싶어도 공급과 순환을 안정적으로 이어 가는 것이 우선이라고 생각했기 때문에 참나무나 꾸지나무처럼 이곳에 필요하면서도 살아남을 확률이 높은 나무에 집중했다. 그리고 육묘에 도움이 되는 방법이라면 우선 시도해 보았다. 이제 와 생각하면 전체를 보고 조금 더 삶을 신뢰하며 중심을 잡아 가야 했는데 눈앞의 걱정에 마음을 빼앗겼던 건 아닐까 싶기도 하다. 좋은 뜻으로 조언해 준 사람들, 나름의 장단점이 있는 방법을 우리가 중심을 잡지 못해 제대로 활용하지 못한 것 같아 죄송한 마음이다. 늘 일손이 부족한 현실에서 하나씩 육묘 포트에 씨앗을 심고 돌보는 일이 어렵다는 것도, 물 공급이 어려운 환경도, 심어야 하는 땅이 거친 쓰레기산이라는 것도 모르지 않았는데 직접 해보고서야 맞지 않다는 것을 확인했다. 작은 씨앗을 공들여 포트에 심고 물을 주며 돌본 시간은 잔잔하고 커다란 기쁨이었지만 원하는 육묘 효과는 거두지 못했고 본의 아니게 플라스틱 쓰레기를 더 보태게 되었다. 씨앗을 잘 키우고 싶었던 이유가 숲을 만들고 싶어서였는데 그 마음을 잠시 놓치고 있었던 것 같다. 숲을 만들고 싶은 이유가 쓰레기로 아픔을 준 것이 미안해서였는데 그 마음도 무언가에 가려져 있었던 것 같다. 정성과 걱정은 다르다는 것을 아직도 제대로 배우지 못했구나 싶다.

아쉽게도 수많은 쓰레기를 만들어 낸 후에야 플라스틱 소재를 비롯한 인공적인 물건을 최대한 사용하지 않는 노력을 해 보기로 했다. 바닥에 깔린 방수포와 플라스틱 깔판을 모두 걷고 쓰러진 나무로 테두리를 두르고 씨앗도 어린나무도 직접 땅에 심고 돌본다. 그 방법만이 씨앗부터 나무를 키우는 가장 좋은 방법이라 생각하기 때문은 아니다. 쓰레기산에서 숲을 만들며 또 다른 쓰레기를 보태고 싶지 않다는 우리의 바람에 적합한 방법이라 생각하기 때문이다.

정리할 쓰레기가 된 과거의 시행착오를 나무사람터 한편에 쌓아 두고 그 해묵은 쓰레기를 정리하다 보면 정말 주의하지 않으면 숲을 만들지 않느니만 못하게 될 수도 있겠다는 생각이 든다. 그러다 문득 최선을 다해 씨앗을 돌보던 이들의 모습이 물건마다 겹쳐 떠오르면 책망하듯 후회하는 마음을 슬며시 거두어들이게 된다. 비록 실수가 되어 버렸지만 어떤 마음으로 그 시간을 지켜 냈는지 모르지 않기 때문이다. 알았다면 하지 않았을 '그때는 몰랐던 일들'은 누구의 삶에든 살아가는 내내 이어진다. 걱정에 휘말려 지켜야 할 본질을 놓치는 일도 언제고 벌어지는 일이다. 나도 예외가 아니다. 이렇게 해야 한다고 말하는 지금 이 순간도 어쩌면 시간이 흐른 뒤에 그게 아니었음을 알게 될지도 모를 일이다. 잘못된 선택은 스스로 바로잡아야 하는 시기를 언제고 맞이하기 마련이다. 그렇다면 서로 각자의 몫을 잘해 낼 수 있도록 응원하고 돕는 것이 더 나을 것 같다. 나 역시 바로잡아야 할 일로 가득한 인간이기 때문이다.

12월 어느 날 아이들과 꼭 나무를 심고 싶다는 연락이 왔다. 자세한 사정은 모르지만 이유가 있는 듯해 볕이 따뜻해 좀처럼 땅이 얼지 않는 곳에서 나무를 심기로 했다. 지금은 빗물을 모아 쓸 수 있게 해 둔 덕에 물 걱정을 많이 덜었다. 하지만 2018년까지만 해도 물은 큰 고민거리 중 하나였다. 게다가 12월부터 3월까지 사업소는 동파를 방지하기 위해 공원 내 급수 시설을 잠근다. 그래서 3월부터 12월 초까지도 나무를 심는 우리는 매년 필요한 물을 받아 두곤 했다. 나무를 심기로 한 그 날도 받아 둔 물을 제법 먼 곳에서 가져와 크고 작은 물뿌리개에 나누어 담아 놓았다. 봉사자들이 도착하고 장갑을 끼고 삽을 준비하는 동안 어린 참여자 한 명이 물뿌리개에 든 물을 쏟았다. 어떻게 준비한 물인지 정황을 잘 아는 인솔자가 아이에게 상황을 설명하고 물을 그대로 두자고 부탁했다. 그러자 아이는 "실수해도 괜찮다고 했잖아요"라고 말하며 계속 물을 쏟았다. 인솔자는 아무 말도 하지 않았고 결국 물 없는 나무 심기가 되었다. 실수해도 괜찮다는 말은 괜찮지 않음을 마주할 수 있을 때 꽃을 피운다는 생각이 든다. 실수는 좋은 것도 나쁜 것도 아니다. 내가 정말 원하는 것이 무엇인지, 내가 가려는 곳이 어디인지 알 수 있는 기회가 실수이기도 하기 때문이다. 괜찮다는 말로 괜찮지 않음을 덮어 내가 잃는 것도 바로 그 기회다. 실수가 디딤돌이 아닌 잘못이 되지 않으려면 그 기회를 놓치지 않으려 노력해야 한다.

　　시행착오를 겪지 않았다면 왜 쓰레기산에서 숲을 꿈꾸는지 나에게 질문하기를 잊었을지도 모른다. 나무자람터에서 정말 많은 일이 시행착오로 되풀이되었고, 그 잘못을 수습하느라 많은 일을 겪었지만, 그 덕에 정말 소중한 것이 무엇인지 나에게 물어보아야 한다는 것을 기억해 낼 수 있었다. 그래서 나는 비록 많은 실수를 한 우리지만 최선을 다한 우리 모두에게 괜찮다고, 진심으로 고맙다고 말해 주고 싶다. 대신 무엇이 괜찮지 않은지 왜 괜찮지 않은지 정직하게 마주하고 더 나은 길을 찾아가고 싶다. 그래야 삶이라는 나무자람터에서 나도 숲이 될 나무로 자랄 수 있을 것 같다.

고마운 나무자람터

'씨앗부터 키워서 100개 숲 만들기', '씨앗부터 키워서 1002遷移숲 만들기', '집씨통으로 동물이 행복한 숲 만들기', '숲과 숲을 잇는 개미숲 만들기' 등 씨앗부터 키워서 숲을 만드는 활동이 가능한 것은 나무자람터가 있기 때문이다. 나무자람터는 노을공원 파크골프장이 끝나는 곳과 어린이놀이터 사이에 있다. 묘상 부분 약 3300제곱미터, 자유롭게 활용하는 묘상 주변 식재지 약 3300제곱미터를 더해서 규모가 대략 6600제곱미터에 달한다.

2012년 4월, 약 33만 제곱미터 넓은 공원 한편의 불모지에서 시작해 2022년, 묘상에 100여 종의 토종 우리 나무가 자라는 곳으로 변했다. 이곳에서 자라는 식물의 절반 정도는 씨앗부터 키운 것이다. 토종 생태 수종 확보와 씨앗부터 키우기 비율을 높이고자 꾸준히 노력 중이다. 수종에 따라 채종부터 보관, 파종에서 관리까지 쉬운 일이 아니다. 자연에서 일어나는 일을 한 장소에서 인위적으로 재현하려면 지식과 끈기 등 누군가의 헌신적인 노력이 요구된다. 우리는 편하고 효과적인 방법보다는 불편하고 느려도 자연에 가까운 방법을 써 보고 싶다. 약품이나 화학비료는 전혀 사용하지 않고 플라스틱 제품도 최대한 사용하지 않으려 한다. 물조차 펌프장 물을 쓰지 않으려 노력한다.

나무자람터는 365일 연중 일감이 있다. 혼자 찾아와 뭔가 알아서 도와주는 분들도 있다. 숲 만들기 봉사활동은 나무자람터에서 시작된다. 식재지 현장 시드뱅크가 힘든 경우 나무자람터 주변에 설치하고 출발한다. 묘목은 묘상에서 직접 캔다. 교육장에서는 처음 참여하는 자원봉사자에게 난지도의 역사, 우리의 활동을 소개하고 활동의 마음가짐을 전달하는 7분 평화수업을 먼저 들려주고 활동에 관해 설명한다. 코로나19 이후에는 영상으로 전하고 있지만, 그 전에는 연 5000명 정도가 평화수업에 직접 참여했다. 나무자람터 사용은 우리에게 커다란 특전이다. 그 고마움을 잊지 말고 겸손한 자세로 시민과 함께 일구어서 노을공원을 생태공원으로 보전하기 위한 요람으로 만들어야 한다. 씨앗은 희망이다. 씨앗이 노을공원에 '1002遷移숲'을 만들 듯이 모든 이들의 희망이 세상에서 꽃 피었으면 좋겠다.

토종과 생물 다양성

우리는 누군가가 단독으로 심을 수종을 정하지 않는다. 담당 공무원, 활동가, 단체 임원, 전문가 등 최대한 관련된 이들에게 의견을 묻고 조언을 구하며 수종을 정한다. 먼 산 깊은 산에서 자라는 우리나라 고유종 나무를 심자는 의견에는 생태에 관심 있는 사람, 사업소 담당 공무원, 관계자 모두 동의한다. 이제까지 이 땅에 심을 나무를 함께 고를 때 이 나무는 일본 나무라 안 되고, 저 나무는 중국 나무라 안 된다는 이유로 동의하지 않는 경우도 많았다. 그런데 간혹 같은 나무를 두고 원산지에 대한 의견이 달라질 때가 있다. 누구는 외국 나무라 하고 누구는 고유종이라고 한다. 나무의 도래 시기와 일반 정서 등을 고려해 판단 기준이 다른 것이 아닌가 싶다.

누군가는 그냥 잘 사는 나무 이것저것 심으면 되지 무얼 그리 따지느냐고 이야기하기도 한다. 때로 어떤 나무는 틀림없는 토종이라고 모두가 이야기해서 들여왔는데 알고 보니 외래종인 경우도 있었다. 토종에 대한 강한 애착이 국수주의나 외세 배척 같은 태도로까지 연결되는 것은 아닐까, 엉뚱한 걱정을 하기도 했지만 다행히 그런 일은 지금까지 없었다.

활동에 참여하는 일반 자원봉사자들에게는 고유종을 심으려는 우리의 노력이 배척이나 배제, 자기중심주의나 자기우월주의로 잘못 전해지지 않도록 잘 설명하려 노력한다. 토종 나무를 심으려 노력한다고 이유를 설명하지 않고 간단히 이야기하면 반감을 보이는 경우도 있기 때문이다.

우리 나무를 잘 골라 심으려는 이유는 단순하다. 이곳에서 잘 살 수 있는 동식물을 지키는 것이 지구 전체의 생물 다양성을 지키는 가장 손쉬운 방법이고, 그 풍요가 우리를 건강하게 지켜 주리라 생각하기 때문이다. 설명을 곁들이면 말이 길어지지만 이렇게 부연 설명을 하면서 토종 나무 씨앗을 모아 심는 활동을 한다고 이야기하면 듣는 사람들도 토종을 왜 그렇게 강조하는지 쉽게 이해한다.

씨앗부터 키우다

　단체 창립을 준비하며 자료를 찾던 중 일본 도쿄만에 있는 사용이 완료된 쓰레기 매립지에서 진행한 활동이 눈에 들어왔다. 인근에 있는 초등학교 학생들과 도토리를 키워서 매립지에 심는 활동이었다. 이곳에서도 해 보면 좋겠다는 생각에 단체 창립 준비 모임에서 논의를 거친 뒤 실천해 보기로 했다. 자전거를 타고 주변에 있는 학교를 찾아다녔다. 취지를 설명하고 공문도 보내며 나름 공을 들였지만 관심을 보이는 곳은 없었다.

　아이들과 도토리를 키우고 그렇게 키운 어린나무를 쓰레기 매립지에 심어 키우는 활동에 관심을 가진 이유는 작지만 소중한 것을 차근차근 지켜 나가는 듯 느껴졌기 때문이었다. 현실적으로도 사람들이 무난하게 참여할 수 있는 활동처럼 보였고, 공원에 참나무가 제법 있기 때문에 씨앗을 마련하는 일도 큰 어려움이 없을 것 같았다. 관심을 보이는 학교는 없었지만 일반 봉사자들에게는 도토리를 줍는 활동도 도토리를 심는 활동도 생각했던 것보다 훨씬 인기가 있었다. 참나무는 이곳의 생태계를 건강하게 회복시키는 데 필요한 나무이기도 했고, 사업소에서도 이견이 없던 나무였기 때문에 여러 가지 면에서 문제없이 잘 진행될 것처럼 보였다. 하지만 실제로 시작해 보니 예상과 달랐다.

　제일 먼저 마주한 큰 문제는 씨앗으로 쓸 도토리가 부족하다는 점이었다. 참나무는 공원에 제법 있었지만 도토리를 모으는 사람도 많았다. 아무리 일찍 공원에 와도 늘 누군가 다녀간 다음이었다. 활동을 하려면 씨앗을 모아야 하는데 텅 빈 나무 아래 설 때마다 조급함이 자라났다. 결국 우리도 발로 나무를 차고 두드리며 나무에게 씨앗을 강요하기에 이르렀다. 나무 방망이로 두드리는 거니까 괜찮을 거야, 나무에 상처가 나도록 두드리는 건 아니니까 괜찮을 거야, 필요한 만큼만 주울 거니까, 키워서 돌려줄 거니까, 어느 순간부터 끊임없이 우리 태도를 정당화할 이유를 만들고 있었다. 씨앗을 모으지 못한 건 나무가 주지 않아서가 아니라 원하는 사람이 너무 많아서였는데 나무에게만 더 달라 떼를 쓴 셈이다. 도토리만 그런 것이 아니었다. 인기 많은 도토리와 달리 공원의 다른 나무들은 씨앗이 부족하지 않게 나왔지만 걱정되고 조급해진 마음은 씨앗 주머니를 채워도 채워도 부족하게 느끼게 했다. 따고 또 따서 모은 씨앗은 우리가 소화할 수 있는 양을 넘어 곧 다 심을 거라는 다짐만 반복하다 결국 제대로 심지 못하는 결과로 이어졌다. 미안했다. 그래서 우리는 씨앗 모으는 일을 모두 중단하기로 했다.

씨앗부터 키운다는 말에 '과정을 거르거나 소홀히 하지 말고 차근차근 정성을 다해 보자'는 뜻을 담은 이유는 씨앗이 아니라 사람인 우리 때문이다. 씨앗은 노력하지 않아도 차근차근 자란다. 하지만 인간은 때가 되어도 꽃을 피우지 않기로 선택할 수 있고 열매를 풍성하게 맺고도 나누지 않기로 선택할 수 있다. 그래서인지 인간은 나이가 든다고 반드시 '어른'이 되는 건 아닌 것 같다. 삶이라는 나무자람터에서 물을 주고 빛과 바람과 비를 주어도 나무로 자라지 않고 씨앗으로 머물기를 선택할 수 있는 것이다. 반드시 나무로 자라야 씨앗에 가치가 있는 건 아니니 그건 그대로 그의 선택이라고 생각한다. 다만 인간은 나무로 자라려는 노력은 하지 않으면서 꽃과 열매는 얻으려 한다는 점이 조금 어려운 부분이다.

 순리를 거스르는 선택을 할 수 있다는 것은 순리를 바르게 이해하지 못했기 때문인지도 모른다. 우리 역시 생명을 귀하게 대접해야 한다는 것을 알고 있었지만 도토리가 필요하다는 생각에 사로잡혀 발로 나무를 찼다. 너에게 한 것이 나에게 하는 것이라는 삶의 이치를 제대로 이해하고 있었다면 도저히 할 수 없는 일이었다.

 생명이라는 글자가 씨앗에서 '싹이 트고 자라는生 일을 완수한다命'는 뜻으로 구성되어 있는 것은 생각할 거리를 안겨 준다. 싹이 트고 자랄 수 있는 것이 생명이라면 씨앗이 나무로 자랄 힘을 가지고 있듯 사람도 자신의 길을 걸어 참 어른이 될 힘을 가지고 있다는 뜻이 된다. 하지만 사람은 종종 나무가 될 수 있는 자신의 힘을 잊고 씨앗에 머무는 선택을 한다. 물론 그것도 분명 하나의 선택지다. 다만 내가 가진 생명의 힘을 잊었기 때문에 그런 선택을 한 것은 아닌지 잘 살펴볼 필요가 있다. 내가 가진 생명의 힘을 잊으면 어떻게 살아야 할지 불안해지기 때문이다. 그렇게 앞이 보이지 않고 살아갈 일이 걱정되기 시작하면 내가 가진 것, 내가 가질 수 있고 가져야 한다고 생각하는 것을 더 우선하기 쉽다. 나를 지키기 위해 나에게 더 초점을 맞추게 되는 것이다. 그렇게 되면 그럴 의도가 없었다 하더라도 너와 나는 하나라는 삶의 순리를 거스르기 쉽다. 하지만 내 행복이 누군가의 행복 위에 있다면, 기쁨과 만족을 누리는 주체가 나나 나의 확장형인 '우리'에 국한되고 내 권리를 위해 너의 권리가 무너지고 있다면, 그 행복과 권리는 진짜가 아니다.

이제는 필요한 종류와 시도해 보고 싶은 종류를 가려 씨앗을 모은다. 연간 1톤 정도 쓰는 도토리와 가래는 옛날 산림녹화 활동을 할 때부터 씨앗을 공급해 오던 어르신, 지역 임산물을 다루는 마을 공동체와 인연이 닿아 그곳에서 구입하기로 했다. 구입할 정도는 아니지만 제법 많이 모아야 하는 씨앗은 꾸준히 찾아오는 봉사자들과 허가 받은 곳으로 '평화여행'이라는 이름의 채종여행을 떠나 모으기도 한다.

처음에는 숲이 될 씨앗을 모으는 여행을 떠나면서도 많은 음식을 준비했다. 누구도 그것을 요구하지 않았지만 누군가를 잘 대접하려면 술과 고기를 비롯해 좋은 음식을 많이 갖추어야 한다는 생각에서 벗어나지 못했던 것 같다. 하지만 매번 남은 음식, 세제와 물을 많이 써야 하는 설거지, 각종 포장재 쓰레기를 보면 숲을 말하며 씨앗을 모으는 과정이 이대로 괜찮은지 생각하게 된다. 유기농과 동물 복지를 실천하는 곳에서 나온 식재료를 사고 친환경 제품을 이용하고, 담아 올 그릇을 챙기고, 조금이라도 흙과 물이 덜 오염되는 조리법을 고민하는 등 나름대로 균형을 잡기 위해 노력하지만 포장재 쓰레기와 음식물 쓰레기, 세제 사용과 물 소비는 크게 달라지지 않는다는 생각이 들었다. 존재하는 모두와 건강한 공존을 바란다면 사용하는 물건의 종류를 넘어 근본적으로 더 소박하고 검소한 생활 태도를 지향해야 하는 것이 아닐까. 무조건 사용량을 줄이거나 채식을 해야 한다는 뜻은 아니다. 소박하고 검소한 삶은 정말 필요한 것이 무엇인지 가려내고, 그렇게 살기 위한 삶의 힘을 길러야 가능한 것이지 무엇을 얼마나 어떻게 사용하고 있는가 하는 것이 아니기 때문이다. 무엇을 선택하든 그 선택을 가능하게 한 진짜 이유가 무엇인지 내 인식의 근원을 정직하게 살피는 힘을 기르는 것이 필요한 이유다.

활동을 거듭할수록 숲은 어딘가에 있는 목적지가 아니라 숲을 향해 걷는 걸음걸음이 숲이 될 때 이루어지는 곳이라는 생각을 하게 된다. 여러 해 눈을 가리고 걷듯 시행착오를 되풀이하다 2020년에야 소박한 밥상의 평화여행을 시도해 보았다. 고기도 술도, 과한 양념과 남는 음식도 없이 숲에서 얻은 것을 곁들여 직접 차린 소박한 밥상으로 1박 2일의 평화여행을 시도했다. 그런 시도를 할 수 있었던 건 함께 간 '꿈꾸는 젊은이'들 덕이 컸다. 여러 해 동안 꾸준히 봉사활동을 이어 오고 평소에도 건강한 공존을 위한 일을 차근차근 실천해 온 그들 덕에 우리도 비로소 한 걸음 숲을 닮은 걸음을 시도해 볼 수 있었다.

알고도 하지 않는 건 왜일까. 지식 정보를 가지고 있음에도 그 정보가 삶의 태도로 자리 잡지 못하는 모습을 볼 때마다 늘 생각한다. 우리의 경우 숲이 될 나무를 씨앗부터 키우며 가장 어렵다고 느끼는 부분은 전문 지식의 부족이 아니었다. 필요한 것은 배우고자 한다면 시간이 걸릴 뿐 도움을 받을 수 있고 배울 수 있었다. 설령 우리처럼 식물을 전혀 몰라도 씨앗을 심고, 물을 주고, 풀을 정리하고, 걷어 낸 풀과 낙엽을 흙 위에 덮어 수분과 온도를 보호하는 기본 활동만으로도 씨앗부터 키우는 일은 불가능하지 않다고 생각한다. 하지만 바로 그 기본을 거르지 않고 정성껏 하는 것은 지식만으로 해결되지 않는다. 그것은 능력이나 적성과 같은 말로도 설명할 수 없는 부분처럼 느껴진다. 마주한 일에 정성을 기울일 마음이 없다면 능력도 의미가 없고, 존중과 정성은 적성이나 취향에 따라 힘을 조절해도 되는 대상이 아니기 때문이다. 내가 필요한 것을 채우기 위해 너의 필요를 소홀히 하고, 내 권리를 말하며 네 권리는 염두에 두지 않는 모습을 마주하면 내 필요에 눈이 멀어 나무를 아프게 하며 도토리를 줍던 때를 떠올리게 된다.

 씨앗부터 키워서 숲을 만드는 일은 눈에 보이지 않는 것을 볼 수 있어야 가능한 건지도 모르겠다. 보이지 않는 존재의 존엄을 볼 수 있어야 씨앗에게 필요한 도움을 정성껏 주며 씨앗의 시간을 함께 걸어갈 수 있기 때문이다. 살아가는 일도 삶이 품은 씨앗을 믿고 차근차근 정성을 다하며 걸어가는 일인지도 모른다. 삶과 존재에 대한 믿음이 기다림과 정성을 가능하게 하고, 정성 어린 기다림의 결실이 믿음을 단단하게 해주듯 알 수 없는 것들과 마주하며 시행착오를 겪는 과정에서 씨앗도 사람도 서서히 숲이 되어 가리라 생각한다. 우리도 씨앗부터 키워서 숲을 만들며 삶에 대한 두려움을 내려놓고 차근차근 희망을 바르게 걷는 법을 배우는 중인지도 모르겠다. 여전히 내가 알아차리지 못한, 나 때문에 생긴 아픔이 많이 남아 있을 것이다. 그런 것들을 하나라도 더 알아차리고 조금씩이라도 너에게 아픔을 주지 않는 태도를 갖출 수 있다면 좋겠다. 그렇게 지금 내딛는 한 걸음마다 정성을 들이며 조금씩 조금씩 숲이 될 나무로 자랄 수 있다면 참 좋겠다.

> 노고시모의 나무 옮기는 방법

처음 활동을 시작했을 당시에는 활동가가 나무를 나무 심을 곳에 미리 가져다 두었다. 언덕길을 올라와야 하는 봉사자들이 조금이라도 편하게 이동할 수 있도록 돕고 싶었기 때문이다. 하지만 식재지에서 나무를 나누어 주는 방식으로 나무를 심으면 어찌 된 일인지 나무를 버려두고 가거나 대충 심는 경우가 많았다. 나무도 생명이라는 것이 잘 전해지지 않는 것 같았다. 그래서 방법을 바꾸어 보았다. 자신이 심을 나무를 식재 지점까지 직접 옮기는 것이다. 그것도 짐처럼 옮기는 것이 아니라 아기 안듯 소중히 품에 안고 옮기도록 한다. 식재지에 쌓아 두었다가 나누어 주는 방식에서 자신이 심을 나무를 아기처럼 안고 가는 방식으로 바꾼 후에는 놀랍게도 제 몫의 나무를 버리고 가는 일이 없어졌고 나무도 훨씬 잘 심었다. 믿거나 말거나지만 나무를 안고 가는 동안 나무와 정이 든 덕인 것 같았다. 물론 안고 가게 하는 나무는 작은 묘목이다. 들고 가기 힘들 만큼 큰 나무는 여전히 현장에서 나누어 준다.

진행자의 태도

봉사활동 참여 인원이 많을수록 참여자 각자의 솔선수범이 어려워진다. 규모가 커지면 전체 상황을 파악하는 게 쉽지 않고 사람이 많으면 선뜻 앞에 나서기도 쉽지 않기 때문인 듯하다. 그리고 순발력 있는 대처가 필요할 때 초기 대응에 어려움이 생기기 쉽다. 참여자들의 도움을 받기 위해서도 진행자의 태도는 중요하다. 무엇보다 철저히 준비하고 활기차게 진행하면서, 문제가 발생하면 뒤로 물러서지 말고 솔선수범하며 기지를 발휘해 전화위복이 되도록 해야 한다. 그리고 행사를 마치면 참여자들에게 충분히 진심 어린 감사를 표현한다.

시민단체 활동은 정성 어린 믿음과 기다림이 필요한 씨앗 뿌리기와 같다. 참여자의 도움으로 활동 실적을 축적하는 것보다 활동의 의미를 내 실천으로 전달하는 것이 더 중요하다고 생각한다. 우리의 활동에 선의가 담겨 있고, 우리의 태도에서 그 선의를 참여자들이 느낄 수 있다면 비단 우리 현장뿐만이 아니라 사회 구석구석에서 우리가 전달하고자 하는 선의가 꽃을 피울 것이다. 그래서 시민단체의 활동은 혼자서 신속하게 5미터 앞서가기보다 다섯 명이 함께 1미터 진행하는 서두름 없는 동행이 필요하다.

숲 이야기: 제5권역

봉사 참여 단체의 담당자 태도도 활동에 중요한 영향을 미친다. 노을공원 북동쪽 둘레길, 파쇄장 위쪽 경사 지표면 배수로 양쪽 첫째, 둘째 사면 3800제곱미터 지역인 5권역은 한 자동차 광고 회사가 2014년 식목일부터 2019년 가을까지 참여해 매년 어김없이 봄가을 두 차례씩 참여해 직원 가족 연인원 1080명이 나무를 심었다.

이곳은 식재할 장소의 토질이 유난히 안 좋았다. 공장 비닐 폐기물이 뭉쳐서 묻혀 있고, 흙이 검은 데다 시궁 냄새가 심해 장소를 옮겨 보자고 권했으나 그렇기 때문에 더더욱 시작한 곳을 숲으로 마무리 짓고 싶다는 담당자 의지 덕에 나무 심기를 지속할 수 있었다. 아이들과 함께하는 가족 행사의 경우 어렵지 않은 활동을 찾는 경우가 많은데 힘들어도 의미에 중점을 두고 지속하겠다는 경우는 드물었다. 그 덕에 코로나19 전인 2019년 가을까지 나무 심기를 계속할 수 있었다. 토질이 안 좋은 탓에 살아남은 수종이 적지만 꾸지나무가 잘 자리 잡아서 지금은 울창한 숲이 되었다.

제5권역에 심은 나무 29종 총 2120그루

갈참나무, 고광나무, 꾸지나무, 꾸지뽕나무, 단풍나무, 덜꿩나무, 뜰보리수, 마가목, 매실나무, 모감주나무, 목련, 물푸레나무, 박태기나무, 백당나무, 버드나무, 복사나무, 뽕나무, 사철나무,

> 산딸나무, 산벚나무, 산복사나무, 살구나무, 상수리나무, 소나무,
> 왕벚나무, 이팝나무, 자작나무, 층층나무, 헛개나무

숲 이야기: 제18권역

　봉사 참여 단체 담당자 덕을 크게 본 또 한 곳은 18권역이다. 하늘공원 하늘계단 상부 한강 방향 산책로 평화의공원 전망 사면 4800제곱미터 지역인 18권역은 2013년 5월 15일 한 해외 보험사에서 처음 나무를 심기 시작해 2018년 6월까지 934명이 참여했다. 전망이 좋은 곳이라 그런지 여러 기업에서 참여하기는 했지만 왠지 지속되지는 않았다. 경사가 심해서 어렵다는 이유도 있었다. 그런 기업들은 쉬운 장소로 옮겨 보기도 했으나 곧 떠난 것을 보면 경사진 지형만이 문제는 아니었는지도 모른다.

　그러다가 한 기업이 꾸준하게 참여해 숲을 완성해 주었다. 이 기업은 특이할 정도로 성실하게 봉사활동에 임했다. 노을공원주차장에서 자기가 심을 나무를 안고 기꺼이 먼 길을 걸어 이동했다. 맹꽁이전기차를 이용하지 않고 걷자는 권유를 흔쾌히 받아들인 것이다. 그뿐만 아니라 공원에 올 때도 누구 한 사람 자가용을 가져오지 않았다. 또 페트병 생수나 음료, 새 장갑, 간식이나 기념품, 현수막 등도 가지고 오지 않고 우리가 준비한 스테인리스 스틸 컵과 물, 재사용 장갑, 쓰레기가 나오지

않게 준비한 간식을 이용했다. 지금은 예전보다 많은 사람이 환경을 지키는 생활 태도를 실천하지만 그 당시만 해도 다른 단체들과 비교될 만큼 남다른 태도였다. 나중에 알게 된 일이지만 당시 담당자가 참여자들에게 불평을 들어도 환경을 지키기 위한 봉사활동에 참여하러 오면서 환경에 해를 주는 일을 할 수 없다는 강한 의지로 일을 진행한 덕이라는 걸 알았다. 두고두고 잊을 수 없는 고마운 분이다.

이 회사는 한 부서에서 시작해 계열사, 교육 부서 등이 줄줄이 참여했다. 신입 사원 교육과정에 노을공원시민모임 평화수업을 넣어 출장 강의도 이루어졌다. 이 기업은 코로나19와 겹치며 직접 참여가 뜸해졌으나 큰 금액을 매년 후원하고 있다. 그것도 아무 조건 없이 단체 활동 전체를 지원하는 후원이다. 매우 드물고 고마운 경우다.

이제 18권역은 산복사나무, 산사나무 등의 나무가 씨앗을 내줄 정도로 우거졌다. 처음 시작할 당시에는 식재 금지 수종이 아니어서 심은 소나무도 볼 수 있다. 사업소에서 보이는 곳인 데다 비어 있어서 사업소에서 나무를 심어 달라고 여러 차례 요청한 곳이기도 하다. 우리가 활동하는 현장 사무실을 중심으로 하늘공원에서 가장 먼 곳이어서 자주 가지는 않지만 월드컵경기장이나 평화의공원 쪽에서 올려다보면 흐뭇하다.

제18권역에 심은 나무 40종 총 3077그루

갈참나무, 고욤나무, 곰솔, 꾸지나무, 꾸지뽕나무, 노각나무, 느티나무, 닥나무, 단풍나무, 덜꿩나무, 뜰보리수, 마가목, 목련, 무궁화,

> 물푸레나무, 박태기나무, 백당나무, 복자기, 뽕나무, 사철나무,
> 산딸나무, 산복사나무, 산사나무, 산수유, 산철쭉, 상수리나무, 소나무,
> 영산홍, 왕벚나무, 이팝나무, 자두나무, 자작나무, 졸참나무, 철쭉,
> 층층나무, 팥배나무, 함박꽃나무, 헛개나무, 화살나무, 회양목

숲을 만들다

이곳은 특별한 곳이다. 일반적인 나무 심기를 생각하며 온 사람은 우선 나무를 심어야 하는 곳이 비탈이라는 점에 놀라고, 비탈이 흙이 아닌 건축 폐기물과 일반 쓰레기로 덮여 있다는 사실에 놀라며, 나무 심을 구덩이 하나 파는 데만도 온 힘을 다해야 한다는 사실에 놀란다. 이렇듯 장소가 특별하다 보니 나무를 심는 본 행사만큼이나 식재 전후의 준비와 갈무리가 중요하다. 특히 식재 후 봉사자들이 심은 나무를 한 그루씩 확인하며 제대로 심고, 물집을 다시 만들어 물을 듬뿍 주는 갈무리는 봉사자들이 애써 심은 나무의 생존율을 높일 수 있는 소중한 기회다.

사람들이 쓰레기산 사면에 내려가 나무를 심으려면 비탈을 오르내릴 수 있는 밧줄을 잘 매어 둘 필요가 있다. 함께하는 사람들이 다치지 않도록 거센 풀을 정리하고 건축 폐기물에 붙은 철근도 잘라 내면서 안전하게 다닐 길도 낸다. 삽, 곡괭이, 물뿌리개를 사면 곳곳에 가져다 두

고 심은 나무에 줄 물도 충분히 채워 둔다. 그렇게 여러 날 열심히 나무 심기 준비를 해 두어도 활동 초기에는 아무도 나무 심을 곳으로 내려가지 않았다. 사면이 시작되는 상부 평지에 삼삼오오 모여 삽자루만 만지작만지작하며 쓰레기가 드러난 사면을 내려다볼 뿐이었다.

안되겠다 싶어 나무 심을 장소를 표시하고 버려진 나무 막대와 폐현수막으로 깃대를 만들어 나무 심을 자리마다 꽂아 두었다. 나무를 어떻게 심어야 하는지 경험도 지식도 없었던 우리는 나무 심을 자리를 표시해 주어야 할 것 같은 생각을 했다. 조금 엉뚱해 보이지만 깃대를 꽂아 '이곳이 당신의 자리입니다, 이곳이 당신의 나무가 있을 자리입니다'라며 초대했다. 깃대 때문은 아니지만 시간이 흐르며 한 명 두 명 쓰레기 산비탈로 내려와 나무를 심기 시작했다. 찾아오는 이들의 발길이 늘며 갈수록 깃대를 꽂을 필요가 없어졌다. 처음 오는 사람들도 예전처럼 낯설어하지 않았다. 주저하면서도 밧줄을 잡고 비탈로 내려가 나무를 심었다. 마치 이제까지 다녀간 사람들과 나무의 마음이 모든 곳에 깃들어 괜찮다고 용기를 주고 있는 것 같았다. 너무 고마웠다.

특별한 이 땅에서 숲을 만들려면 나무를 '잘' 심고 '잘' 돌보아야 한다. 무언가를 잘 한다고 평가하는 기준은 사람마다 다르겠지만 우리는 씨앗부터 키우는 마음에 담은 뜻을 기억하려 노력한다. 과정을 소홀히 하지 않고 차근차근 정성을 다하고 있는지, 필요한 일을 외면하지 않고 내가 할 수 있는 최선을 다하고 있는지, 그것이 우리에게 가장 어려운 일이기 때문이다.

나무를 심고 돌보는 도구들

나무를 심고 돌본다는 말에는 다양한 활동이 포함되어 있다. 활동의 성격에 따라 사용하는 도구가 다르고, 도구를 잘 사용하면 활동에 큰 도움이 된다.

막삽 둥근삽   **각삽**

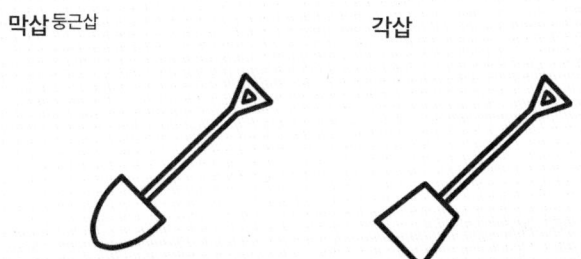

나무 심기에 기본적으로 필요한 연장이며, 주로 봉사자들이 쓴다. 씨앗부터 숲이 될 나무를 키우는 나무자람터에서도 삽은 기본 연장이다. 나무를 심고 돌보는 모든 활동에 쓸 수 있는 기본 삽인 막삽둥근삽과 삽날이 사각형이고 바닥 면이 평평한 각삽도 쓴다. 수량이 많고 여러 곳에서 자주 쓰는 삽은 현장에 두는 것이 편하다. 우리는 나무를 심고 관리해야 하는 장소의 길목에 보관함을 두어 삽을 보관하고 있다. 삽을 눕혀서 100여 자루 넣을 수 있는 크기라면 삽 외에도 여러 물품을 보관할 수 있어 도움이 된다. 바닥이 깨져 빗물을 받을 수 없는 600리터 물통도 보관함으로 활용한다.

보관함이 없거나 보관함까지 삽을 나르기 힘든 경우, 비닐 부대 두장을 이용해 현장에 보관한다. 다 쓴 상토·비료 부대를 재활용하면 삽을 열 자루 정도 넣을 수 있다. 삽 열 자루를 부대에 넣은 다음 또 하나의 비닐 부대를 씌워 한쪽을 높인 후 비스듬히 두면 빗물이 들어가지 않게 잘 보관할 수 있다. 이때 삽을 넣은 부대가 아래쪽으로 가게 하고 부대 입구는 위에서 덮어씌우는 부대 안쪽으로 넣어야 빗물이 들어가지 않는다. 비를 맞고 방치된 삽은 자루가 쉬이 삭고 날에 녹이 슬기 때문에 주의해야 한다. 나무자람터같이 1년 내내 작업하는 곳에는 여러 사람이 편히 오갈 수 있는 양지바른 곳에 비를 가려 주는 삽걸이를 설치해 두면 좋다. 우리는 버린 목재와 건축 폐기물에서 떼어 낸 철근을 재활용해서 만들었다.

갈퀴

묘상 작업에서 낙엽을 펴거나 표면의 흙을 고를 때 사용한다.

삽괭이

땅을 평평하게 고르고, 통로의 풀을 정리하거나, 삽 대신 땅을 팔 때도 사용한다.

호미

묘상 김매기는 주변 식물을 다치지 않게 하려고 손으로 한다. 그러나 손으로 하기 어렵거나 흙 만지는 것을 어색해하는 봉사자들은 호미를 쓰기도 한다.

쇠스랑 세발쇠스랑, 네발쇠스랑

나무자람터 묘상의 흙을 일구거나 낙엽을 펼 때 쓰는데 반드시 필요한 연장은 아니다.

예취기

나무를 심을 곳의 풀을 정리할 때 사용한다. 나무자람터에서는 수시로 사용하는 기계다. 예취기는 우선 가벼운 제품을 선택하는 것이 좋다. 아무리 간단한 작업이라도 안전 장비를 완벽하게 착용한다. 안전 장비는 안면 가리개, 무릎 보호대, 보호 장갑, 앞치마 등이다. 앞치마도 꼭 착용해서 가슴과 하체 전체를 보호한다. 예취기 작업은 안전에 각별히 신경 쓰면서 충분한 거리를 두고 작업해야 하며, 연료와 수리 도구를 휴대하기 편한 가방이나 주머니에 넣어 가지고 다닌다. 연료로 쓰는 휘발유는 늘 화재 위험에 주의해야 하고, 격리된 장소의 서늘하고 튼튼한 보관함에 넣어 둔다. 기계를 보호하고 출력을 유지하기 위해서는 휘발유 대 희석 오일을 20:1 비율로 잘 지켜야 한다. 금속제 예취기 날은 휘면 망치로 펴고 날이 닳으면 그라인더로 갈아서 쓴다. 작업 대상이 부드러운 풀일 때 혹은 안전을 확보하기 위해 플라스틱 끈 날을 많이 쓰는데 미세 플라스틱이 만만치 않게 발생한다는 점도 기억해야 한다.

톱 수작업 접이식 톱, 엔진톱, 전기톱

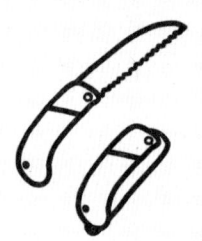

봉사자뿐 아니라 활동가에게도 톱은 유용한 도구다. 활동가의 경우·수작업 톱과 엔진톱, 전기톱을 주로 쓴다. 전기톱은 전기가 들어오는 곳에서만 쓸 수 있어서 사용이 제한적이다. 수작업 톱은 작업 가방에 들어가는 접이식 작은 톱이 유용하다. 톱질에 흥미를 느끼는 자원봉사자가 많지만 의외로 잘하지 못한다. 톱은 당길 때 잘리기 때문에 서서히 밀고 당겨야 하는데 이때 몸의 힘을 실어야 한다. 팔만 왔다 갔다 하지 않고 상체를 팔, 톱과 함께 움직이면서 톱날에 힘을 모아야 한다. 밀 때는 힘을 뺀다. 서양 톱은 반대로 밀 때 힘을 실어 주어야 한다. 엔진톱은 숙련자 외에는 사용하지 않는다. 톱날에 심각한 상처를 입을 수 있다. 엔진톱날은 예취기 날과는 달리 고가이기 때문에 자주 구입하지 않고 날이 닳아 없어질 때까지 연마해서 쓴다.

물뿌리개

노을공원은 물이 부족하기도 하지만 물이 있는 곳과 제법 떨어져 있기 때문에 식재할 때 물뿌리개가 필수품이다. 다양한 소재와 모양의 물뿌리개가 있지만 현재 우리가 쓰는 물뿌리개는 모두 플라스틱 제품이다. 용량이 크고 가벼우며 비용면에서도 부담이 적기 때문이다. 하지만 비탈지고 쓰레기가 드러나 있는 거친 현장에서 이리저리 부딪히며 사용하다 보면 쉽게 망가지기도 한다.

물리적 충격 외에 물뿌리개를 쉬이 상하게 하는 것은 햇빛이다. 물뿌리개는 플라스틱 제품인 만큼 최대한 오랫동안 잘 사용해야 한다. 5~10개씩 묶어서 보관하면 나무 심기 봉사활동을 할 때 필요한 수량을 파악하기도 쉽고 옮기기도 쉽다. 야외에 보관할 때는 그늘막으로 덮어서 햇빛을 막아 준다. 1 × 1.2미터 정도 크기의 폐현수막 자루를 이용하면 끈으로 묶지 않아도 되고 그늘막을 쓰지 않아도 되기 때문에 편리하다. 물뿌리개는 어린이 참여자를 생각해 소형과 대형을 갖추었지만 모두 작은 것으로 준비하는 것이 좋은 것 같다. 큰 물뿌리개는 때로는 어른에게도 부담스러운 무게일 때가 있고 보관하기도 작은 것이 더 편하기 때문이다.

낫 조선낫, 왜낫

낫은 식재를 한 후 풀을 관리하는 데 쓴다. 톱과 함께 커다란 묘목을 캘 때, 굵은 뿌리를 자를 때도 사용한다. 조선낫과 왜낫이 있는데 조선낫은 낫자루가 비교적 길고 날이 두껍고 무거운 편이다. 굵직한 나뭇가지를 자르는 데는 조선낫이 좋지만 무겁고 둔탁해서 자원봉사자들이 풀을 정리할 때는 적합하지 않다. 왜낫은 날과 자루가 얇아 풀을 정리할 때 적합하다. 자원봉사자들과 칡, 환삼덩굴, 가시박 같은 덩굴식물, 어른 키보다 더 큰 단풍잎돼지풀 같은 풀을 정리할 때는 보통 크기의 왜낫보다 날과 자루가 더 좁고 짧은 왜낫이 더 가볍고 안전해서 좋다. 낫은 삽과는 달리 반드시 보관함에 둔다. 우리는 빈 상토 부대 등을 활용해 낫 종류별로 10개씩 넣어 보관함에 보관한다. 풀 관리 등 봉사자들이 낫을 써야 할 경우, 비닐 부대에 다섯 개 정도의 낫을 넣어 필요한 양을 미리 준비해 두고, 낫 작업에 쓸 가죽 장갑도 함께 준비한다. 오리엔테이션 때 활동가가 시범을 보이며 낫을 안전하게 사용하는 법과 유의 사항을 설명하되, 현장에 도착할 때까지 봉사자들이 각자 낫을 가지고 가는 일이 없도록 한다.

흙을 보태다

쓰레기가 드러나 있다는 것은 공원을 만들 때 쓰레기 위에 덮은 흙이 사라져 간다는 뜻이기도 하다. 부족한 흙 속에 나무를 심다 보면 이렇게 나무를 심는 건 아닌 것 같다는 생각이 든다. 하지만 어떻게 해야 부족한 흙을 보탤지 처음에는 도무지 엄두가 나지 않았다. 나무를 심으며 좋은 흙을 한 자루씩 보태 주는 방법도 시도해 보았지만 흙을 안고 사면을 오르내리는 어려움과 비용 등을 고려할 때 당시로서는 우리가 계속할 수 있는 방법은 아니었다.

폐현수막과 버려진 1회용 컵, 그리고 플라스틱 육묘 포트까지, 숲이 될 나무를 씨앗부터 키우기 위해 각종 시행착오를 거치면서 쓰레기 산에 도토리를 직접 심을 수 있는 방법을 찾고자 노력했다. 그러던 중 알게 된 것이 씨앗폭탄과 시드뱅크. 씨앗을 넣어 만든 흙공을 누구도 돌보지 않는 도심의 버려진 땅이나 훼손된 땅에 던져 그곳에 식물이 자라게 하는 씨앗폭탄은 해 보고 싶다는 봉사자의 요청으로 알게 되었다. 조사해 보니 사람들이 흥미를 가질 만한 활동이라는 생각이 들었다. 씨앗을 직접 심을 수 있고 흙과 함께 씨앗을 던진다는 점도 흙이 부족한 이곳에 어떤 효과를 가져올지 궁금하고 기대가 되었다. 씨앗은 도토리를 쓰기로 하고 흙은 황토와 찰흙을 구입했다. 씨앗폭탄은 씨앗을 넣은 흙공을 던져 두는 것으로 마무리되지만 우리는 어느 정도 효과가 있는지 꾸준히 살펴보기로 했다. 던진 씨앗이 떨어진 자리를 표시하고 싹이 트고 있는지, 자리를 잡는 데 어려움은 없는지 살폈다. 너무 힘들어 보이면 돌보기도 했다. 하지만 경과를 살펴볼수록 드러난 건축 폐기물과 억센 풀은 작은 씨앗공으로 극복하기에 쉽지 않은 상대라는 것을 알게 되었다.

씨앗폭탄과 함께 알게 된 또 하나의 방법은 시드뱅크다. 종자 은행이라는 뜻도 있지만 우리가 하는 시드뱅크는 자연 분해되는 황마씨 마대에 씨앗과 흙을 담아 필요한 곳에 나무를 심듯 깔아 주는 활동이다. 나무자람터를 거치지 않고 쓰레기산에 직접 도토리를 심을 수 있는 방법을 찾고 있었기 때문에 관심이 갔다. 2014년에 모아 둔 약 200킬로그램의 도토리로 2015년 봄, 사업소와 함께 하늘공원 두 곳에 시범 지역을 정하고 시드뱅크를 시작했다. 2016년부터는 일반 시민 봉사자들도 참여했다. 2015년과 2016년에는 의도적으로 건축 폐기물과 쓰레기가 심하게 드러난 곳에 시드뱅크를 설치했다. 40×60센티미터의 황마씨 마대에 흙을 담으면 대략 15킬로그램 전후의 흙이 들어간다. 흙이 담겨 있고 황마씨 마대 자체에 풀씨도 들어 있으니 도토리가 어느 정도 자랄 수 있을 것이고, 그렇게 되면 좀처럼 나무가 자라지 못하는 곳에 도움이 되지 않을까 기대했기 때문이었다. 그중 일부는 어느 정도 싹이 나고 자라기도 했다. 하지만 흙이 부족해 아래로 뿌리를 뻗지 못한 어린나무는 그 이상 살아남지 못했다. 운 좋게 흙을 찾아 뿌리를 내려도 강한 햇빛에 마르거나 주변 큰 풀에 덮여 사라져 갔다. 그래도 흙 자루를 깔면 그 무게로 땅을 독점하는 풀의 성장을 늦출 수 있다는 점, 흙이 쓸려 내려가지 않게 보탤 수 있다는 점에서는 효과가 있는 듯했다. 그래서 방법을 달리해 계속해 보기로 했다.

시드뱅크를 활용해 씨앗부터 숲이 될 나무를 키워 보겠다는 계획이

2017년 서울시 '생물이 찾아오는 마을 만들기' 공모 사업에 뽑혔다. 그 덕에 전과 조금 다른 방식의 시드뱅크를 시도해 볼 수 있었다. 숲 만들기가 이미 진행되고 있는 곳 중 노을공원 북동사면에 있는 한 곳을 시범 지역으로 정했다. 사면과 사면 사이에 있는 평평한 소단에 흙을 부어 봉사자들과 일종의 숲속 나무자람터를 만들었다. 흙이 사면 아래로 쏟아져 내리지 않도록 황마씨 마대에 외부에서 들여온 흙을 넣어 둑을 쌓아 무너짐 방지턱도 만들었다. 필요한 흙을 사면에 듬뿍 보탤 수 있고 숲 자리마다 현장 나무자람터를 운용할 수 있다는 것이 이점이지만 흙이 사면 아래로 흘러내릴 수도 있다는 사업소의 우려를 고려해서 지금은 하지 않고 있다.

2018년과 2019년에는 일반 공원 방문객이 출입할 수 없는 노을공원 남사면과 북사면의 중간 순환길 약 3킬로미터에 걸쳐 가로수를 심듯 시드뱅크를 길옆으로 깔아 주었다. 뿌리를 내릴 수 있는 흙도 있고, 큰 나무가 있어 빛과 그늘이 조화를 이루고, '위해식물' 피해도 적어 도토리가 자라기 좋은 곳이었다. 실제로 대부분이 싹을 틔웠다. 다만 중간 순환길 옆이다 보니 공원을 관리하는 분들의 예초 작업으로 싹이 튼 어린나무가 잘리거나 공원을 정리하며 생긴 낙엽, 나뭇가지, 풀 등을 대량으로 쏟아부어 나무가 묻히는 일이 잦아 더 이상 하지 않기로 했다. 그래서 2020년부터는 한 걸음 더 숲속으로 들어가는 시드뱅크를 시작했다. 쓰러진 아까시나무 옆이나 숲 틈에 설치하고 나무가 자라기 어려운 지역인 경우 전면적으로 넓게 깔아 주는 방식이다.

지금까지 경험으로 볼 때 시드뱅크가 씨앗부터 키워서 숲을 만드는 하나의 방법이 되려면 어린나무를 대하듯 대해야 한다. 우선 나무를 심듯 최소한 뿌리를 뻗을 수 있을 만큼은 흙이 있는 곳에 깔아 주는 것이 좋다. 2016년 가스가 새어 나오거나 쓰레기가 많이 드러나 흙이 거의 없는 곳에 시드뱅크를 깔아 보았지만 싹은 나와도 더 이상 자라지 못하고 대부분 사라졌다. 바탕이 되는 땅의 힘이 없기 때문인 것 같았다. 지나치게 척박한 곳은 그 구역 전체를 덮듯 넓게 깔고 한 동안 어린나무를 돌보듯 풀을 정리하며 돌보는 것이 도움이 된다. 그렇게 나무를 심고 돌보듯 시드뱅크를 깔면서부터 시드뱅크는 씨앗부터 키워서 숲을 만드는 또 하나의 유용한 방법이 되었다. 시드뱅크를 '또 다른 나무 심기 시드뱅크'라고 부르는 이유다.

흙과 씨앗을 만지는 시드뱅크 활동은 아이들이 좋아한다. 부모와 아이들이 서로 도와야 하기 때문에 가족이 하기 좋은 활동이다. 시드뱅크를 위해 흙을 쌓아 두면 부모와 함께 봉사활동을 하러 온 아이들은 무언가에 이끌리듯 흙이 쌓인 곳에 모인다. 누가 알려 주지 않았는데도 자연스럽게 모여 스스로 놀이를 시작하고 서로 도우며 친해지곤 한다. 쌓아 둔 흙에는 아이들만 모이지 않는다. 어느 순간부터 풀이 자라고 새와 곤충들이 찾아온다. 그 모습을 보면 풀도 자라기 어려울 것 같던 난지도 쓰레기 매립지에 아까시나무와 풀들이 자생하기 시작했다는 이야기가 떠오른다. 쌓아 둔 흙만으로도 즐거운 아이들과 동식물을 보고 있으면 노을공원 상부에 있는 드넓은 잔디밭 한쪽에도 흙을 쌓아 보면 어떨까 엉뚱한 상상을 하게 된다.

골프장의 흔적인 노을공원 잔디밭은 모두에게 열린 자유로운 공간이다. 하지만 동시에 이곳은 개발을 원하는 이에게는 개발하기에 좋은 빈 땅이고 잔디가 아닌 다른 식물에게는 들어가 살 수 없는 닫힌 땅이기도 하다. '잔디밭답다'고 여기는 잔디밭을 유지하기 위해 잔디 이외의 풀을 정리하는 모습을 보면 자연이라는 가면을 쓴 인공적인 공간이 잔디밭일 수도 있겠다는 생각이 들 때도 있다. 잔디만으로 노을공원 상부를 유지해야 하는 특별한 이유가 없다면 버드나무숲과 습지, 덤불 등이 있어 사람이 많이 가지 않는 잔디밭 한쪽에라도 자그맣게 흙을 쌓아 자연과 아이들에게 맡기면 어떨까 상상해 본다. 자연스럽게 생명이 들고 나며 모습을 바꾸어 갈 그곳에서 아이들과 씨앗부터 키우듯 소박한 생태 이야기를 펼치는 상상도 해 본다.

'또 다른 나무 심기 시드뱅크' 덕에 나무자람터에서 하는 육묘 과정을 거치지 않고 필요한 곳에 씨앗을 직접 심을 수 있게 되었다. 그뿐만 아니라 이 땅에 부족한 흙을 쉽게 쓸려 내려가지 않는 방식으로 보태 줄 수도 있게 되었다. 시드뱅크는 이곳의 비탈진 지형 특성상 사람의 손으로 이루어진다. 한 자루씩 만들고 쌓아 가는 더딘 걸음으로 정말 이 땅에 도움이 될까 생각했던 적도 있었다. 하지만 이제는 그 한 사람, 그 한 자루의 힘이 결코 무시할 수 없는 힘이라는 것을 우리도 배워 가고 있다. '또 다른 나무 심기 시드뱅크'는 누군가의 어려움을 외면하지 않고 필요한 일에서 고개 돌리지 않는다면 내가 할 수 있는 범위를 넘어서는 듯 보이는 문제라도 내가 할 수 있는 길이 열린다는 생각을 하게 해 준 소중한 경험이다.

부족한 흙을 어떻게 보태야 할지 막막했던 우리지만 이제는 건설 현장에서 나오는 흙 중 식물을 키우는 데 쓸 수 있는 좋은 흙을 구할 수 있게 되었다. 사업소의 우려도 있고 그 의견을 존중하며 함께 방법을 모색하고 싶은 생각도 있기 때문에 일단 중단한 상태지만 흙을 보태 주는 것이 이 땅에 도움이 된다면 언제고 다시 흙을 받아 쓰레기가 드러난 곳에 흙을 보태 주고 싶다. 그리고 필요한 곳마다 숲속 작은 나무자람터를 만들어 숲이 될 나무, 건강한 숲에 필요한 나무를 씨앗부터 키워 보고 싶다. 우리가 흙을 보탤 수 있는 곳은 넓은 쓰레기산의 극히 일부겠지만 그렇게라도 흙이 부족한 이 땅에 흙을 보태며 나무를 심을 수 있다면 좋겠다. 그렇게 흙이 부족한 쓰레기산에서 살아가야 할 나무를 조금이라도 도울 수 있다면 좋겠다.

시드뱅크 Seed Bank

시드뱅크는 종자은행이라는 뜻으로 널리 쓰이지만 씨앗이 든 흙자루로 쌓은 둑이라는 뜻으로도 쓰인다. 홍수 때 무너진 둑을 시드뱅크 방식으로 쌓으면 풀이 자라서 튼튼해진다. 붕괴 염려가 있는 비탈에 시드뱅크를 설치하면 풀이 자라면서 안정화된다. 우리는 쓰레기산에 좋은 흙을 보태면서 나무 대신 나무 씨앗을 심는다. 흙자루는 자연 소재인 황마로 만든 식생 마대를 쓴다. 40x60센티미터 크기이고 안감으로 댄 종이 속에 풀씨가 들어 있다. 수입품이어서 양잔디 종류가 들어 있다. 그래서 우리는 토종 풀씨로 맞춤 주문한다. 가격이 수입품의 세 배 정도

비싸고 대량 구입이 조건이지만 그렇게 하고 있다. 최근에는 커피 원두를 담았던 황마 100퍼센트 마대를 시드뱅크용으로 재활용하는 방법을 시도 중이다.

풀씨를 같이 넣어 쓰는 이유는 쓰레기산은 흙이 건조해 나무 씨앗이 싹을 틔우기 힘들고, 싹을 틔웠어도 살아남기 힘들어 풀과 같이 자라게 하는 것이 유리하기 때문이다. 씨앗은 주로 도토리를 쓴다. 습한 땅에는 가래나무 씨앗도 쓰는데 건조한 장소에서는 물을 댈 수 있어야 자란다. 하늘공원 북사면 한 곳의 '동물물그릇' 물굽이 주변에서 가래 시드뱅크가 성공했다.

'또 다른 나무 심기 시드뱅크'는 흙과 나무 씨앗을 손으로 만질 수 있고 나무를 씨앗부터 키운다는 의미에서 어린이 가족 참여 숲 만들기 활동으로 적합하다. 활동 초기에는 시행착오를 많이 겪었다. 대량의 시드뱅크를 노을공원 남사면 넓은 장소에 많은 사람이 힘들여 깔았지만 실패했다. 건축 폐기물로 덮인 곳이라 흙자루에서 도토리가 싹을 틔웠어도 너무 척박해 살아남기 힘들었다. 초기에 도토리를 너댓 개씩만 넣은 것도 이런 척박한 조건에서는 부족한 양이었다.

시드뱅크는 나무를 심을 수 있을 정도의 지반에 습기를 품을 수 있는 곳에 설치해야 한다. 도토리는 두세 움큼씩 20~30개는 넣어야 한다. 발아율이 떨어지는 5~6월에는 서너 움큼씩 30-40개는 넣어야 한다. 냉장고 보관과 같은 특별한 방법이 아니고 건조 적재 방식으로 보관한 도토리라면 7~8월은 쉬었다가 햇 도토리가 나오는 9월에 다시 시작하는 것이 좋다. 땅이 어는 시기와 한여름을 제외하면 언제고 가능한 셈이다.

도토리 시드뱅크는 나무를 심을 수 있는 곳 외에도 아까시나무 숲 틈이나 나무가 쓰러진 곳 등 숲의 천이가 예상되거나 천이가 필요한 곳에도 유리하다. 관리하기 어려운 곳에는 넓게 깔고 자연에 맡기는 것이 좋다.

시드뱅크 방법

① 황마씨 마대, 흙, 삽, 도토리를 준비한다.

② 황마씨 마대에 흙을 1/3 넣는다.

③ 도토리를 한 주먹 흙 위에 흩뿌리듯 넣는다.

④
다시 마대에 흙을 1/3 넣는다

⑤
다시 도토리를 한 주먹 흙 위에 흩뿌리듯 넣는다.

⑥
흙을 황마씨 마대가 가득 차도록 넣는다

⑦
마대에 달린 끈을 잡아당겨 흙이 새지 않게 꽉 묶는다.

⑧
흙과 씨앗을 담고 잘 묶은 황마씨 마대를 안고 시드뱅크를 깔아 줄 곳으로 가서 주둥이가 옆으로 가게 눕혀 놓는다.

시드뱅크는 서너 줄 설치한다. 이때 마대와 마대 사이에 틈이 생기지 않도록 마대와 마대가 어느 정도 겹치게 설치한다.

모두 설치한 후에 적당히 발로 밟아 평평하게 해 준다.

숲 이야기: 제39권역

나무를 심고 돌보기가 어려운 곳에 전면적으로 시드뱅크를 깔아 만든 숲이 39권역에 있다. 노을공원 가양대교 방향 모퉁이 중간 순환 길 아래 사면 1300제곱미터 지역인 39권역은 2019년 4월 20일 한 등산용품 판매 회사에서 나무를 심기 시작해 2020년까지 연인원 316명이 참여했다. 이곳은 가양대교와 난지습지원, 고양시 덕은지구가 바로 아래로 내려다보이는 열린 장소라 햇볕이 따스해서 좋지만 바람을 많이 타는 곳이라 땅이 심하게 건조하다. 게다가 붕괴 방지 플라스틱 구조물을 깐 부분도 있어서 나무를 심기도 어렵고 생존율이 많이 떨어진다. 그래서 일부 장소는 아예 도토리 시드뱅크로 피복해 보았다. 노동력과 소재가 많이 들어가기는 했지만 효과를 보았다. 많은 도토리가 싹을 틔웠다. 그리고 무성한 단풍잎돼지풀 그늘 속에서 어린 참나무가 고사하지 않고 나름 잘 자리 잡았다.

모두 없애려 애쓰는 단풍잎돼지풀을 여기서는 그냥 놔둔다. 억센 뿌리가 허약한 땅을 잡아 주고 무성한 가지와 잎들이 땅의 건조를 막아서 시드뱅크에서 움튼 도토리 싹의 보호막이 되어 주기 때문이다. 일손도 부족한데 잘된 일이다. 이곳에서 나무를 심은 기업은 대부분 1회성으로 다녀갔다. 그런데 회계 법인 한 곳에서는 가을에도 나무를 심었고, 이후 3년 팬데믹 기간 동안 꼬박 '집씨통'으로 '씨앗부터 키워서 1002遷移숲 만들기' 활동을 이어 갔다.

39권역 아래쪽에는 '동물물그릇'이 있고 위쪽에는 대형 빗물통이 있다. 순환길 모퉁이는 대형 트럭도 돌아갈 수 있을 정도로 넓어서 수백 명이 모일 수 있다 보니 행사 시작 장소로 적합해 수백 개의 의자가 쌓여 있고, 물품 보관함도 준비되어 있다. 그리고 나무자람터처럼 시드뱅크용 흙동산이 있어서 언제고 시드뱅크를 만들 수 있다.

제37권역에 심은 나무 16종 총 555그루

갈참나무, 개암나무, 꽃사과나무, 노각나무, 돌배나무, 마가목,

> 매실나무, 무화과나무, 물푸레나무, 병꽃나무, 뜰보리수, 산딸나무,
> 자작나무, 쥐똥나무, 팥배나무, 헛개나무

숲 이야기: 제35권역

　　시드뱅크로 노을공원 북사면 중간 순환길을 참나무길로 만드는 시도를 한 곳은 35권역이다. 노을공원 북사면 중간 순환길 양끝 철문에서 100여 미터 들어간 순환길 길가와 그 아래 띠 모양의 사면 8000제곱미터 지역이다. 2019년 1월 1일 기준 북사면 중간 순환길 길가에 설치된 도토리 시드뱅크와 다른 권역에 속하지 않은 숲 만들기 장소 두 곳을 포함해 현재까지 이곳에 461명이 나무를 심고 도토리 시드뱅크를 설치했다. 노을공원 남·북사면, 하늘공원 남사면에는 중간 순환길을 따라 긴 띠 모양의 참나무숲을 만들자는 뜻으로 동시에 시작했다. 노을공원에는 2019년 이전 남북 중간 순환길 3킬로미터 구간 가로수보다는 한 발짝 아래 지점에 다량의 도토리 시드뱅크를 설치했다. 식생 마대와 도토리를 많이 쓰고 수많은 자원봉사자가 애써 주었지만 성과는 미미했다. 풀 관리가 어려웠고, 공원관리반과 소통이 잘 안되어 식생 폐기물에 덮이거나 예취기에 잘리기도 했고, 메마른 토질도 한몫했기 때문이다. 그런데 시드뱅크 사이로 띄엄띄엄 심었던 갈참나무 묘목은 꽤

살아남았다. 이 점에 착안해 얼마 전부터는 노을공원 가양사면을 시작으로 길가에 상수리나무 묘목을 심고 있다. 내년부터는 기왕이면 굴참나무 묘목을 심었으면 좋겠다. 아직 공원에 한 그루도 없는 굴참나무는 척박한 곳에서 잘 자란다고 하며, 수피가 특이해서 호감이 간다.

제35권역에 심은 나무 19종 총 361그루, 도토리 시드뱅크 749자루

개암나무, 고로쇠나무, 골담초, 노각나무, 단풍나무, 두릅나무, 마가목, 목련, 무화과나무, 물푸레나무, 밤나무, 병꽃나무, 복자기, 산딸나무, 산수유, 상수리나무, 팥꽃나무, 팥배나무, 헛개나무

숲 이야기: 제36권역

36권역은 노을공원 남사면 중간 순환길 북쪽 철문에서 50여 미터, 남쪽 철문에서 150여 미터 들어간 곳의 길가와 그 아래 띠 모양의 사면 1만7000제곱미터 지역이다. 2019년 1월 1일 기준, 길가와 그 길가와 이어진 사면에 시드뱅크를 까는 활동에 559명이 참여했다. 노을공원 남북사면 중간 순환길 아래쪽 길가를 따라 띠 모양의 참나무숲을 만들기 위해 나무자람터에 도토리를 파종해 참나무 묘목을 키우고 있는데, 이곳에도 가능한 굴참나무를 심고자 한다. 7~8년 전 노을공원 북사면

중간순환길 길가 몇몇 곳에 도토리와 마사토를 섞어서 만든 묘판이 이제는 높이 4~5미터의 작은 참나무밭이 되었다. 상수리나무가 빽빽하지만 앞서거니 뒤서거니 경쟁하면서 잘 자라고 있다. 이런 모습으로 10리쯤 되는 참나무숲길을 만들어 보려고 한다.

제36권역에 심은 나무 2종 총 2301그루, 도토리 시드뱅크 2267자루
갈참나무, 꾸지나무

풀과 살다

쓰레기산에서 숲을 꿈꾸며 피할 수 없는 또 하나의 어려움은 역시 '위해식물'이라 부르는 풀과 사람이 심은 나무의 공존을 중재하는 일이다. 이 땅의 경우 쓰레기 매립지에 먼저 풀이 살고 있었고 뒤늦게 인간이 들어와 나무를 심으며 어려움이 생긴 것이니, 중재라는 말보다 풀에게 양해를 구한다는 표현이 더 적절할지도 모르겠다. 생태계 균형이 깨진 땅이기 때문에 겪는 이 일은 풀을 정리하는 어려움이나 나무가 살기 힘들다는 어려움만은 아니다. 우리에게 '위해식물' 문제는 생명은 모두 존엄하며 우리는 함께 행복할 수 있다는 지식을 어떻게 하면 현장에서 삶으로 풀어낼 것인가 하는 문제이기도 했다. 그래서 많은 것이 부족한 우리에게는 정말 쉽지 않은 문제이기도 하다. 나름의 고민을 거쳐 풀과

나무가 함께 살 방법을 찾아가는 중이지만 늘 생각에 생각을 거듭하게 되는 일 중 하나다. 그런 우리에게 '또 다른 나무 심기 시드뱅크'는 풀과 함께 살아갈 또 하나의 길을 열어 주었다.

2015년 하늘공원에 시범 지역을 정할 때 비교를 위해 두 곳을 정했다. 한 곳은 공원에서 관리하는 방식 그대로 풀을 깨끗이 정리한 후 도토리 시드뱅크를 깔고 이후에도 정기적으로 풀을 정리했다. 또 다른 곳은 풀을 그대로 둔 상태에서 시드뱅크를 깔고 이후에도 거의 손대지 않고 지켜보기로 했다. 2015년은 가뭄이 심해 씩씩하다는 '위해식물'마저 피해를 입은 해였다. 그런 심한 가뭄을 겪고 도토리가 살아남은 곳은 풀을 그대로 두고 시드뱅크를 깔아 준 곳이었다. 초심자의 행운처럼 우연으로 거둔 결과일 수도 있다. 하지만 양분이 될 흙이 어느 정도 확보되고, 흙자루의 무게로 '위해식물'의 성장을 늦출 수 있었으며, 흙주머니 주변 큰 풀이 만들어 준 그늘 덕에 강한 햇빛에도 수분을 보존한 것도 영향이 있어 보였다. 물론 이렇게 살아남은 어린 참나무들도 진짜 바탕이 되어 줄 기반 흙이 부족한 탓에 어느 정도 이상 자라지 못하고 사라졌지만 시드뱅크가 풀과 나무가 함께 살 방법이 될 수도 있겠다는 생각을 하게 했던 시도였다.

아무리 '위해식물'이라 해도 지나치게 깨끗하게 풀을 정리하는 것은 적어도 흙과 물이 부족하고 쓰레기가 드러난 이 땅에서는 도움이 되지 않는 듯 느껴질 때가 많다. 각자 마주한 조건이 다르기 때문에 하나의 답을 도출할 수는 없다고 생각하지만, 적어도 이 땅의 경우 풀을 제거하듯 말끔하게 정리하는 것은 존재에 대한 존중을 논하기 전에 실효성도 적어 보인다. 우리가 보기에 조건이 열악한 이곳에서 '위해식물'은 사면의 부족한 흙을 잡아 주고, 습기를 보존해 주며, 강한 빛을 가려 줄 뿐 아니라, 대부분 1년생이기 때문에 가을이면 스러져 자연으로 돌아간다. 그렇기 때문에 비록 품이 많이 들더라도 어린나무를 잘 돌보며 몇 해 잘 넘기면 나무 스스로 풀과 함께 살아갈 힘을 갖추게 되는 경우가 많다.

    과정을 소홀히 하지 않으며 나무를 잘 심기 위해 최대한 풀과 함께 사는 방법을 찾으려 노력 중이다. 존재의 귀함에 차등은 없다 여기기 때문이다. 그래서 풀을 정리할 때도 어린나무를 풀 속에서 꺼내 준다는 느낌으로 최소한의 풀만 걷어 준다. 걷어 낸 풀도 한곳에 모아 쓰레기로 버리지 않고 걷어 낸 그 자리, 자신이 덮어 빛을 가렸던 어린나무 아래 놓아 자연으로 돌아갈 수 있게 한다. 그리고 시드뱅크를 깔아 풀의 성장을 늦추면서 나무가 자랄 공간을 마련한다. 작은 공동체를 여러 개 만들 듯 시드뱅크를 깔아 주기도 하고, 풀이 지나치게 억세고 독점이 심하거나 땅 자체가 척박한 곳에는 구역 전체를 시드뱅크로 덮어 준다. 지금까지 살펴본 바로는 대략 2년 전후로 황마씨 마대는 흔적을 찾기 어려울 만큼 해체된다. 그리고 그 기간에 자루 안의 씨앗도 어느 정도 자리를 잡아 풀과 함께 살아가는 모습을 확인할 수 있다. 물론 시드뱅크를 전면적으로 넓게 깔아 준 후에도 심은 나무를 돌보듯 풀을 정리하며 싹을 틔운 어린나무를 돌본다. 하지만 흙 자루를 덮지 않은 곳에 심은 나무를 풀에서 꺼내 주는 것에 비하면 드는 품은 훨씬 적다.

    풀과 나무의 공존에 관한 또 하나의 고민은 가지치기다. 시민들과 숲 만들기를 하는 쓰레기 매립지 사면은 경제림을 조성할 만한 장소는 아니라고 생각한다. 그런 곳에서 공원에서 하고 있는 일반적인 가지치기와 나무 정리가 정말 도움이 되는지 잘 모르겠다. 시민들과 나무를 심고 숲을 만드는 곳의 관리는 우리가 하겠으니 그대로 두어 달라고 사업소에 부탁하지만 관리 인력이 수시로 바뀌는 특성상 사람이 바뀌면 다시 가지들이 잘리고 때로는 나무마저 잘려 나간다. 나무 한 그루 심기도 어렵고 살리기는 더 어려운 땅이지만 도구를 들고 나무를 베고 가지를 자르는 것은 순간이다. 자르는 까닭을 물으면 정리를 해야 보기에 좋고 덩굴식물도 타고 오르지 못해 잘 자란다고 한다. 하지만 우리가 지켜본 상황은 다르다. 가지가 잘려 그늘이 없으면 덩굴식물은 더 왕성해지고 가지가 없기 때문에 더 거침없이 나무를 타고 오른다. 오히려 나뭇가지를 그대로 둔 나무가 덩굴식물 피해가 적은 편이다. 그늘이 생겨 덩굴식물이 살기 어려워지고 나뭇가지가 일종의 장애물이 되어 타고 오르는 길이 막히기 때문이다. '보기 좋다'는 것도 주관적인 판단 기준이라는 생각이 든다.

공원에는 자생 구기자나무와 찔레꽃 같은 식물이 있다. '위해식물'의 하나인 가시박처럼 전면을 독점하고 퍼져 나간다. 그 속에서 나무를 심고 돌보려면 '위해식물' 관리 못지않게 어려움이 크다. 하지만 이들은 '위해식물'로 분류되어 있지 않다. 꿀벌이 사라지고 있다고 한다. 그래서 우리도 밀원식물을 심는다. 공원에서 볼 수 있는 꿀벌이 많이 모이는 식물 중 하나가 가시박이다. 겨울철에는 수많은 작은 새가 먹이를 얻기 위해 단풍잎돼지풀을 찾는다. 이들은 모두 '위해식물'로 분류되어 있다. 구기자나무와 찔레꽃이 독식한 땅은 그대로 두어도 괜찮은 것일까, 아니면 '위해식물'을 대하듯 어느 정도 정리하고 다른 종의 나무를 심어 주는 것이 좋을까. 꿀벌을 불러모으는 가시박과 먹을 것이 부족한 겨울에 새들에게 먹이를 제공하는 단풍잎돼지풀을 '위해식물'이라고 불러도 괜찮을까, 아니면 '때로는 괜찮은 위해식물'로 불러야 할까. 기준을 어디에 두고 바라보는가에 따라 평가가 달라지는 건 식물뿐 아니라 사람도 마찬가지일 것이다. 추운 겨울 귀한 먹이를 구하러 단풍잎돼지풀을 찾은 새들을 보면 내 기준만 들이대며 누군가를 좋다 나쁘다 판단하는 내가 보여 피식 웃음이 난다.

바닥이 드러날 정도로 풀을 베어 내고 나무의 가지를 자르는 일은 끊임없이 인간의 손을 필요로 하는 대상을 만들어 낸다는 생각이 든다. 그럴 목적으로 만든 곳이라면 모를까 쓰레기가 드러나 흙 한 줌, 풀 한 포기, 나무 한 그루가 귀한 쓰레기 매립지 사면에서도 그렇게 해야 하는지 잘 모르겠다. 베어 내는 것은 풀과 나뭇가지지만 그 때문에 멀어지는 크고 작은 곤충과 동물, 미생물과 무생물을 생각하면 그것이 인간에게도 '보기 좋다' 할 수 있는지 의문이다. 늘 같은 나뭇가지에 앉아 일하는 동안 벗이 되어 주던 새가 어느 날 가지가 잘려 앉을 곳을 잃었다. 제자리를 찾으려는 듯, 작별 인사를 하려는 듯, 빙글빙글 한참 동안 나무 위를 돌다 멀리 날아가던 모습이 잊히지 않는다.

가을이면 한 생을 마치고 자연으로 돌아가는 풀을 보면 기세등등하던 '위해식물'도 결국 삶이 삶으로 이어지는 자연의 한 부분이라는 생각이 든다. 그 모습에는 고마움이 있을 뿐 어디에도 해로움은 없다. 지금은 다른 식물이 들어갈 수 없게 하는 듯 보이는 풀이지만 달리 보면 쓰레기산이 되어 아무도 살 수 없던 시기를 살며 다른 생명이 들어올 수 있도록 터를 닦아 준 고마운 존재이기도 하다. 그런 그들에게 이제 와 인간이 생태계 회복을 말하며 자리를 내 달라 하는 것이 미안하게 느껴질 때도 있다. 생태계 회복이 필요한 상황이 만들어지고 '위해식물'로 분류된 특정 풀들이 왕성하게 살아갈 환경이 만들어지는데 인간도 적지 않은 역할을 했기 때문이다. 그 고마움과 미안함을 잊지 않기 위해서라도 '위해식물' 문제를 근본적으로 해결할 건강한 생태계를 위해 더 노력해야겠다. 그렇게 난지도의 생태계를 훼손했던 인간의 힘을 회복과 살림의 힘으로 쓸 수 있다면 좋겠다.

노고시모의 숲 돌보기

우리의 풀 관리는 1년에 두 번 정도만 해도 많이 한 것이다. 일손 부족으로 풀이 가장 왕성하게 자라는 여름은 손을 대지 못하고 한겨울에야 나무를 내리누르고 있는 마른 덩굴을 걷어 줄 때도 있다. 우리가 숲을 만들고 숲을 돌보는 방식은 시기와 일감을 정해 두고 계획적으로 하는 방식이라기보다 여러 상황과 필요에 맞추어 강약을 조절하는 방식에 더 가깝다. 다행히 숲 만드는 방식이 한 장소에서 최소 3년 이상 나무 심기를 지속하는 방식이다 보니 나무를 심으러 갈 때마다 물을 주고 풀을 정리하는 돌봄 역시 같이 할 수 있다. 우리는 숲 자리마다 사방에 빗물통과 물뿌리개를 둔다. 누구든 언제든 나무에 물을 줄 수 있게 하고 싶어서 준비해 두었으나 아직은 손이 모자라 나무를 심을 때나 열어 쓰는 게 현실이다. 어느 해에는 가뭄에 심은 나무가 거의 다 죽은 적도 있다. 하지만 그렇게 풀섶에서 무사히 해를 넘긴 작은 나무들은 이듬해 성큼 자라 있기도 하다.

나무 심기가 이루어지는 3년간은 나무를 심을 때마다 숲 돌봄이 이루어진다. 이후에는 1년에 두어 번씩 풀 관리를 하며 5년 차까지 돌본다. 숲 만들기를 시작하고 5년 정도 지난 후에는 1년에 한 번씩 풀을 정리하며 돌본다. 그렇게 대략 10년이 지나면 제법 숲의 모습을 갖추고 큰 어려움 없이 스스로 자란다. 잘 돌보지 못하는 경우가 많은데도 이렇게 만들어지는 숲을 볼 때면 결론처럼 혼자 중얼거리게 된다. 숲 만드는 일에 사람이 한 일은 1퍼센트 이하, 99퍼센트 이상은 자연이 한다고.

노고시모의 풀 정리

공원은 봄부터 늦가을까지 풀 베는 기계 소리가 요란하다. '잡초 제거', '위해식물 제거', '풀과의 전쟁'과 같은 말을 들으면 여러 의문이 든다. 풀을 없애면 풀 벌레는 어디로 가나? 흙이 마르는 것은 어쩌나? 베어 내고 뽑아 낸 풀 때문에 흙 속에서는 어떤 일이 일어날까? 풀의 이로운 역할은 없을까?

우리 역시 풀을 정리한다. 어쩌다 풀이 먼저 사는 곳에 들어가 나무를 심는 일을 하다 보니 풀에게 양해를 구하며 나무 심을 자리의 풀을 정리한다. 그래서 고민 끝에 풀 뽑기, 풀 베기, 풀 제거 같은 말 대신 풀 정리라 하고, 풀을 정리하는 방법도 뿌리째 뽑거나 약을 쳐서 뿌리까지 소멸시키지 않고 그곳에서 풀과 함께 살아야 하는 어린나무가 완전히 풀에 덮이지만 않도록 햇빛을 볼 수 있도록 풀을 걷어 주는 정도에서 그친다. 풀 속에서 나무를 꺼내 준다는 느낌이다. 풀도 나무도 누구나 똑같이 소중한 생명이니 서로 조금씩 양보하고 배려하며 같이 자라 달라는 뜻이다. 그래서 풀 정리는 어린나무가 스스로 풀과 함께 살 수 있을 때까지만 한다. 사람마다 방식에 차이가 있겠지만 가능한 한 풀과 나무가 함께하는 쪽으로 관리되면 좋겠다는 생각이다. 세상의 모든 존재는 제각각 자기 역할을 가지고 태어났을 것 같기 때문이다.

실제로 모든 풀이 나무를 죽이지는 않는다. 어린나무가 덩굴식물에 덮여 질식할 정도가 되면 곤란하지만 단풍잎돼지풀은 때로 기둥 역할을 하며 어린나무를 지켜 주고, 가시박도 시원한 그늘막이 되어 강한 햇빛에 나무가 상하지 않도록 지켜 주는 경우가 많다. 한여름 억센 풀들이 만든 그늘 아래서 어린 참나무가 연하지만 싱싱한 잎을 달고 잘 살아 있는 것을 보면 나무에게도 풀에게도 다 같이 고맙다. 풀이 없었다면 어린 참나무는 가뭄과 뙤약볕에서 살아남기 힘들었을 것이다.

낫을 쓰는 일이기도 하고 봉사자가 가장 적은 7~8월에 해야 하는 일이기도 해서 풀을 정리하는 일은 주로 활동가가 한다. 일손이 너무 부족할 때는 인부를 고용하거나 숲 관리 회사에 의뢰하기도 하는데, 비탈지고 워낙 험한 조건인 탓에 모두 이곳에 오기를 꺼린다. 풀을 정리하는 방식도 우리와 달라 풀도 나무도 많이 다치다 보니 우리 역시 의뢰할 때마다 고민이 많다. 어디에 어떤 나무들을 심었는지 잘 알고 있고, 풀을 제거하는 것이 아니라 풀 속에서 나무를 꺼내 주는 방식으로 나무와 풀 모두를 살린다는 단체의 풀 정리 방침을 아는 활동가가 풀을 정리하는 것이 작은 나무를 다치게 하는 일이 없고, 힘을 쓸 곳과 적당히 넘길 곳을 가릴 수 있으며, 풀도 나무도 지킬 수 있는 방법이지만 활동가 역시 모두가 풀 정리 활동을 좋아하는 것은 아니다. 무더위에 정글 같은 곳에서 각종 곤충을 마주하며 하는 활동이니 그런 것을 어려워하는 사람이라면 그 마음도 충분히 헤아려진다.

숲 만들기 봉사활동을 하고 싶다며 우리를 찾는 사람들은 나무 심는 일을 유난히 좋아하지만 정작 풀을 정리하는 일처럼 보람 있는 일도 드물다. 생명을 구할 수 있기 때문이다. 무성한 덩굴식물에 눌린 나무는 풀을 걷어 꺼내 주면 시원하게 공중으로 뻗어 오른다. 그 모습을 보면 가슴이 후련해진다. 그 기쁨은 나무 심기에 비할 수 없을 만큼 크다. 생명을 구해 준다는 뿌듯함을 느낄 수 없었다면 풀을 정리하는 일은 그저 먼지와 벌레, 퀘퀘한 쓰레기 냄새, 벌과 뱀에 대한 경계, 쏟아지는 땀, 힘겨운 낫질과 다투는 노역에 불과할 것이다. 일손이 아쉬운 시기에 모쪼록 풀 정리가 배척이 아니라 최소한의 조정과 중재이며, 나무와 풀 모두를 살릴 수 있는 활동이라는 생각으로 함께 참여하면 큰 도움이 될 것이다.

노고시모의 덩굴식물 정리

　숲을 만들면서 만나는 난감한 존재 중 하나가 덩굴식물이다. 나무를 칭칭 감아 질식시키고 쓰러뜨리는 모습을 보면 왜 스스로 곧추서서 자라지 않고 다른 나무가 살아남기 어려울 정도로 감고 살아가게 되었을까, 덩굴식물의 기원이 궁금해질 때도 있다. 물론 내게 불편을 주니 이런 엉뚱한 생각을 한 것이지만 덩굴식물도 자연이라는 바다에서 균형을 잡아주는 하나의 파도일 것이다. 그렇다면 굳이 지나치게 배척하지 말고 때로는 피하고 때로는 타고 넘어야겠다. 이곳에서는 가시박, 칡, 환삼덩굴, 메꽃 등이 대표적인 덩굴식물이다. 모두 시기를 놓치지 않고 제때 잘 정리하면 큰 어려움 없이 지나가는데, 아차 하는 순간 시기를 놓치기 일쑤다.

　가시박은 순한 거인이다. 정리하기에 어려움은 없으나 여름날에는 하루에 한 뼘은 자라다 보니 시기를 놓치면 일의 양이 눈덩이처럼 불어난다. 더구나 가을에 열매가 익으면 가시 폭탄이 되기 때문에 복장을 잘 갖추고 바람을 등지고 작업해야 한다. 환삼덩굴은 줄기가 단단하고 거센 가시투성이여서 긁힘에 주의해야 한다. 줄기 밑동을 잘라 주고, 나무줄기에 엉킨 부분은 그냥 두어도 되지만 잔가지와 잎을 숨이 조이도록 휘감은 경우는 힘들어도 떼어 준다. 메꽃은 보기에는 귀엽지만 이곳 덩굴식물 중 가장 난감한 존재다. 주로 작은 나무를 칭칭 감는데 실타래처럼 감아 올라간다. 그냥 지나치자니 마음이 켕기고 풀어 내자니 성가시다. 칡은 나무이면서도 크건 작건 다른 나무줄기를 감고 올라가서 통째로 덮는다. 큰 나무를 타고 오른 칡은 밑동만 잘라 주는 정도로 정리하고 위쪽은 그대로 둔 채 마르게 하면 된다.

    우리가 지향하는 숲 관리는 공원이나 경제림에서 관리하는 것과 달라서 가지치기, 간벌 같은 적극적인 개입은 없고 풀 정리가 많은 부분을 차지한다. 그것도 정원 가꾸듯 깨끗이 정리하는 것이 아니고 여러 식생이 공존하도록 돕는 최소한의 보살핌을 지향한다.

숲 이야기: 제42권역

    2019년 3월 3일 프랑스의 국제 나무 심기 비영리단체의 아시아 지역 담당자가 찾아왔다. '트리클'을 타고 숲 만들기가 이루어지고 있는 곳곳을 살펴본 후 숲 만들기 후원을 결정했다. 2019년부터 2021년까지 네 곳의 숲 만들기 활동을 후원했다. 그 숲은 20권역, 40권역, 42권역, 43권역에 있다. 노을공원 별누리, 파크골프장 입구로 들어가지 않고 그대로 100미터쯤 직진해 오른쪽 통신탑을 지나면 나오는 사면 3500제곱미터 지역인 42권역은 2021년 4월 7일 백수건달 선생님 한 분이 첫 나무 심기를 한 후, 같은 해 11월까지 16개 단체에서 총 295명이 참여했다. 접근성이 좋아 개인 포함 1회성 소규모 나무 심기 장소로 자주 사용되었으며, 나중에는 비대면 숲 만들기 후원으로 많은 나무를 심었다. 2019년부터 3년째 노을공원 숲 만들기 후원을 하고 있는 프랑스 비영리단체의 세 번째 숲 만들기와 한 비영리재단의 기업 지정 기탁 숲 만들기 장소로 정하고 가을까지 약속한 나무를 심었다. 팬데믹 시기라 자원봉사자 활동도 적었고 활동가만으로는 일손이 달려 숲 만들기 전문 외부 인력을 불렀다. 쓰레기산 나무 심기는 전문 회사 사람들도 힘들어하고 기피한다. 그래서 그런지 심은 나무를 일일이 확인해 보니 많은 나무를 다시 심어야 했다.

물건을 제대로 만들고 일을 제대로 하는 것은 매우 중요하다. 그것은 세상과 나, 동시에 나 자신과의 약속이기 때문이다. 별것 아닌 것 같아도 그 모든 것이 모여 나를 이루고 세상을 이룬다. 42권역은 두 개의 장소가 아령 모양으로 연결되었고, 두 개의 대형 빗물통이 있으며, 노을공원 파크골프장 외곽 도로와 북사면 중간 순환길 양쪽에서 접근할 수 있다. 월드컵공원에서 가장 큰 음나무가 위쪽에 웅장하게 서 있다. 쓰레기산에서 음나무가 이렇게 성장했다니 놀랍다. 나무들의 성장을 지켜보면서 앞으로 2년 정도는 보완 식재가 필요할 듯하다.

제42권역에 심은 나무 37종 총 7698그루

가래나무, 가시오갈피나무, 개암나무, 고로쇠나무, 귀룽나무, 노각나무, 느티나무, 단풍나무, 때죽나무, 마가목, 모과나무, 물푸레나무,

> 밤나무, 병꽃나무, 복자기, 뽕나무, 산겨릅나무, 산딸나무, 산벚나무,
> 산초나무, 상수리나무, 쉬나무, 신나무, 오갈피나무, 오리나무, 음나무,
> 일본매자나무, 자귀나무, 졸참나무, 쥐똥나무, 참싸리, 팥배나무,
> 함박꽃나무, 헛개나무, 황매화, 회화나무, 흰말채나무

동물이 마실 물그릇을 준비하다

처음 쓰레기산에서 좌충우돌 고군분투하던 때 우연히 작은 새가 눈에 들어왔다. 흙도 물도 없는 이 땅에서 어떻게 살아갈까 싶은 마음에 작은 대야에 물을 담아 두었다. 도움이 되면 좋겠지만 사실 크게 기대하지는 않았다. 어느 날 물을 담아 둔 작은 대야를 중심으로 새 여러 마리가 모여 있는 모습과 마주했다. 새들의 언어를 알아듣는 능력은 없지만 왠지 편안하고 기분 좋게 쉬고 있는 듯 느껴졌다. 제법 오랫동안 물이 담긴 대야 주변에 모여 있는 새들을 보며 이곳에도 생명이 살고 있구나 하는 생각이 들었다. 문득 어쩌면 당연한 일인데 우리가 미처 알아차리지 못했던 건 아닐까 의문이 들었다. 내 눈에 보이지 않아도 생명은 곳곳에 깃들여 있다. 다만 눈에 보이는 망가진 모습에 마음을 빼앗겨 어쩌면 마주하기도 했을 이 땅의 생명들을 마음에 담지 못했는지도 모른다. 공원 사면에 드러난 쓰레기를 보며 보이는 것이 전부가 아

님을 배웠다고 생각했건만, 여전히 내가 아는 작은 창으로만 세상을 보고 있다는 사실을 깨달았다.

눈으로 보고 나서야 동물의 존재를 자각한 우리는 우선 그들이 물을 마실 수 있게 해 주어야겠다고 생각했다. 이곳은 물이 부족하기 때문이다. 숲을 만드는 곳에 놓아 둔 '고래통'이라 부르는 600리터짜리 대형 물통을 활용하기로 했다. 이제까지 나무에 물을 주고 닫아 놓았던 물통 뚜껑을 열어 동물도 그 물을 마실 수 있도록 했다. 하지만 생각하지도 못한 결과와 마주해야 했다. 물 마시러 들어간 고양이와 까치가 물에 빠져 죽은 것이다. 조금 더 상대의 입장에서 헤아렸어야 했는데 그렇게 하지 않았던 우리의 실수였다. 서둘러 숲을 돌며 뚜껑을 닫기 시작했다. 대신 뚜껑을 뒤집어 덮고 뒤집힌 뚜껑의 오목하게 들어간 부분에 물을 채웠다.

뒤집어 덮은 뚜껑에 담긴 물은 안전했으나 물 공급이 어려웠고 새와 고양이 외에는 이용하기 어려웠다. 그때까지만 해도 고라니나 너구리 같은 동물을 마주한 적은 없었지만 고래통 뚜껑에 담은 물을 마시고 몸을 씻는 새와 작은 동물을 마주할 때마다 심는 나무의 종류부터 숲을 이루는 방법까지, 조금 더 다양한 존재를 염두에 두고 숲을 만들어야겠다는 생각이 들었다. 원래 동물이 없는 곳이 아니라 살 수 없게 되어 사라진 곳이라는 것을 기억해야 했다.

꿀벌을 위해 밀원식물을 찾아 심었다. 동물에게 먹이가 될 수 있을 만한 나무를 심고 곤충들의 서식처가 된다는 나무를 찾아 심었다. 시민들과 나무를 심고 숲을 만드는 곳만이라도 가지치기를 하거나 쓰러진 나무를 깨끗이 치우지 않고 그대로 두어 그곳에서 버섯을 비롯한 미생물이 살 수 있도록 했다. 그리고 동물이 물을 마실 수 있는 '물그릇'을 숲 자리마다 제대로 만들어 보기로 했다.

목마른 사람에게 물을 건넬 때 그릇에 담아 건네듯 '동물물그릇'이라는 표현으로 동물에게도 대접하듯 물을 건네고 싶다는 마음을 담았다. 바닥에 물이 고이도록 흙을 다지는 것이 어려운 곳이기 때문에 얕고 넓은 300~500리터 크기의 고무 통을 땅에 묻어 이용한다. 동물들이 빠지지 않도록 깊이가 되도록 낮은 것이 좋다. 물그릇 바닥에는 푹신할 정도로 흙을 채우고 네 귀퉁이를 제외한 중간 부분에 흙과 돌로 높낮이 차를 만들며, 부들·갈대·택사·창포·미나리 같은 수초를 심는다. '동물물그릇'은 기본적으로 사면 중간 순환길 아래쪽에 만든다. 중간 순환길 매립 가스 배관 아래로 깔아 둔 빗물급수관의 빗물을 자연낙차 에너지로 쓰기 위함이다.

지금까지 하늘공원 남사면에 네 곳, 노을공원 남북 사면과 가양사면에 열 곳, 나무자람터에 한 곳을 마련했다. 비가 오면 빗물이 조금이라도 길이 되어 또 다른 생명에 닿을 수 있도록 '동물물그릇' 주변에는 물길과 물굽이를 만들고, 가래나무같이 물을 좋아하는 나무의 씨앗과 어린나무를 심는다. 처음에는 '동물물그릇'에 물이 마르지 않도록 채워 주는 일과 겨울에 물이 어는 것이 걱정이었다. 하지만 빗물을 연결한 후로 물이 마를까 걱정하지 않아도 되었고, 관찰 카메라로 얼음을 핥아 먹거나 쪼아 먹는 동물들을 본 뒤로는 겨울에 물이 얼어도 괜찮다는 것을 알게 되었다. 오랫동안 비가 오지 않아 가뭄이 심해져도 빗물과 공원의 급수 시설 모두 선택할 수 있게 빗물급수관을 연결해 둔 덕에 물그릇의 물이 완전히 빌 염려도 줄어들었다.

누가 찾아줄까 궁금해 '동물물그릇' 주변에 관찰 카메라를 설치한 적이 있다. 모든 물그릇에 고라니와 너구리는 꼭 등장한다. 꿩을 비롯한 다양한 새들은 물론이고 고양이도 찾아온다. 이른 봄에는 '동물물그릇'의 수초가 고라니의 좋은 먹이가 된다.

이곳에서는 의외로 고라니가 제법 눈에 띈다. 매립지 사면과 상부 덤불이 있는 곳 중에는 고라니의 호텔이라 불러도 될 만한 장소가 여럿 있다. 그것을 알기 때문에 풀을 깨끗하게 베어 내고 가지치기를 하는 공원의 관리 방식이 더 마음에 걸린다. 최근에도 사업소 관리반 분들이 시민과 함께 만든 숲 조성지의 잣나무 가지와 덤불 바닥을 깨끗이 정리해 그곳의 고라니 은신처가 훼손된 적이 있다. 몰랐기 때문에 그렇게 한 것이겠지만 내 눈에 보이지 않아도 다양한 생명이 산다는 것을 조금 더 깊이 생각할 수 있으면 좋겠다.

이곳에서 대표적인 보호종으로 지키고 있는 것 중 하나가 맹꽁이다. 서식처도 잘 보호하고 있고 맹꽁이가 보호종이라는 홍보도 비교적 잘되고 있다. 공원을 찾는 사람들이 가장 많이 묻는 동물도 맹꽁이다. 하지만 보호해야 하는 동물이 맹꽁이만 있는 것은 아니다. 이곳에 고라니가 살고 있다는 이야기를 하면 나무를 심으러 온 봉사자들조차 위험한 동물, 해로운 동물이라는 표현을 쓴다. 아마 사람과 부딪히거나 농작물 피해를 입힌다는 뉴스로 고라니를 접하기 때문이 아닐까 싶다. 하지만 고라니도 우리나라에 개체 수가 많을 뿐 국제적으로는 멸종 위기

종이라고 한다. 고라니가 경작지를 훼손하고 농작물에 피해를 입히는 이유도 인간의 영역이 넓어지면서 고라니 같은 야생동물의 영역이 줄어든 것과 무관하지 않다. 그런 점을 고려할 때 인간이 고라니에게 나쁘다 말할 수 있는 건지 의문이다. 농사 피해가 많은 곳에서는 일단 나름의 조치를 취해야겠지만 그렇다고 고라니를 함부로 대하거나 해로운 동물이라 하는 건 아니라는 생각이 든다. 이곳처럼 사람이 입는 피해가 적은 곳에서는 적정 개체 수를 유지하면서 그들이 살 수 있도록 하는 것이 좋지 않을까.

마음이 쓰이는 일은 또 있다. 우선 사람들이 공원에 버리는 반려동물이다. 몇 해 전부터 공원 주변 마을에 재개발이 시작되면서 떠나는 이들이 두고 간 개들이 유기견이 되어 그 무리에 의한 고라니 피해가 심했다. 공원 안에 큰 건물이 들어서면서 유리벽에 새들이 부딪혀 죽는 사례도 종종 있다.

난초와 지초芝草가 많은 난지도는 꽃이 많아 꽃섬·중초도로도 불렸고, 철새들이 가장 먼저 오는 땅이라 하여 문도門島라고도 불렀다고 한다. 그렇게 아름다웠던 난지도는 쓰레기 매립지가 되면서 별칭도 파리·먼지·악취가 많다는 삼다도로 바뀌었다고 한다. 쓰레기 매립이 끝나고 공원이 된 후에도 여전히 이 땅은 사람이 우선이라는 느낌이 들 때가 있다. '깨끗하게 정리한다'는 말로 동물들의 서식처가 사라지고 식물들은 잘린다. 사람의 필요를 채우기 위해 만든 건물 유리벽에 새들이 부딪히고 있지만 조류 충돌 방지 장치는 아직 설치되지 않고 있다. 이곳에 들어선 체육 시설, 주차장, 매점, 음식점, 캠핑장 같은 시설도 환경친화적으로 만들기 위해 노력하고는 있겠지만, 아직은 자연을 누리고 싶다는 인간의 바람에 더 비중을 두고 있는 것 같다. 인간의 형편에 따라 키우다 버리는 동식물, 인간이 소중하다 여기는 것에 피해를 입히면 나쁜 존재가 되어 버리는 동식물, 인간의 권리를 위해 자신의 권리는 뒤로 밀리는 동식물이 주어가 되면 그들은 인간에게 어떤 말을 하고 싶을까. 봄이 오면 고기 굽는 연기, 자동차와 쓰레기가 늘기 시작하는 공원에서 숲이 될 나무를 돌보다 보면 여전히 쓰레기산인 이 땅에서 자연을 누리고 싶다는 인간의 바람을 말하기에는 조금 이른 것이 아닐까 생각하게 된다. 자연을 누리는 것이 나쁜 일은 아니지만 내가 누리려면 너도 누리게 해 주어야 하지 않을까.

전체를 있는 그대로 볼 수 없는 인간은 너의 마음을 헤아려 보려 노력해도 내 생각이 미치는 범위를 벗어나기가 쉽지 않고, 너의 눈으로 세상을 보려 노력해도 내 눈이 닿는 범위를 벗어나기가 쉽지 않다. 내 인식의 틀을 벗어나기 어렵다면 전체를 볼 수 없다는 사실이라도 바르게 기억하고 세상을 보아야 하는데, 그마저도 쉽지 않아 보인다. 자기 중심성에 빠진 내 모습은 헤아리지 못하고 너의 모자람만 지적하는 인간의 무감각함이 육지와 바다를 넘어 우주에까지 쓰레기산을 만들고, 나 이외의 존재를 배제할 수 있는 무모함을 가능하게 하는지도 모른다. 내가 선택한 생각과 말, 행위가 참으로 무엇을 의미하는지 바르고 세심하게 알아차릴 수 있었다면 차마 할 수 없는 것들이 제법 많기 때문이다. 아픔을 준다는 것을 알고도 하는 사람은 많지 않다고 생각한다. 하지만 몰랐다는 말이 우리의 안녕을 지켜 주지는 않는다.

이곳은 공원이라는 이름을 가졌을 뿐 아직은 함께 관심을 기울여야 하는 쓰레기산이다. 그래서 나와 다른 다양한 의견에 귀 기울이며 주의를 기울여 모두와 함께할 방법을 찾으려 한다. 우리가 바라는 것은 너와 나를 건강하게 살리는 바른 길을 잘 찾아가는 것이지 내가 옳다고 생각한 방법을 관철시키는 것은 아니다. 여전히 너의 마음을 오롯이 헤아리지 못하지만 적어도 네가 행복하기를 바라는 마음만큼은 탁해지지 않도록 중심을 잘 잡고 싶다. 그렇게 조금씩 함께 어우러지는 숲이 되어 갈 수 있다면 좋겠다.

'동물물그릇'

난지도 100미터에 가까운 쓰레기산 노을공원 사면에는 물이 머물지 않는다. 쓰레기산 조성 당시에는 풀과 나무가 없었고, 빗물이 머물면 흙이 무너져 내릴 수 있기 때문에 지하·지상 인공 배수로를 통해 상부 평지 약 33만 제곱미터에 내리는 빗물이 남김없이 한강으로 신속하고 효과적으로 빠져나가도록 조성되었다. 하지만 20년이 지난 지금 사면에는 아까시나무 주종의 숲이 형성되었다. 그럼에도 배수 시스템은 그대로이고 당연히 물이 부족한 현실도 처음과 마찬가지다.

나무 심는 활동만이라도 펌프 시설로 끌어 올린 한강물은 쓰지 않겠다고 시작한 빗물 이용은 자연스럽게 '동물물그릇' 만들기에도 적용

되었다. 노을공원 사면은 건축 폐기물로 표면이 다져진 쓰레기산이라 흙을 다져서 물웅덩이를 만들 수 없다. 그래서 처음에는 가로·세로·깊이가 300x150x50센티미터 정도로 둥그스름하게 땅을 파고 푹신한 부직포를 깐 다음, 튼튼한 비닐을 깔고 그 위에 또 부직포를 깔아 위아래로 비닐을 보호한 후에, 돌과 흙을 넣고 수초를 심어 물을 채우는 방식으로 작은 습지를 만들어서 '동물물그릇'으로 썼다. 하지만 빠지는 물을 채우는 일이 쉽지 않았다. 식재지에 쓰는 빗물 급수관을 연결하기는 했지만 충분한 물을 공급하기 어렵고, 한강물을 펌프로 끌어 올려 난지천과 공원 식물 관리에 쓰는 QC밸브 이용도 활동 취지에 어긋나는 일이라서 선뜻 내키지 않았다.

그러다가 대형 고무통을 써 보기로 했다. 플라스틱 제품을 써야 한다는 것이 아쉬웠지만 시도해 보기로 했다. 1200x100x43센티미터 크기로 500리터가 좀 넘는 크기의 고무통을 쓰레기산 사면 소단에 묻고, 커다란 돌로 네 귀퉁이에 벽을 만들고 중앙은 비워서 흙과 잔돌을 섞어 채운다. 깊은 곳에는 억새를, 중간쯤 깊이에는 창포·부들·택사를, 표면에는 미나리 같은 수생식물을 심는다. 수생식물은 수질도 정화하고, 모양도 갖추고, 동물의 먹이도 되어 준다. 빗물 급수관은 QC밸브와도 연결되어 있어 빗물이 공급되지 않는 시기에는 종종 틀어 주지만 '동물물그릇' 자체가 고무통이어서 물이 새지 않기 때문에 물 공급이 잠시 중단되어도 완전히 마르는 일은 없다.

이렇게 300리터에서 500리터 크기의 '동물물그릇'을 노을공원과 하늘공원 이곳저곳 설치하다 보니 어느새 열다섯 곳이나 되었다. 넓은 공원 이곳 저곳에 설치해 제대로 보살피기가 쉽지 않은 정도가 되어 '동물물그릇' 활동을 소개할 때마다 조금 미안해진다. 시간이 날 때마다 '동물물그릇'을 돌아보며 보살피려 한다. 어떤 곳은 만들 때와는 달리 우거진 나무 터널 속에서 아늑한 물웅덩이가 된 곳도 있어서 놀랍고도 고맙다.

이른 봄 초식동물의 먹이가 귀할 때 '동물물그릇'의 수초 새싹은 고라니 먹이로 뜯겨 나가기 일쑤지만 그래도 여름이 되면 다시 무성해진다. 수초는 공원 상부 습지에서 채취해 수레로 실어 고무통에 넣어서 경사면 비탈을 미끄러지게 끌어내려 옮겨 심는다. '동물물그릇'으로 쓰는 고무통은 깊이가 낮을수록 작업이 수월하고 동물에게도 좋다. 하지만 용량이 충분히 크면서 바닥이 얕은 제품을 찾기가 쉽지 않다. 바닥이 깊은 물그릇에 다가온 고라니가 물그릇에 발을 넣었다가 쑥 빠지면서 놀라 두어 걸음 뒷걸음질 쳤다가 다시 조심스레 다가와서 물을 마시는 모습을 무인 카메라 촬영 장면에서 확인한 적이 있다.

'동물물그릇'을 만들고 처음에는 겨울이 걱정되었다. 물이 얼면 무용지물이 아닌가 싶어 소형 태양광 발전으로 기포기를 돌려 보기도 했으나 허사였다. 하지만 얼마 지나지 않아 기우였다는 것을 알게 되었다. 고라니가 '동물물그릇' 얼음을 핥아먹고 까치와 까마귀가 얼음을 쪼아 먹는 모습을 무인 카메라 영상으로 확인했기 때문이다.

'동물물그릇'의 물은 식물에도 이롭다. 수초로 심은 미나리가 물그릇을 벗어나 주변에 수북하게 퍼져 자란 곳도 있다. 또 하나 중요한 이로움이 있다. 넘쳐 흐르는 빗물이 아까워서 물 흐름을 따라 비탈에 도랑을 내 물굽이를 만들고 곳곳에 조그만 웅덩이를 파서 물이 고이도록 했다. 그 주변에는 습지성 나무인 가래나무 씨앗을 넣은 시드뱅크를 설치해 둑을 만들어 주었다. 3년 정도 지나니 그 가래 씨앗들이 어른 키 크기의 어엿한 나무로 성장했다. '동물물그릇'을 처음 만든 건 사람이지만 자연과 어우러져 각자 자기에게 맞는 모습으로 변해 간다. '동물물그릇'을 돌아볼 때마다 자연이 만들어 내는 조화로움에 흐뭇해진다.

'동물물그릇' 만드는 방법

①

300~500리터 물그릇동물들이
빠지지 않도록 바닥이 되도록 낮은 것,
직경 25밀리미터 급수관,
큰 돌, 작은 돌, 흙, 수초를
준비한다.

②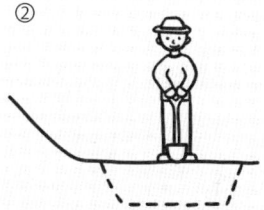

급수관이 지나는 중간 순환길
주변 숲 조성지 사면에서
동물이 다니기 편한 평평한
곳을 찾아 '동물물그릇' 만들
장소를 정한다.

③

준비한 물그릇이 완전히 묻힐 수 있도록 구덩이를 판다

④

물그릇에서 물이 한쪽 방향으로만 넘칠 수 있도록 약간 비스듬하게 물그릇을 구덩이에 넣고 주변을 단단히 다진다.

⑤

그릇 바닥에 푹신할 정도로 흙을 채운다

한 뼘 정도 두께.

⑥

물그릇 네 귀퉁이마다 각각 작은 삼각형의 물 마실 곳이 생기도록 큰 돌을 넣는다. 그렇게 해야 크고 작은 다양한 동물들이 편하게 물을 마실 수 있다.

우선 가운데 부분에
갈대 같은 뿌리를 깊이 뻗는
수초를 심는다.

크고 작은 돌과 흙을 다시
넣어 중간 높이 지점을
만든 후, 붓꽃이나 택사같이
뿌리를 중간 정도 뻗는
수초를 심는다.

다시 크고 작은 돌과 흙을
넣어 가장 높은 지점을 만든
후 미나리같이 뿌리를 얕게
뻗는 수초를 심는다.

급수관을 연결해
빗물이 흐르도록 한다.

빗물이 물그릇에서
흘러넘치는 방향으로
물길을 만든다.

물길의 굴곡마다 작은
웅덩이를 만들고
가래 같은 습지성 식물 씨앗
또는 묘목을 심어 작은
습지 생태계를 조성한다.

주변을 정리해서 동물들이
안전하고 기분 좋게
다니도록 한다.

노을공원과 하늘공원에 사는 동물들

숲 이야기: 제38권역

비가 많이 내리던 날 엄마와 딸이 수초를 심은 '동물물그릇'은 38권역에 있다. 하늘공원 남사면 중간 순환길 중앙에서 동쪽으로 100여 미터 진행해 아래쪽 사면 2100제곱미터 지역인 38권역은 2019년 식목일에 한 엔터테인먼트 회사에서 1회성으로 나무를 심었고, 같은 해 5월부터 10월까지 한 렌터카 회사에서 이웃 장소에 나무를 심다가 코로나19로 중단되었다. 두 회사에서 연인원 136명이 참여했다. 렌터카 회사가 참여한 장소에서는 노각나무를 볼 수 있다. 노각나무를 여러 곳에 심었는데 생존율이 낮다. 각각의 장소에 '동물물그릇'을 설치하고 물굽이에 가래나무 씨앗 시드뱅크를 설치했는데, 물이 충분히 공급되어 가래나무가 잘 자랐다.

먼저 시작한 장소는 구기자나무 군락지여서 더 이상 나무 심기는 하지 않기로 했고, 아래쪽 소단 '동물물그릇'을 기점으로 20여 미터 길이로 도토리 묘판을 만들었다. 금세 풀로 뒤덮였지만 시작한 일이니 잘 끝맺으려 한다. 나중에 시작한 장소의 '동물물그릇'에는 비가 많이 내리는 날 한 후원 회원 가족 모녀가 갈대·부들·택사·미나리 등 수초를 심었는데, 두 공원의 15개 '동물물그릇' 중 가장 잘 자랐다. 큰비에도 수초를 잘 심어 준 그 소녀는 어린이집 다닐 때부터 엄마와 함께 봉사활동을 하러 왔는데 곧 고등학생이 된다. 수초는 하늘공원 상부 배수로에서 채취해 수레로 옮겼다. 물그릇 옆 참나무 묘판도 결과가 좋다.

제38권역에 심은 나무 13종 총 448그루, 가래나무 시드뱅크 30자루

개암나무, 노각나무, 닥나무, 덜꿩나무, 뜰보리수, 무화과나무, 물푸레나무, 백당나무, 병꽃나무, 붉나무, 뽕나무, 산딸나무, 팥배나무

숲 이야기: 제43권역

노을공원 북사면 초입 꿀벌체험장 근처 위쪽 사면 1500제곱미터 지역인 43권역의 숲 이름은 '밀다원'이다. 2021년 10월 20일 한 청년 봉사 모임에서 처음 나무를 심었다. 같은 해 12월 초까지 12개 단체 총 169명이 참여했다. 이곳은 프랑스 비영리단체의 네 번째 숲 만들기 지정 장소이기도 해서 약속한 나무를 심었다. 바로 아래쪽 중간 순환길에 사업소가 관리하는 꿀벌체험장이 있기 때문에 밀원수를 심기로 하고 숲 이름을 '밀다원'이라 지었다. 2021년 봄에서 늦가을까지 더 심을 여지가 없을 정도로 나무를 심었으나 2022년 봄 가뭄에 고사한 나무가 꽤 있었고, 단풍잎돼지풀을 충분히 관리하지 않아서 성장이 부실했다. 중앙 소단에 만든 도토리 묘판은 단풍잎돼지풀 속에서도 잘 견뎠다. 그늘에 수분이 보존된 덕인 것 같기도 하지만 어쨌든 어린 참나무는 그늘에서 잘 견디는 듯하다. 참나무 묘판 옆에는 5톤짜리 대형 빗물통이 있다. 자원봉사모임 청년들이 커다란 빗물통을 수레에 실어 중간 순환길

로 끌고 들어와 밧줄에 매 40여 미터를 끌어 올렸다. 생각해 보면 믿기 힘든 일을 해 주었다. 해외 후원 단체와 한 약속도 지켜야 하고 근처에 벌통도 있으니 앞으로 2년쯤 다양한 밀원수를 더 심어서 본래 계획대로 밀다원을 만들 계획이다.

제43권역에 심은 나무 23종 총 1362그루

갈참나무, 개암나무, 노각나무, 단풍나무, 돌배나무, 두릅나무,

들메나무, 말채나무, 물푸레나무, 밤나무, 산딸나무, 산복사나무,

산초나무, 쉬나무, 신나무, 오갈피나무, 오리나무, 옻나무, 졸참나무,

쥐똥나무, 팥배나무, 헛개나무, 흰말채나무

빗물을 모으다

쓰레기산에서 나무를 잘 심기 위해 중요한 또 하나는 물이다. 처음에는 나무에 물을 주기 위해 난지천까지 걸어가 물뿌리개로 물을 길어 오기도 했다. 사업소와 점차 협력하면서 공원 내 물 공급 장치를 이용할 수 있게 되었다. 하지만 물을 쓸 수 있는 시기가 정해져 있고, 노후 급수관에 탈이 나서 물 공급이 중단되는 때도 있었다. 물을 쓸 수 있는 때와 나무에 물을 줘야 하는 때가 달라 급할 때는 꽤 부담이 되는 비용을 들여 물차를 불러야 했다.

아리수를 제외하고 공원에서 쓰는 물은 한강 물이다. 전기 펌프로

한강 물을 끌어 올려 난지천에 흐를 물도 채우고 공원 관리에 필요한 물로도 쓴다. 많을 때는 하루 1000톤이 넘는 물을 끌어 올린다고 한다. 공원을 만들 때 빗물이 모두 한강으로 빠져나가도록 배수 시설을 잘 만들었다. 쓰레기에 빗물이 스미면 침출수가 발생하기 때문이다. 당시에는 꼭 필요한 일이었을 것이다. 그래서 강화 필름으로 덮인 상부는 물론 사면에도 빗물 스밈 방지 시설이 잘되어 있다고 한다. 사면에 설치한 배수시설도 그물망처럼 종횡으로 연결되어 빗물이 머물기 어려운 구조다. 이렇게 배수로가 너무 잘 만들어진 나머지 노을공원 상부 약 33만 제곱미터, 하늘공원 상부 약 20만 제곱미터의 넓은 지붕에 내린 빗물은 모두 한강으로 빠져나간다. 그리고 그 물을 다시 전기로 끌어와 쓰고 있다. 비가 내리면 비가 그친 후에도 여러 날 배수로를 따라 한강으로 빠져나가는 빗물을 보게 된다. 나무에 줄 물이 없어 애가 타는 우리에게 한강으로 빠져나가는 배수로의 넘치는 빗물은 부러움과 아쉬움의 대상이었다. '저 빗물을 쓸 수 있는 방법이 없을까.'

    환경에 대한 관심이 조금씩 늘어 가면서 '친환경'이라는 말을 많이 듣는다. 나무를 심으러 왔으니 자동차 대신 걷거나 자전거를 타면 어떻겠냐고 권하면 전기자동차는 친환경이니 괜찮지 않느냐고 묻는다. 쓰레기산에서 하는 나무 심기이니 쓰레기를 만들지 않으며 해 보면 어떻겠냐고 물으면 친환경 소재, 유기농 제품, 생분해 소재와 종이테이프를 쓸 거라 걱정하지 않아도 된다는 이야기를 듣는다. 사실 잘 모르겠다. 누군가는 생분해 100퍼센트라는 말에 제법 큰 확신을 가진 듯 보이지만 누군가는 생분해는 '친환경이라는 거짓말'이라고 이야기할 만큼 서로 다른 의견이 있기 때문이다. 다만 전기 소비가 늘어나면 완전하게 위험 요소를 해결하지 못한 원자력발전소의 가동이 이어질 수 있고, 그렇게 되면 발전소 인근 주민들과 주변 환경에 어려움이 생기고, 사용 후 남은 연료 처리 문제를 다음 세대에 떠넘기게 될 수 있다는 점이 마음에 걸린다. 친환경 소재에 관해서도 생분해 제품은 생분해 조건을 갖추지 못하면 일반 쓰레기와 다름없다거나 종이테이프의 접착제 성분까지 친환경 소재는 아니라는 이야기 등 아직 무엇을 근거로 괜찮다고 할 수 있는지 알 수 없는 부분이 있다. 내가 직접 증명해 보일 수 없는 다양한 주장은 접어 둔다 하더라도 친환경 제품을 쓴다고 반드시 자원 소비와 쓰레기 발생이 줄어드는 건 아니라는 점은 사람들과 나무를 심을 때마다 생각하게 된다.

나무 심기 행사가 열리면 친환경 소재와 방식으로 만든 현수막과 안내장, 종이 충전재와 종이테이프로 마감한 종이 상자가 등장한다. 상자에는 생분해 소재나 친환경 소재로 만든 다양한 기념품과 유기농 먹을거리가 들어 있다. 그것들을 유기농 면으로 만든 에코백에 담고 전기자동차를 타고 나무를 심으러 공원으로 올라간다. 봉사활동이 끝나면 친환경과 유기농이 아닌 제품 못지않은 양의 일반 쓰레기와 음식물 쓰레기가 담긴 종이테이프가 붙은 종이 상자를 건네받는다. 환경에 아픔을 주지 않으려 신경 써서 준비한 마음을 알고 있고 그런 노력조차 하지 않는 곳이 더 많은 것도 알고 있기 때문에 고맙고 응원하고 싶은 마음이 더 크다. 하지만 무어라 표현하기 어려운 애매한 마음이 사라지지 않는다. 가끔 쓰레기가 많아 미안하다며 도로 가져가겠다고 말하는 경우가 있다. 그러나 쓰레기를 누가 치우는가는 우리에게 중요하지 않다. 이곳에서 다른 곳으로 옮겨져 내 눈에 보이지 않는다고 이미 발생한 쓰레기가 줄어들거나 사라지는 것은 아니기 때문이다. 사람들이 모두 돌아간 후 여기저기 버려진 친환경 기념품과 먹다 남긴 유기농 음식물을 정리하고, 1회용품을 쓰지 않기 위해 내놓은 다회용기에 묻은 음식물과 기름때를 친환경 수세미로 닦다 보면 친환경이란 무엇일까 생각하게 된다.

처음에는 정말 아무것도 없었다. 단체 살림이 어렵다 보니 직접 해결해야 하는 것이 많았다. 주변에 버려진 물건을 주워서 재사용하거나 재활용하는 것은 기본이고, 없으면 이것저것 꿰매고 붙여 어떻게든 만들어 내야 했다. 그런 일을 반복하면서 내 손으로 할 수 있는 것이 의외로 많다는 사실을 알게 되었고, 내 주변에 있는 것으로 해결 가능한 것들도 생각보다 많다는 사실을 알게 되었다. 무엇보다 그때까지 필요하다고 생각했던 것이 꼭 필요한 것은 아니었다는 점도 알게 되었다.

가공된 맛과 향에 익숙해지면 자연의 맛과 향을 느끼는 능력이 감소된다고 한다. 그런 이야기를 들으면 재미있고 유익하고 예쁜 것을 찾는 것도 비슷한 이유가 아닐까 하는 생각이 든다. 삶에 깃든 아름다움과 기쁨과 지혜를 볼 수 있는 눈이 흐려졌기 때문에 더 예쁘고 더 재미있고 더 유익한 것을 찾게 되고, 그것이 진짜가 아니기 때문에 채워도 채워도 자꾸 찾게 되는 것은 아닐까. 필요와 달리 편리도 어쩌면 내 능력의 일부와 맞바꾸며 얻는 것일지도 모른다. 몸을 움직일 수 있는 능력, 바른 자세로 걸을 수 있는 능력, 필요한 것을 가려낼 수 있는 눈과 만들 수 있는 능력, 서로 다른 능력을 모아 더 나은 것을 함께 만들어 낼 수 있는 능력 같은 것들 말이다. 게다가 편리는 가공된 맛과 향처럼 익숙해지면 어느 순간 마치 꼭 필요한 것처럼 여겨지게 되는 듯하다.

콸콸 소리를 내며 힘차게 흐르는 빗물을 곁에 두고도 나무에 줄 물이 없어 애를 태워야 하고 부담스러운 비용으로 물차까지 불러야 하는 상황에서 벗어나고자 빗물을 모아 보기로 했다. 2018년 7월 3일 자전거를 타고 노을공원·하늘공원 꼭대기부터 바닥까지 샅샅이 물길을 살폈다. 배수로를 따라 한강까지 내려가며 물길을 조사했다. 우선 나무자람터에서 빗물을 모아 보기로 했다. 노을공원 상부 평지에 자리한 나무자람터에서 전기를 쓰지 않고 빗물을 모으려면 지붕을 마련해야 했다. 가진 것을 최대한 활용하기로 하고 봉사자들과 내리는 빗물을 받을 지붕을 만들기 시작했다. 3톤 물통을 나무자람터 가장 높은 곳에 놓았다. 힘을 모아 쓰러진 나무로 물통 네 귀퉁이에 높이 4.5미터의 기둥 네 개를 세웠다. 그리고 폐현수막과 대나무로 가로세로 각각 5미터 크기의 '비모아틀'을 짜고 한가운데 구멍을 냈다. 그리고 물통 위에 그늘막을 치듯 '비모아틀'을 기둥에 연결한 후 물통 입구로 물이 들어갈 수 있도록 줄을 당기며 균형을 잡았다. 그렇게 설치한 '비모아틀'에 빗물이 들어가는 순간 환호성이 터졌다. '꿈꾸는 젊은이'들은 물통에 고라니를 비롯해 빗물이 필요한 동식물을 그리고 '빗물이 보물이다, 빗물로 물자립'이라는 문구를 적어 넣었다.

지금은 모두 철거했지만 2022년 초까지도 나무자람터에 있었던 지붕과 비닐이 없는 하우스 구조물도 활용하기로 했다. 2017년 사업소와 상의해 서울시 '생물이 찾아오는 마을 만들기' 공모 사업에 응모해 만들었지만 완성 후 사업소에서 시설물이 되지 않도록 지붕 부분을 철거하길 원해 기둥만 남게 되었다. 폐현수막을 이어 3.2 × 8미터, 3.8 × 8미터 두 개의 '비모아천'을 만들었다. 지붕을 덮듯 하우스 구조물 위로 경사지게 설치하고 가장자리에 물통을 놓아 빗물을 받았다. 비가 많은 때를 놓치지 않으려다 보니, 휴가도 잊고 여름 땡볕에 초코과자처럼 까맣게 탔지만 통에 빗물이 떨어질 때마다 정말 신나고 즐거웠다.

하지만 기쁨도 잠시였다. 공원에 어울리지 않고 허가 없이 시설물을 세워서는 안 된다는 사업소 요청에 따라 2018년 8월 18일 철거했다. 우리에게는 멋지게 보이지만 그들에게는 그렇게 보이지 않는 일은 이제까지 많았다. 그럴 때면 눈에 거슬려 하는 사람의 마음이 더 불편하겠다는 생각을 한다. 그래서 꼭 필요한 경우가 아니라면 요청에 응하는 편이다. '비모아천'과 '비모아틀'을 걷으며 슬프다고 하는 봉사자들에게 우리는 이렇게 말했다. "잠시 접어 두는 희망으로 보세요. 더 크게 펼칠 겁니다."

본격적으로 빗물을 모아 보기로 했다. 배수로 뚜껑을 열고 지하로 들어갔다. 다양한 규격의 급수관과 빗물 집수 기구 만들기 등 이런저런 시행착오를 거치면서 노을공원·하늘공원 상부에 있는 고도 88미터 지점에 각각 집수부를 정했다. 빗물 급수관은 고도 62미터 지점에 있는 중간 순환길을 따라 설치하기로 했다.

빗물을 쓸 수 있다는 생각에 비좁고 지저분한 배수로 안으로 들어가 무거운 급수관을 끌면서도 신이 났다. 여름 내내 작업에 몰두한 끝에 드디어 노을공원 중간 순환길 4킬로미터, 하늘공원 중간 순환길 2킬로미터를 모두 빗물 급수관으로 연결했다. 그리고 노을공원 25곳, 하늘공원 6곳에 각각 5톤짜리 물통 31개를 놓아 빗물을 채웠다. 모두 155톤의 빗물이 채워졌다. 완벽하지는 않아도 물 걱정없이 1년간 나무를 심을 수 있는 양이었다. 사면이라는 지형 특성상 자연낙차 에너지를 이용하면 되기 때문에 물을 쓰기 위해 별도의 전기에너지를 쓸 필요도 없었다. 취수부 고도가 88미터인 덕에 고도 62미터인 중간 순환길에서 고도 83미터 상부 사면까지 자연 압력만으로 물을 끌어 올릴 수도 있었다. 이론상으로 가능하니 시도해 보자며 급수관을 연결했는데, 실제로 83미터 높이에서 솟아나듯 빗물이 뿜어져 나오는 모습을 직접 확인했을 때의 기분은 정말 최고였다. 그렇게 사면 숲 만들기에 필요한 빗물은 모두 해결되었다. 남은 곳은 노을공원 상부 평지에 있는 나무자람터였다.

숲이 될 나무를 키우는 나무자람터야말로 많은 양의 물이 연중 필요한 곳이다. 사면에서 하는 '씨앗부터 키워서 100개 숲 만들기' 활동을 하면서 나무를 심을 때 못지않게 많은 물이 필요하지만 공원 상부에 있는 평지여서 자연낙차를 이용할 수 없는 곳이기도 했다. 전기를 쓰지 않으려면 독립형 태양광 자가발전 시설이 필요했다. 사업소에 상의하니 긍정적인 답을 주었다. 대규모 공사가 아닌, 씨앗부터 나무를 키우듯 우리 손으로 소박하게 만들어 보고 싶었다. 전문가와 상의한 결과 5킬로와트 독립형 태양광발전 시설이면 충분하다는 결론이 나왔다. 마침 숲 만들기에 참여해 오던 기업 한 곳에서 숲 만들기 후원금으로 태양광발전 시설도 후원해 주겠다고 했다.

　숲을 만들기 위해서는 나무뿐 아니라 씨앗, 빗물, 흙, 자재, 사람 등 모든 분야에 골고루 마음을 써야 한다. 하지만 그때까지 거의 대부분의 후원처가 나무 구입비 이외의 비용은 숲 만들기 후원금으로 생각하지 않는 경향이 컸다. 그래서 어떤 곳은 조경회사에 직접 자신들이 심을 나무 값만 지불하고 참여했다. 자신들이 구입한 나무를 이 땅에 심었으니 후원을 한 것이라는 생각은 틀리지 않다. 무엇보다 후원을 해야만 숲 만들기에 참여할 수 있는 것도 아니다. 적어도 우리의 경우는 그렇다. 이제까지 우리는 후원금의 유무나 금액에 상관없이 원하는 누구든 오게 했다. 하지만 후원 여부나 규모와 무관하게 나무 구입비를 내는 것만 숲 만들기 후원이라는 생각에는 동의하지 않는다. 숲은 나무만으로 이루어지는 것이 아니기 때문이다. 그들과 함께 나무를 심기 위해 준비한 이들의 노력, 나무를 심기 위해 필요한 흙, 빗물, 각종 도구와 자재, 나무를 심고 난 후에도 나무가 숲으로 나아갈 수 있도록 오랫동안 기울이는 돌봄과 뭇 존재의 협력 등도 숲을 만들기 위해 필요한 요소다. 하지만 이제까지 자기 숲의 나무 심기만 숲 만들기로 보는 경우가 더 많았기 때문에 자기 숲도 아닌 모두를 위한 나무가 자라는 나무자람터의 빗물 활용을 위해 태양광발전 시설을 후원한다는 건 매우 이례적이고 우리에게는 고무적인 후원 방식이었다.

　나무자람터에서 빗물을 활용하기 위한 태양광발전 시설 설치를 안건으로 삼아 단체 임원 회의와 회원 총회를 거쳤다. 시간은 걸렸지만 모든 일이 순조롭게 진행되는 듯했다. 드디어 설계도를 받고 시작하려

하자 사업소가 반대 의견을 냈다. 함께 해 보기로 하고 진행한 일이었는데 규정에 어긋난다고 했다. 나름의 이유가 있을 거라 생각해 멈추었다. 물론 사업소에도 할 수 있게 돕자는 의견을 가진 이들이 있다는 것을 안다. 하지만 옳다 그르다 맞서야 할 만큼의 일이 아니라고 생각했다. 그리고 그렇게 맞서면서까지 누가 옳은지 증명하고 싶은 마음도 없었다. 옳다고 생각하는 것과 옳은 것은 다르고 우리도 예외는 아니다. 촌각을 다툴 만큼 시급한 일은 아니니 흐름을 따르며 때를 기다리기로 했다.

 서울시가 관할하는 공원 내에서 활동하는 우리는 현장에 나와 있는 사업소와 협력한다. 관과 민간의 협력은 불가능하지 않다고 생각한다. 하지만 우리가 부족한 탓인지 평탄하지도 않았다. 이런저런 시도가 시작부터 막히거나 진행하기로 했던 일이 중단되는 일은 종종 있다. 시각이 다르니 어떤 의미에서는 당연한 일일 것이다. 다만 그런 일을 마주하면 단체 초기 우리와 협력하던 담당 부서 공무원들과 만난 것이 얼마나 큰 행운이었는지 실감하게 된다. 나무 심을 곳을 정하는 일상적인 일부터 나무자람터가 자리 잡고 시민들과 숲을 만드는 일을 활성화하는 일까지 시원시원하게 도움을 주던 분들이었다. 새로운 일을 마주할 때도 내가 옳다고 생각하는 것, 나에게 익숙하고 내가 선호하는 것을 내려놓고 그것이 정말 숲을 이루는 모두에게 이로운 일인지 우선 생각하려는 모습을 보여 주던 분들이다. 문제가 있을 때는 찬반을 떠나 더 나은 해결을 위해 함께 길을 모색하는 소위 '관료벽'이 없는 분들이었다. 그랬기 때문에 일의 허용 여부를 떠나 무엇이든 함께 논의할 수 있고 함께 생각하면 더 나은 길을 찾을 수 있다는 믿음이 있었다. 협력 대상이 누구든 협력이 모두를 이롭게 하려면 내 기준을 내려놓고 '어떻게 하면 내가 너에게 도움이 될 수 있을까'를 먼저 생각해야 하는지도 모른다. 도움받으려는 마음이 모인 것과 서로 도우려는 마음이 모인 것은 결이 다른 힘을 발휘하기 때문이다.

 빗물로도 충분하다는 것, 어렵지 않게 빗물을 모을 수 있다는 것을 보여 주고 싶었다. 우리도 처음에는 어떻게 하면 빗물을 필요한 곳으로 끌어올지 막막했기 때문이다. 덩치 큰 관료사회가 움직이는 것이 어렵다는 사실을 충분히 이해하기 때문에 비전문가인 몇몇 시민의 힘으로도 할 수 있다는 걸 가능성의 근거로 쓸 수 있게 현실로 보여 주고 싶었다. 그것이 시민 참여 활동을 하는 우리가 관을 도울 방법 중 하나라고 생각했다. 쓰레기 매립지에서 공원이 된 이곳에서 더 이상 전기로 한강 물을 끌어 쓰지 않고 빗물로 물 자립을 한다면, 더 나아가 그 일을 시민 참여로 해 나간다면 그만큼 시민과 환경을 생각하는 공원으로 나아갈 수 있지 않을까. 그렇게 조금씩이라도 내 곁에 있지만 놓치고 있는 소중한 자원을 알아차릴 기회를 함께 만들어 가면 좋겠다고 생각했다. 필요라는 이름으로 가려진 편리나 자기만족 욕구, 익숙함에서 벗어나야 진짜 너와 나를 살리는 친환경을 지향할 수 있기 때문이다.

 숲을 만들고 숲이 될 나무를 씨앗부터 키우는 일을 모두 빗물로 해 보고 싶었다. 그렇게 쓰레기산인 이곳에서 시민의 힘으로 온전한 자연의 순환이 되살아나면 좋겠다고 생각했다. 하지만 자연낙차 에너지를 쓸 수 있는 사면과 달리 평지인 나무자람터에서 빗물을 사용한다는 것은 여러 면에서 쉽지 않았다. 그래도 우리는 빗물로 씨앗을 키워 숲을 만들고 싶다는 꿈을 포기하고 싶지 않다. 언젠가 길이 열릴지도 모른다는 희망으로 우선 사면에 놓은 155톤의 빗물통을 채우며 나무를 심고 숲을 만들고 있다. 그리고 어떻게 하면 상부 평지인 나무자람터에서도 빗물을 쓸 수 있을지 끊임없이 궁리한다.

    2022년 7월 나무자람터에서 '집씨통' 목공터에 있는 몽골텐트 안을 정리하고 있었다. 몹시도 무더운 날이었다. 마치 큰비를 꾸욱 참고 있는 듯 묵직하고 습한 무더위가 몽골텐트 지붕 끝까지 가득 차 있는 것 같았다. 전에 없이 눈길이 뾰족하게 솟은 몽골텐트 천장에 머물렀다. '저 뾰족한 몽골텐트 지붕을 거꾸로 설치하면 빗물을 받을 수 있지 않을까?' 안 그래도 나무자람터 노천에 쌓아 둔 작업 물품들을 안전하고 단정하게 정리하기 위해 몽골텐트 한 동을 더 세우려던 참이었다. 나무자람터에서 가장 지대가 높은 곳에 가지고 있는 7톤짜리 물통을 놓고 가로 세로 6미터 크기의 몽골 텐트 지붕을 거꾸로 설치하면 충분히 빗물을 받을 수 있을 것 같았다. 나무자람터 가장 높은 곳에 설치하는 것이니 여기저기 놓인 작은 물통으로 모은 빗물을 나누어 채울 수도 있다. 시설이라 설치가 금지되었던 태양광발전 시설 없이도 빗물을 모을 방법인 셈이다. 생각만으로도 신이 났다. 2016년 무렵 평지인 나무자람터에서도 빗물로 숲이 될 나무를 키우고 싶어서 대형 물통에 커다랗게 '빗물이 보물이다'라고 주문처럼 적어 놓았다. 이제 정말 그 말이 이루어질지도 모른다. 소소한 시행착오를 거쳐야겠지만 부디 우리가 시도하는 '움푹 지붕 빗물 몽골텐트'가 잘 작동했으면 좋겠다.

모두가 행복한 숲을 위해 더 좋은 길이 아닐까 생각했던 일들이 반대에 부딪히면 이 제안이 나만 위한 것인지 정말 모두에게 이롭다 생각해서 낸 제안인지 다시 곰곰이 생각해 보곤 한다. 모두에게 이롭다 여긴 것이라는 답이 나오면 그 생각이 내가 옳다는 전제에서 나온 것은 아닌지 또다시 들여다보려고 노력한다. 겉으로 드러나는 모습이 달라 보여도 같은 것을 지향할 수 있고, 드러난 것이 같아 보여도 다른 것을 지향할 수 있다. 무엇을 위해 그것을 하는가, 가장 근원에 있는 이유에 정직해야 한다. 그렇게 생각을 거듭해도 잘 모르겠다 싶을 때는 잠시 접어 두거나 일단 멈추어 보려고 했다.

어차피 물은 바다로 간다. 내가 옳다 여긴 것이 진짜가 아니었다면 내 뜻대로 이루어진 듯 보여도 언젠가는 내 손으로 바로잡아야 하는 순간과 마주하게 될 것이다. 선택의 흔적이 지워지지 않는다는 건 배우고 성장할 수 있는 길이 누구에게나 열려 있다는 뜻이기도 하다. 어떤 길을 선택하는가에 따라 삶은 덫이 아니라 기회가 된다. 그러니 내 기준을 내려놓기 어려운 인간 세상에서 때로는 한발 기꺼이 물러나는 것도 한발 나아가는 것이 될지도 모른다. 얼마나 나아가는지, 얼마나 내가 옳다고 생각한 대로 되는지가 아니라, 괜찮다는 말이 괜찮지 않음을 가리고 있는 건 아닌지, 괜찮지 않다는 말이 괜찮음을 가리고 있는 건 아닌지 정직하게 나와 마주할 수 있는 힘을 갖추어 가는 것이 진짜 소중한 것이다.

맑은 날에도 흙이 빗물을 품은 덕에 끊김 없이 통으로 빗물이 흘러 드는 소리를 듣다 보면 우리에게 정말 필요한 것은 이미 모자람 없이 가지고 있는지도 모른다는 생각을 하게 된다. 조금 더 좋아 보이는 것을 조금 더 가지는 것이 나쁜 것은 아니지만, 그건 언제고 다시 익숙해질 수 있다는 아슬아슬한 흔들림을 품고 있다. 욕망의 실체를 모르면 익숙해지는 순간 충족감은 줄어들고 결핍감은 늘어난다. 가지고 있는 것의 소중함을 변함없이 볼 수 있다면, 익숙해진 것에 대한 고마움을 처음처럼 느낄 수 있다면, 어쩌면 친환경이라는 말은 필요하지 않았을지도 모른다. 마른날에도 흙이 품은 빗물 소리를 들으며 기뻐하고 고마워하는 이들처럼 드러나지 않지만 지금 이 순간에 분명히 깃들어 있는 아름다움과 기쁨, 한없이 너그러운 삶의 풍요와 지혜를 볼 수 있다면 내 행복을 너에게 갈구하며 서로 상처를 주고받는 일도 조금씩 줄어들 것 같다.

노고시모의 빗물 활용

쓰레기산에 숲을 만들자니 땅과 물이 문제였다. 땅이야 어찌할 수 없었지만 물은 어떻게든 구해야 했다. 초기에는 사업소 물차 도움을 많이 받았고, 가끔 비용을 주고 외부에서 물차를 부르기도 했다. 몇 년이 지나 공원에는 사업소 펌프장에서 한강물을 끌어 올려서 지하 급수관으로 물을 공급하는 시설이 있다는 사실을 알게 되었다. QC Quick Coupling라 부르는 편리한 시설이다. 한강물이 사업소 펌프장을 통해 난지천과 공원 곳곳으로 공급된다. 하지만 우리는 빗물을 쓰고 싶었다. QC밸브가 닿지 않는 식재지가 많은 이유도 있지만, 빗물이 보물이라는 생각으로 빗물을 모았다. 물통 뚜껑 열어 두기, 경사지 배수로에 철제 빗물 모음틀 설치, 폐현수막 펼침막 등을 시도해 보았지만 결국은 급수관 설치로 매듭지었다.

　노을공원 상부 약 33만 제곱미터에 쏟아지는 빗물은 배수로 두 곳을 통해 한강으로 빠져나간다. 하늘공원 상부 약 20만 제곱미터의 빗물은 한 곳의 배수구를 통해 한강으로 빠져나간다. 우리는 두 공원에 각각 한 곳씩 빗물 집수부를 정하고 총 6킬로미터의 급수관을 깔아서 두 공원 식재지 가까이에 31개의 5톤 빗물통을 빗물로 채웠다. 300~500리터짜리 '동물물그릇' 15개에도 빗물 급수관을 연결했다. 88미터 높이에서 출발하는 6킬로미터의 급수관과 5톤 빗물통을 62미터 높이의 사면 중간 순환길을 따라서 설치했다. 중간 순환길 아래쪽의 숲 만들기는 문제가 없지만 위쪽의 숲까지 빗물을 대는 것이 문제였다. 궁리 끝에 급수관을 위쪽으로 끌고 올라갔다. 다행히 83미터 지점까지 빗물이 올라갔다. 중간 순환길 위쪽 나무 심기와 '동물물그릇'도 빗물로 해결되었다.

　마지막 숙제는 노을공원 상부의 나무자람터 빗물통을 채우는 일이다. 애초 빗물 사용 시도는 사면이 아니고 상부 평지인 나무자람터에서 시작되었다. 폐현수막을 재활용한 '비모아천'과 '비모아틀'은 공원 경관을 해친다는 이유로 치워야 했다. 태양광발전으로 펌프를 돌려서 배수로 빗물을 퍼 담는 계획은 예산까지 마련되었으나 공원 관련 규정에 어긋난다는 이유로 무산되었다. 이렇게 나무자람터 빗물 받기는 일단 포기하고 사면 숲 조성지부터 급수관과 빗물통을 설치하게 된 것이다.

1002遷移숲 물 공급은 어떤 형태로든 해 온 일이고 눈에 띄지 않는 장소여서 별다른 장애 없이 진행했다. 다만 지하 배수로에 들어가 작업해야 하고 험한 경사지에 급수관을 깔고 대형 빗물통을 설치하는 고된 노역을 치러야 했다. 무더운 여름날 땀 흘려 준 많은 자원봉사자 덕분에 가능했다. 모두 2018년에 있었던 일이다. 이후로도 나무자람터에서는 계속 사업소에서 펌프로 끌어 올린 한강물을 사용해야 했고 항상 마음의 짐이었다.

　2022년 7월 의외로 간단한 해결책이 떠올랐다. 몽골텐트의 뾰족한 지붕을 거꾸로 설치하는 것이다. 노천에 둔 물품 보관 창고 겸용이라서 벽은 없어도 되고 봉사자들의 작업장과 휴식처도 될 수 있다. 자재를 구해 구조물을 만들지 않고 몽골텐트를 이용하려고 하는 이유는 간단한 아이디어로 공원의 다른 곳에서도 지붕을 뒤집어서 쉬이 설치할 수 있고, 몽골텐트 회사의 판매 목록에도 빗물 몽골텐트가 들어갔으면 하기 때문이다.

노을공원과 하늘공원의 '동물물그릇'과 빗물통
- ● '동물물그릇'
- ・ 빗물통
- ― 빗물 급수관

※ 더 자세한 내용은 QR코드로 확인해 주세요!

숲 이야기: 제27권역

모두를 위한 태양광발전 시설에 흔쾌히 후원한 회사가 참여한 곳은 27권역이다. 노을공원 북사면 난지1교 아래, 사업소 식생 폐기물 파쇄장이 내려다보이는 중간 순환길 아래 2000제곱미터 지역인 27권역은 2015년 5월 16일 한 대기업 신입 사원 연수생이 참여해 처음 나무를 심었다. 그 뒤로 2021년까지 좌우 아래로 넓혀 가면서 여러 단체에서 연인원 600명이 나무를 심었다. 일부 장소는 숲이 되었고 어떤 장소는 아직도 진행 중이다.

각각 두 개의 대형 빗물통과 '동물물그릇'을 설치했는데, '동물물그릇' 하나에서는 몇 년 전부터 무당개구리가 관찰되었다. 자기 숲만 주장하지 않고 모두를 위한 시설에 후원한 국제 배송회사를 비롯해 크고 작은 여러 기업이 참여했다. 한 정유회사는 환경에 해로운 기업 활동에 대한 보상의 뜻으로 숲 만들기에 참여하고 있다. 이 회사가 맡은 장소는 토양 상태가 매우 좋지 않아서 그동안 심은 나무가 살아남지 못해 최근 1000여 그루의 꾸지나무를 다시 심었다. 고마운 나무 꾸지나무는 2~3년 후 이곳을 4~5미터 높이의 숲으로 변화시킬 것이다.

제27권역에 심은 나무 32종 총 4562그루

고로쇠나무, 귀룽나무, 꽃사과나무, 꾸지나무, 노각나무, 들메나무, 때죽나무, 마가목, 매실나무, 모감주나무, 모과나무, 무궁화, 물푸레나무,

밤나무, 백당나무, 사철나무, 산겨릅나무, 산딸나무, 산벚나무, 산수유,
산초나무, 상수리나무, 오갈피나무, 오리나무, 왕벚나무, 이팝나무,
자작나무, 쥐똥나무, 팥배나무, 헛개나무, 화살나무, 회화나무

숲 이야기: 제3권역

숲 만들기에 참여하는 이들은 참여 인원이나 나무 그루 수 등을 기준으로 후원하거나 자신들이 가능한 후원금을 기준으로 활동을 조율한다. 간혹 특색 있는 후원을 하는 곳도 있다. 직접 참여 없이 우리가 장소나 수종 등을 정해 대신 심어 주는 식재 후원도 있고, 소수만 직접 참여해 나무를 심고 나머지는 우리가 심어 주는 후원도 있다. 빗물, 씨앗, 흙 등 숲에 필요한 활동을 후원하는 곳도 있고, 용도를 정하지 않고 활동 전체를 지원하는 후원도 있다. 노을공원 북동쪽 중간 관리도로 한국지역난방공사 위쪽 모퉁이를 돌아 꿀벌체험장을 지나면 나오는 사면 6800제곱미터 지역인 3권역도 특색 있는 후원과 참여가 이루어진 곳이다. 2013년 12월 1일 할머니·아들·손주 자원봉사자 가족이 처음 나무를 심은 후, 2014년 가을 온라인 쇼핑몰 운영 회사가 후원해 본격적으로 숲 만들기를 시작해 나름 자리를 잡았다. 하지만 무입목지나무를 심을 예정이나 현재 나무가 서 있지 않은 지대가 워낙 넓어 서부면허시험장으로 통

하는 난지천공원 난지1교 쪽에서 올려다보면 허전한 곳이었다. 그러던 중 2017년 식목일 무렵 한 투자증권회사에서 3개년 계획으로 나무를 심기 시작해 연인원 2363명이 참여했다. 쓰레기산을 조성할 당시 사면 폭을 계단식으로 나누어 사면과 사면 사이 수 미터 폭의 평평한 장소를 두어 관리 통로로 이용했는데, 그곳을 소단이라 부른다. 숲을 조성한 장소가 3단으로 나뉘어 있기 때문에 3개년 계획을 세워 맨 아래 사면에는 첫해, 맨 위 사면에는 두번째 해, 중간 사면에는 세번째 해에 나무를 심었다. 숲 만들기에 참여한 기업 중 가장 많은 인원이 참여했는데, 2019년 가을까지 3년 동안 월 2회 50여 명씩 나무를 심으러 왔다.

건축 폐기물은 물론 비닐·섬유 쓰레기가 많이 묻힌 곳으로, 많은 인원이 오랫동안 땀 흘려 노력한 결과 위쪽에는 매실나무가 군락을 이루었고, 커다란 두릅나무와 가시박이 넘볼 수 없이 자란 헛개나무 군락도 볼 수 있다. 숲 조성지 중 유일하게 외부에서 흙을 들여와 복토한 장소가 있고, 도토리부터 키운 참나무 소군락과 '동물물그릇'을 볼 수 있다.

제3권역에 심은 나무 50종 총 1만3489그루

갈참나무, 개암나무, 고광나무, 꽃사과나무, 꾸지나무, 낙상홍,

노각나무, 느티나무, 닥나무, 단풍나무, 덜꿩나무, 돌배나무, 때죽나무,

뜰보리수, 마가목, 매실나무, 머루, 모감주나무, 모과나무, 목련, 무궁화,

물푸레나무, 박태기나무, 백두산소나무^{백두산미인송}, 버드나무, 병꽃나무,

복자기, 뽕나무, 사철나무, 산딸나무, 산벚나무, 산복사나무, 산사나무,

산수유, 산초나무, 살구나무, 상수리나무, 소나무, 음나무, 오갈피나무, 옻나무, 왕벚나무, 이팝나무, 철쭉, 백합나무, 팥배나무, 포도, 함박꽃나무산목련, 헛개나무, 화살나무

숲 이야기: 제31권역

3개년 계획으로 숲 만들기에 참여한 이들이 처음 시작한 곳은 31권역이다. 노을공원 바람의광장 화장실 아래쪽 잔디밭에 이어진 2000제곱미터 지역인 31권역은 2014년 4월 11일 한 투자증권회사에서 813명이 참여해 나무를 심었다. 1회 나무 심기로 마무리된 유일한 장소이고, 한 번에 가장 많은 인원이 참여한 나무 심기 행사다. 그 회사는 창립 기념 행사로 전국의 회사 구성원 전체 800명을 22대의 대형 버스에 태워 노을공원에 왔다. 당시는 공원 상부에도 가끔 나무 심기가 가능했다. 지금은 그만한 인원이 한꺼번에 사면에 내려가서 나무를 심을 만한 장소도 없고 위험하다.

당시에는 큰 나무 191그루를 심었는데, 보통은 2000그루 정도 심을 인원이지만 큰 나무를 구입해서 네 명이 한 그루를 심었다. 나무 심기는 60퍼센트가 준비, 사후 정리가 30퍼센트, 행사는 10퍼센트 비중으로 여긴다. 준비에 1주일 걸리고, 사후 정리는 다음 날까지, 행사는 세

시간으로 잠깐이다. 준비를 제대로 하면 다른 일은 어렵지 않다. 지금은 안 되지만 그때는 이벤트 회사가 들어올 수 있던 때라 바람의광장에 무대를 설치하고 구색을 갖추었다. 이 행사를 위해 참여사는 2년에 걸쳐 실무자와 임원들이 여러 차례 답사를 했다. 요즘이라면 하지 않을 일을 그때는 무던히 치렀던 것 같다.

그 이후 3년 동안 회사에서는 부서별로 돌아가면서 매월 수 차례 정기 봉사활동을 했다. 그러는 동안 틈나는 대로 담당 부서에 진짜 숲 만들기를 하자고 제안했다. 이벤트가 아니라 비탈에 내려가서 꾸준하게 나무를 심자고 이야기한 덕분인지 2017년부터 3개년 계획으로 두 번째 숲 만들기를 시작했다. 31권역은 참여사 신입 사원 연수 필수 방문지다.

제31권역에 심은 나무 9종 총 191그루

느릅나무, 단풍나무, 물푸레나무, 산사나무, 상수리나무, 소나무, 스트로브잣나무, 자귀나무, 졸참나무

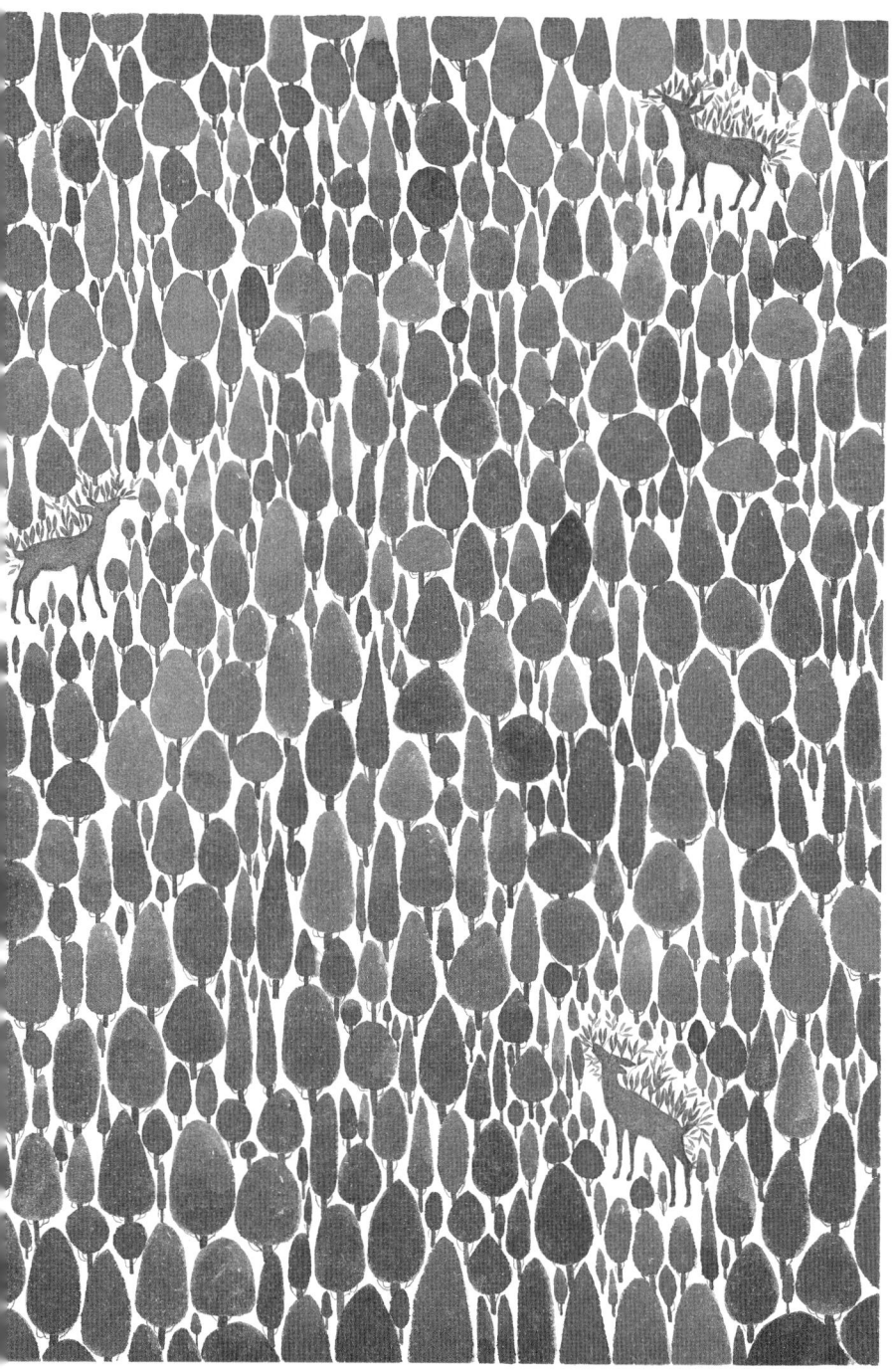

④ 다시, 마주하다

어떻게 볼 것인가

2021년 6월 반가운 전화가 걸려 왔다. 2011년부터 거의 매달 숲 만들기 봉사활동에 참여하며 세 곳에 숲의 기반을 함께 만든 회사 대표였다. 그가 2019년 대표직에서 물러난 후 그 회사의 숲 만들기 봉사활동도 중단되었고, 고맙다는 인사도 제대로 전하지 못한 채 연락이 닿지 않아 늘 궁금하던 차였다. 퇴사 이후 환경문제 해결에 더 많이 기여하기 위해 회사를 창립했고, 예전처럼 다시 숲 만들기 봉사활동을 이어 가고 싶다는 내용이었다.

그는 7월 2일 금요일, 자신이 참여하고 있는 몽골사막 나무 심기 주관 단체 사람들과 방문하며 딸을 데리고 왔다. 초등학생 때 아빠와 함께 나무를 심으러 오던 작은 아이는 이제 아빠와 함께 회사를 일구는 멋진 청년이 되어 있었다. 그때 그 아이는 어떻게 자랐을까 늘 궁금했는데 건강한 삶을 살아가는 모습을 보니 고마웠다.

우리가 활동을 시작한 2011년부터 10여 년 동안 건강한 환경을 지키고 싶다는 마음을 꾸준히 실천으로 옮긴 사람이었기 때문에, 숲 만들기 활동을 이어 가고 싶다는 말의 무게를 모르지 않았다. 서로가 서로에게 도움이 되는 활동, 힘을 모아 더 좋은 것을 만들어 내는 활동이 되면 좋겠다는 생각이 들었다. 정해진 시간에 최대한 많이 돌아보기로 했다. 숲이 될 나무가 자라는 나무자람터를 시작으로 2011년 6월에 시작한 '튼튼숲', 2014년 4월에 시작한 '삼손숲', 2017년 6월에 시작한 '미래숲'까지, 노을공원과 하늘공원에 함께 만든 세 개 숲을 모두 둘러보았다. 가는 곳마다 감탄사가 나왔다. "와~ 처음에는 여기 정말 아무것도 없었어요", "밧줄 잡고 내려갔는데, 이렇게 변하다니 정말 너무 신기하네요."

사막에서는 삽으로 흙을 파는 일이 아이스크림 뜨듯 쉽다고 했다. 1미터 이상 계속 모래를 파다 보면 물기를 머금어 색이 다른 모래가 나오고 그곳에 막대기 같이 생긴 나무를 심는다고 했다. 반면 이곳은 삽이 건축 폐기물에 걸려 구덩이를 파기 어렵고, 파면 계속 쓰레기가 나오는 땅이라고 했다. 사막과 쓰레기산에서 나무를 심는다는 것은 이렇듯 매우 다르지만 두 곳의 공통점이 있다고 했다. 나무를 심으면서도 '정말 이렇게 해서 숲을 만들 수 있을까' 하는 의심을 거둘 수 없는 곳이라는 점, 하지만 그렇게 계속 하다 보면 어느 순간 나무가 자라 숲을 향해 가는 모습을 보게 되고, '이게 정말 가능하구나' 꿈을 꾸고 꿈을 믿게 되는 점이 닮았다고 했다. 쓰레기산에 나무를 심고 돌보며 누군가는 변화와 희망을 보고 누군가는 그와 정반대되는 것을 본다. 무엇이 다른 것일까.

100여 미터 높이인 노을공원과 하늘공원을 10년 넘게 자전거와 수레로 오르내리고 있다. 처음에는 자전거와 수레를 끌고 언덕을 오르는 일이 힘들게 느껴져서 출발 전에 위를 올려다보며 언제 저기까지 올라가나 생각하곤 했다. 어느 날 문득, 걷다 보니 올라와 있다는 사실을 깨달았다. 자전거를 세우고 몸을 돌려 올라온 길을 내려다보았다. 어차피 지금 내가 내딛는 건 언제나 한 걸음이다. 그런데 왜 내가 가진 힘을 필요하지도 보탬이 되지도 않는 곳에 쓰며 스스로를 끌어내렸을까. 쓰레기산을 숲으로 만드는 활동을 하며 자동차 대신 자전거나 수레를 쓰는 취지에 동의한 건 나인데 스스로 한 선택을 마치 어찌지 못해 끌려가듯 임했던 내 모습이 믿기지 않을 정도로 낯설게 다가왔다.

자전거나 수레처럼 동력이 내 몸의 움직임에서 나오는 이동 수단을 써 보기로 한 이유는 환경문제와 에너지문제는 매우 밀접한 관계가 있다고 생각하기 때문이다. 우리도 종종 트럭을 빌려 이용하고, 가끔은 전기자동차를 기증하겠다는 제안도 받지만 자원과 에너지를 사용할 때면 이게 정말 필요한 것인지, 편의나 자기만족이라는 목적을 필요라는 이름으로 가린 것은 아닌지 가려낼 수 있어야 한다는 생각이 든다. 살아가는 일도 내 에너지를 바르게 사용하는 것과 무관하지 않다. 건강한 환경을 위해 건강한 방식으로 건강한 에너지를 써야 하듯 삶도 내가 가진 에너지를 바르게 써야 고통에서 벗어나 행복에 더 가까워지기 때문이다.

삽도 들어가지 않는 척박하고 경사진 땅, 흙도 물도 부족하고 파면 쓰레기만 나오는 땅, 심은 나무를 살리기 위해 몇 배로 힘을 들여야 하는 이 땅은 자기 인식을 살피는 데 도움이 되는 곳이기도 하다. 일반적이지 않은 조건인 덕에 나와 다른 의견과 선택을 조금 더 자주 조금 더 극명하게 마주할 수 있기 때문이다. 사람은 자신이 형성해 온 인식 틀에 따라 서로 다른 해석을 하고 서로 다른 선택을 한다. 하나의 상황에서 함께한 이들이 서로 다르게 대처한다는 것은 옳다 그르다를 떠나 시선이 다르다는 것을 의미한다. 마주한 상황에서 서로 다른 것을 선택하는 모습을 볼 때면 내 힘을 어디에 어떻게 쓸지 선택하는 기준의 차이를 생각하게 된다.

2016년부터 3년간 꾸준히 봉사활동을 오던 '꿈꾸는 젊은이'가 있다. 원자핵공학을 전공하는 그는 식물에도 흥미가 많아 학교에서도 텃밭을 일구는 친구였다. 전공이 전공인 만큼 원자력발전의 이로운 면을 언급하는 그와 함께 봉사활동을 하며 원자력발전소 사고의 심각성과 사용 후 연료 처리 문제에 관한 이야기를 나누기도 했다.

　2021년 3월 7일 하늘공원에서 나무를 심고 있는데 누가 반갑게 아는 척을 했다. 군 입대로 잠시 만나지 못했던 그 친구였다. 지난 학기에 졸업했고 오는 7월 유학을 떠난다고 했다. 자기 소개서에 노을공원 봉사활동에 관해 썼고, 당시 이야기를 나누었던 원전사고와 사용 후 연료 처리 문제를 오래 고민한 끝에 화학의 힘으로 해결책을 모색하고자 방사화학 분야를 공부하기로 결심했다고 말해 주었다. 어쩌면 불편하게 들렸을 수도 있는 자신과 다른 의견을 오랫동안 곰곰이 생각해 주었다는 것이 놀랍고 고마웠다.

　이곳에 꾸준히 봉사활동을 오는 '꿈꾸는 젊은이'들은 봉사활동을 스스로 선택하고 지속할 수 있을 만큼 자원의 공정한 생산과 분배, 안전한 에너지, 건강하게 지속 가능한 자연·사회 환경 등에 관심이 많다. 그리고 각자의 재능을 바탕으로 세상에 도움이 될 만한 일을 찾아 실천하고 있는 청년이 많다. 유학을 결심하게 된 계기를 들으며 이왕이면 이곳에서 봉사활동을 하는 '꿈꾸는 젊은이'들이 한자리에 모여 서로 다른 시각으로 에너지라는 하나의 주제를 이야기해 보면 어떨까 하는 생각이 들었다. 의견을 물으니 생각보다 적극적으로 관심을 보이는 친구들이 있었고 원자핵공학을 전공하는 친구도 자신과 다른 생각을 가진 이들과 이야기를 나누고 싶어 했다. 고맙게도 이런 취지에 공감하며 청년들을 응원하고자 하는 이들이 있어 두 곳에 자리가 마련되었다. 하지만 결과적으로 이야기는 한 곳에서만 나눌 수 있었다.

　한 곳에서는 어떤 문제를 놓고 찬반을 떠나 모두를 위한 길을 찾고 싶다는 바람에서 출발한 이야기를 나누었다. 또 한 곳에서는 이야기를 나누기로 하고 관심 있는 사람들도 모였지만 '찬핵'은 행사 취지에 맞지 않는다는 진행자의 뜻에 따라 모임 직전 다른 활동으로 대체되었다. 예정된 활동이 진행되지 않은 이유를 전체 행사가 끝난 후에야 알게 된 몇몇 '꿈꾸는 젊은이'는 아쉬운 마음을 전해 주었다. 원자핵공학을 전공하는 친구는 취소된 이유를 모른다는 사실도 알게 되었다. 그 이야기를 처음 전해 들었을 때는 일부러 시간을 조율하며 참석했던 모두에게 미안한 마음이 들어 놀라고 당혹스러웠다. 하지만 곰곰이 생각을 정리하면서 어쩌면 이 상황이 사람에 따라서는 자기 인식과 마주할 예상치 못한 기회가 될 수도 있겠다는 생각이 들었다. 서로 다른 기준으로 세상을 바라보는 모습이 명확하게 드러나는 일은 의외로 내가 세상을 바라보는 방식, 삶에서 무언가를 선택하는 내 기준을 바라보는 좋은 기회가 된다. 실제로 이미 몇몇은 그 일에 관해 나름대로 생각을 했고 자신의 의견을 제시하기도 했다. 아무 일도 아닌 듯 그날의 일을 잊은 사람들도 있었지만 그것 역시 그들이 세상을 바라보고 선택하는 방식일 뿐 누가 더 낫다고 말할 일은 아니다. 이 일이 어떤 꽃으로 피어날지 알 수 없기 때문이다.

　마주한 일의 의미를 명확하게 아는 사람이 얼마나 될까. 어떤 일을 바라고 노력할 수는 있지만 무엇을 마주하게 될지 알 수 없다. 마주한 일의 의미를 정확하게 헤아릴 수 있는 사람도 많지 않고, 마주한 일을 내가 원하는 대로 되돌릴 수 있는 사람도 없다. 그런 우리가 해야 하고 할 수 있는 일은 상황을 최대한 바르게 판단하고 올바른 선택을 하고자 노력하는 것이 아닐까. 세상을 바르게 볼 수 있는 눈이 필요한 이유다. 세상을 바르게 보려면 내가 세상을 어떻게 보고 있는지 아는 것이 도움이 된다. 내가 어떤 색의 안경을 끼고 세상을 보는지 알아야 조금 더 있는 그대로 세상을 볼 수 있고 조금 더 균형 잡힌 선택을 할 수 있기 때문이다.

인식의 한계를 뛰어넘은 사람은 드물다. 나를 포함한 대부분은 세상을 바라보는 자기만의 시선을 가지고 살아간다. 그럼에도 내가 어떤 시선으로 세상을 보고 있는지 아는 사람은 의외로 많지 않다. 대상과 정황을 있는 그대로 바라본다고 생각하지만 색이 가미된 안경을 쓰고 바라보면서 그것을 잊는 경우가 더 많다. 사실이라는 말로 서로 다른 이야기를 할 수 있는 이유도, 존재의 존엄을 말하며 나와 다른 것을 배제할 수 있는 이유도, 공존을 이야기하며 내 이익을 우선하는 선택을 할 수 있는 이유도, 나에게 당연하게 옳은 것이 진짜가 아닐 수도 있음을 자각하지 못했기 때문인지도 모른다. 그러나 모르고 한 선택이라 하더라도 내 선택이 나쁜 아니라 함께 살아가는 모두에게 영향을 미치는 것이 삶이다. 인간은 선택할 수 있는 힘을 가졌지만 연결과 순환이라는 삶의 원리 자체를 바꿀 수는 없다. 그렇기 때문에 색안경을 쓰고도 그 사실을 잊은 채 세상을 바라보는 익숙한 방식에서 벗어나 세상을 조금이라도 더 바르게 바라보려 노력해야 한다.

    난지도가 쓰레기산이 되면서 생명이 살기 어려워졌던 이유도 사람들이 세상을 바라보는 방식과 연관이 있을지도 모른다. 소수의 '나쁜' 사람 때문이 아니라 자신의 행위가 어떤 영향을 미치고 어떤 결과를 가져올지 알려 하지 않은, 자신에게 익숙한 삶의 방식을 점검하지 않은 다수의 우리가 함께했기 때문에 그런 결과를 가져온 것이 아닐까. 쓰레기를 버린 누구도 난지도의 생태계를 망가뜨리려 하지 않았을 것이다. 하지만 이 땅에 사는 모든 존재의 안위를 생각하며 행동한 사람도 충분하지 않았을 것이다. 그랬기 때문에 풀조차 자라지 않을 것 같은 땅이 된 것이 아닐까. 나와 연결된 너를 바라보지 못하고, 내 선택이 너에게 주는 영향을 신중하게 생각하지 않은 결과가 이 땅인지도 모른다. 물론 실수할 수 있고 실수해도 괜찮다. 하지만 괜찮다는 말은 괜찮지 않음을 덮기 위한 말이 아니라 괜찮지 않음을 마주하고 나아갈 힘이 나에게 있음을 알려 주는 말이 될 때 힘을 가진다. 이 땅은 몰랐다고 잘못된 선택의 흔적이 사라지는 것은 아니라는 사실과 괜찮지 않음을 마주하고 바로잡을 힘이 우리에게 있다는 것을 보여 준다.

    누군가는 괜찮지 않음을 마주하고 그것을 해결할 수 있는 자신의 힘을 깨닫는다. 그런 이들은 해결하고자 문제를 헤아리는 것과 탓하고자 문제를 거론하는 것은 자신의 힘을 매우 다른 방식으로 쓰는 것이라는 사실을 알게 된다. 그렇기 때문에 자신의 힘을 깨달은 사람은 모두를 이롭게 하는 해결법을 찾기 위해 자신이 할 수 있는 일에 더 많은 힘을 쏟는다. 우리 모두 서로에 대한 책임을 가지고 있다는 것을, 내가 살려면 너도 살아야 하며 그것은 지금 나로부터 이루어져야 하는 것임을 기억해 냈기 때문이다. 인식이 변하면 태도와 선택이 변한다. 어떻게 살 것인가는 삶을 어떻게 보는가에 달려 있다고 해도 지나치지 않다.

'씨앗부터 키워서 100개 숲 만들기' 활동은 더 이상 집중적으로 나무를 심지 않아도 될 때까지 한 장소에서 꾸준히 나무를 심고 돌본다. 그렇기 때문에 숲 만들기에 참여한 단체 구성원들은 여러 해에 걸쳐 지속적으로 같은 곳을 다녀간다. 2018년 봄, 2014년 10월부터 4년째 숲 만들기에 참여하고 있는 단체의 구성원들이 모였다. 그중 한 사람이 이런 말을 했다. 처음에는 회사에서 참여해야 한다고 해서 그냥 왔다고. 그런데 어느 순간 내가 심은 어린나무가 자랐다는 것을 알게 되었고, 그때부터 이곳을 유심히 둘러보게 되었다고 했다. 참여하는 날에는 일부러 한 시간 일찍 나와 월드컵경기장역에서 하늘공원을 거쳐 노을공원까지 걸어온다고 했다. '변하고 있구나, 정말 자라고 있구나, 나도 이 변화에 함께하고 있구나.' 그래서 이제 그는 아이를 데리고 이곳에 온다. 산책로만 걸으면 알 수 없지만 이곳은 아직도 썩지 않은 쓰레기가 드러나 있고 그곳에 아빠가 몇 년째 나무를 심으며 숲을 만들어 왔고, 아빠가 심은 나무가 자라 이 땅을 살리고 있다는 것을 보여 주고 싶어서 자가용 대신 아이와 걸어서 온다. 대상을 보는 시선이 바뀌면 선택은 달라진다. 살아간다는 것이 무엇인지, 생명이 가진 변화의 힘이 무엇인지 알아 갈수록 사람은 선택의 기준을 나에서 모두에게로 확장시킨다. 삶은 나 혼자 살아가는 것이 아니라는 말의 의미를 더 바르게 이해하게 되기 때문이다.

어느 순간부터 누구나 알아차릴 수 있을 만큼 매립지 사면에 심은 나무들이 자라기 시작했다. 분명 가늘고 작은 어린나무였는데 우리가 심은 나무가 맞나 의문이 들 정도로 굵어져 있었다. 나무를 심지 않은 곳까지 나무가 퍼지고 안으로 들어가기 어려울 만큼 우거진 곳도 있었다. 이런 곳에서는 잘 자라기 어려울 거라던 나무들이 울창하다는 말이 어색하지 않을 만큼 자라 있었다. 몇 해 만에 자신이 심고 돌보던 자리를 방문해 "흙이 달라진 것 같다"며 놀라던 이의 말처럼 흙도 달라 보였다. 푹신하고 부드러웠다. 낙엽이 쌓이고 나무가 살아 뿌리를 뻗은 것이 흙에도 영향을 주는 것일까. 흙 속 미생물과 무생물의 세계가 궁금해졌다.

허전했던 곳은 더 이상 빈 곳이 보이지 않을 정도로 나무가 들어찼고, 수종에 따라서는 군락지도 형성되었다. 몇 년을 시도해도 되지 않아 이곳은 포기해야 하나 싶었던 곳에도 나무가 살기 시작했다. 자리잡는 속도도 달라지고 살아남는 나무도 전보다 많아졌다. 2016년 11월 생태 전문가, 서울시 공무원, 노고시모가 참여해 '씨앗부터 키워서 100개 숲 만들기' 현장 모니터링을 두 차례 진행했을 때는 바로 눈앞에서 인기척에 놀라 달아나는 고라니도 볼 수 있었다. 단풍잎돼지풀만 무성했던 곳이었는데 이제는 사람이 들어가기 힘들 정도로 나무가 자라 고라니도 살 수 있는 곳이 된 것이다. 무너져 버릴 것같이 느껴지던 휑한 땅이 안정되게 느껴졌다.

상처가 있다고 생명의 빛이 사라지지는 않는다. 보이는 것은 온통 쓰레기뿐인 곳에서도 내가 알아차리지 못했을 뿐 모든 곳에 생명이 깃들여 있었다. 그리고 그들은 누가 알아주지 않아도 매 순간 자기 몫의 삶을 온전히 살고 있었다. 그 당연한 사실을 나무가 자라는 모습을 본 후에야 기억해 낼 수 있었다. 이 땅은 살아 있다. 쓰레기산이 되기 전부터 지금까지 단 한순간도 생명의 빛이 사라진 적이 없었다. 그랬기 때문에 사람이 나무를 심고 돌보는 노력이 빛을 발할 수 있었다. 이 땅의 변화는 사람의 노력만으로 이루어 낼 수 있는 것이 아니다. 워낙 어려운 조건인 탓에 쓰레기산에서 나무를 심고 돌보는 일이 언뜻 대단하게 여겨질 수도 있겠지만, 이 땅의 생명이 품은 변화의 힘에 운 좋게 동승한 것이지 그 반대가 아니라고 생각한다. 이 땅의 변화를 직접 보아 왔다면 이 말이 겸손의 표현이 아니라는 것을 알 것이다. 쓰레기를 버려 나무를 심고 돌봐야 하는 땅으로 만든 것은 사람이다. 어떤 의미에서 나무를 심고 돌보는 것은 사람이 한 일에 대한 작은 보상이자 과거의 실수에도 곁을 내주는 자연에 대한 최소한의 도리다. 이곳에서 나무를 심고 돌보며 생명이 품은 변화의 힘을 경험할 수 있는 우리는 행운아다. 살아 있다는 것은 생존을 넘어 숲이 될 수 있는 힘, 괜찮지 않음을 마주하고 괜찮음으로 나아갈 수 있는 힘을 가지고 있다는 의미라는 사실을 차근차근 배우고 있기 때문이다.

    출국을 앞두고 유학 준비로 바쁠 텐데 원자핵공학을 전공하는 그 친구가 다시 봉사활동을 하러 왔다. 우리는 그에게 그날 그냥 돌아가야 했던 이유를 최대한 우리의 해석 없이 전해 주었다. 그리고 우리는 어떻게 생각하는지도 전해 주었다. 문제와 정직하게 마주하고 모두에게 이롭게 해결하기 위해 내가 할 수 있는 일을 찾아 정성을 다하는 태도는 소중한 능력이라고 생각한다. 그러한 선택은 삶의 본질은 살리는 것이며 선함은 선함을 불러온다는 믿음 없이는 쉽게 할 수 없는 선택이기 때문이다.

살아가며 마주하는 다양한 '문제'는 삶과 존재에 대한 내 인식을 확인할 수 있도록 펼쳐진 상황극이라는 생각이 들 때가 있다. 이해관계가 얽혀 나에게 소중한 것이 흔들릴 수 있다고 여겨질 때 사람은 자신조차 알아차리지 못했던 가려진 인식의 뿌리를 자기도 모르게 드러내기 때문이다. 자신도 몰랐던 자신의 모습을 마주하는 일은 쉽지 않다. 하지만 그 순간은 어떤 의미에서 내 삶과 존재를 더 바르게 알아 갈 기회이기도 하다. 넘어지지 않는 것이 삶이 아니라 다시 일어날 때마다 조금씩 더 바른 선택을 할 수 있게 되는 것이 삶이기 때문이다. 넘어지고 일어서기를 반복하며 나도 몰랐던 나와 마주할 때 조금씩 더 바르게 삶을 이해할 수 있다. 그렇게 삶을 더 바르게 이해할수록 삶이 우리를 위해 준비한 길과 뜻도 조금씩 더 분명해진다. 어떻게 보는가에 따라 내가 마주한 삶이 다른 이야기를 들려주는 이유다.

우리는 매 순간 무언가와 마주한다. 그리고 마주한 상황에 어떻게 대처할지 각자 선택한다. 선택을 가르는 것은 그것을 보는 자신의 인식이다. 어떻게 해석하는가에 따라 선택이 달라진다. 어쩌면 매 순간 크고 작은 선택으로 삶을 만들어 가야 하는 인간에게 떼어 놓을 수 없는 질문 중 하나는 '어떻게 볼 것인가', 판단과 선택의 기준을 나에게 묻는 질문인지도 모른다. '어떻게 볼 것인가'는 본질을 바르게 헤아려야 한다는 뜻이지 좋게 보라는 뜻이 아니다. 참으로 좋은 것이 무엇인지 가려내지 못하는 인간에게 좋게 보려는 노력은 늘 한계를 품고 있기 때문이다.

이제 우리는 나무를 심으러 온 사람들에게 이곳은 많은 나무가 죽는 곳이라며 더 이상 양해를 구하지 않는다. 대신 이곳은 쓰레기산이기 때문에 많이 심는 것보다 한 그루의 나무를 잘 심는 것이 더 중요하며, 잘 심으면 대부분의 나무를 살릴 수 있다고 이야기한다. 그것을 이제까지 함께 걸어 온 모든 존재가 보여 주었다. 식물, 동물, 사람, 미생물, 무생물, 그들과 함께해 온 여정은 고맙다는 말로는 다 표현할 수 없는 따스하고 든든한 존재간 연결의 증거다. 생명의 빛을 품고 그 힘을 보여 주는 그들을 보며 세상에는 여전히 커다란 슬픔을 불러오는 선택이 있지만 그래도 삶을 믿고 존재를 응원하는 일에 내가 가진 힘을 내주는 쪽을 선택하자고 생각하게 된다.

우리는 원자력이라는 에너지원이 가진 어려운 문제를 해결해 보겠다는 그 청년의 도전이 고맙다. 세상을 보는 따뜻한 시선을 가진 그가 부디 자신과 다른 인식들을 건강하게 마주하며 조금씩 더 지혜로운 어른으로 성장하기를 온 마음으로 응원하고 싶다. 언제가 될지 모르지만 그 청년과 다시 만났을 때 막막하던 쓰레기산에 숲의 기반이 마련되고 있듯 우리도 조금씩 더 지혜롭고 아름다운 존재로 자라 있기를 바란다. 우리는 모두 숲이 될 힘을 품고 있는 작지만 분명히 살아 있는 씨앗이다. 스스로 멈추기를 선택하지 않는다면, 매 순간 너와 나의 연결을 기억하며 모두의 안녕을 위해 정성껏 살아갈 수만 있다면, 이 땅의 모두가 보여 주었듯 가장 좋은 때 가장 좋은 방법으로 문이 열릴 것이다. 좋은 인연을 허락해 준 모든 '꿈꾸는 젊은이'가 참 고맙다.

흙의 변화

쓰레기산 노을공원은 쓰레기를 쌓을 때 건축 폐기물 같은 단단한 쓰레기와 흙, 일반 쓰레기 등을 다져 성벽처럼 테두리를 쌓아 가면서 안쪽에는 온갖 쓰레기를 쏟아부었다고 한다. 우리가 숲을 만드는 장소는 테두리 부분인 사면이다. 세월이 흐르면서 사면을 얇게 덮은 흙은 사라지고 건축 폐기물이 드러나 있다. 온갖 쓰레기와 함께 쌓아 올린 토양이라서 토질도 깊이도 장소에 따라 제각각이다. 어떤 곳에 심든 나무는 최선을 다하기 때문에 플라스틱이나 비닐투성이 또는 썩은 물이 고인 곳이 아니라면 살아남는다.

처음 나무를 심을 때는 그런 곳에 나무를 심어도 되는지 의문스러웠지만 2~3년간 사람들이 오가며 나무를 심고 풀을 정리하고, 빗물통과 '동물물그릇'도 만들고, 물이 넘쳐흘러서 촉촉한 땅에는 도토리 묘상도 만들고 가래나무 씨앗을 넣어서 시드뱅크도 설치했다. 그렇게 5~6년이 흐르면서 나무들이 제법 자라서 숲의 모습이 보였다. 10년 정도 지나니 나무가 우거져서 들어가기 힘든 정도가 되었다. 지금은 땅이 변했다는 느낌을 받는다. 실제로 만져 보면 흙이 부드러워졌다. 흙이 부족한 땅이었는데 신발이 푹 빠진다. 무성하던 단풍잎돼지풀이나 환삼덩굴은 더 이상 보이지 않는다.

무엇이 땅을 변화시켰을까. 나무가 떨군 잎사귀와 열매, 이 땅에 깃들인 새와 곤충, 나무뿌리와 미생물의 역할 등 쓰레기산의 흙이 변하고 흙을 변화시키는 누군가가 있다는 것이 경이롭고 고맙다.

숲 이야기: 제44권역

환경을 지키고 싶어 회사를 만들고, 노고시모가 시작된 2011년부터 지금까지 숲 만들기를 이어 온 이들이 새로 시작한 네 번째 숲은 44권역이다. 파크골프장 아래 가양대교 내려가는 삼거리 사면 배수로 주변 2100제곱미터 지역인 44권역은 2021년 9월 한 친환경 제품 제조·플랫폼 기업과 해외 사막 녹화 시민 단체가 공동으로 나무 심기를 시작해 2022년 11월까지 한 달에 한 번 나무 심기에 총 265명이 참여했다. 44권역은 특이하게도 한 기업과 NGO가 공동으로 한여름과 한겨울을 빼고 매달 나무를 심는 곳인데, 기업에서는 나무를 심지 않는 달에도 후원한다. 기업은 공동 참여 NGO에 연매출의 1퍼센트를 기부한다. 생산·판매 제품 모두 친환경 제품이며, 젊은 기업이라 더 기대된다. 기업 대표는 이 땅에서 2011년 1호 숲, 2014년 2호 숲, 2017년 3호 숲을 시작하여 완성한 다음 코로나19 이후 2021년 4호 숲을 만들기 시작했다.

봉사활동 참여 형태도 변해 가고 있다. 봉사활동 확인서 관련 제도가 변경된 탓인지 중·고등학교의 단체 참여와 학생 봉사 동아리 참여는 중단되었다. 기업은 주말 비번 참여에서 평일 업무 시간 참여로 바뀌어 간다. 근무 날 참여도 이전과 달리 선택 사항이 되어 담당자들은 인원을 모집하기 어렵다고 한다. 대신 봉사 앱을 통해 모이는 청년 직장인 봉사 동아리 활동이 활발해졌다.

13년째 숲을 만들고 있는 고마운 기업도 주말 참여에서 평일 참여로 바뀌었고, 요즘은 대표자 가족 중심으로 참여한다. 매달 20~30명의 청년을 모집하는 것은 사막 녹화 NGO의 역할이다. 유학생이 많아서 국적도 다양하다. 고마운 기업, 고마운 NGO, 고마운 사람들이 만드는 44권역에는 나무와 더불어 사람들과 쌓아 가는 기억이 함께 자란다.

제44권역에 심은 나무 15종 총 423그루

가죽나무, 개암나무, 꾸지나무, 돌배나무, 들메나무, 말채나무, 복자기, 산딸나무, 산복사나무, 오갈피나무, 오리나무, 자작나무, 졸참나무, 참죽나무, 헛개나무

다시, 난지도를 걷다

'씨앗부터 키워서 100개 숲 만들기'는 나무가 없는 무입목지가 대상이다. 노을공원과 하늘공원에 있는 무입목지는 대략 33만 제곱미터다. 하지만 실제로 지금까지 활동해 온 곳은 그중 16만5000제곱미터 정도다. 나머지는 접근성이 더 나쁘고 작은 규모로 흩어져 있어 시민 참여로 숲을 만들기에는 어려움이 있기 때문이다.

시민이 참여할 수 있는 약 16만5000제곱미터의 무입목지를 중심으로 연간 수천 명의 봉사자와 숲의 기반을 만들기 위해 씨앗부터 키워서 숲을 만드는 활동을 해 왔다. 2011년부터 2022년까지 3만6258명의 봉사자와 141종의 나무 13만3708그루를 심고 돌보았다. 지속적으

로 숲을 만드는 활동이 이루어지고 있는 곳은 2022년까지 162곳이 되었고, 그중 절반 정도는 집중적으로 나무를 심지 않아도 되는 숲의 기반이 마련되었다. 이곳저곳에 흩어져 단절되어 있던 숲 자리는 언젠가부터 하나둘 연결되며 스스로 길을 내기 시작했다. 그렇게 162곳의 개별 숲이 46개의 연결된 권역으로 묶였다. 아까시나무마저 자라지 못하던 '빈 땅'은 이렇게 이 땅이 숲이 되기를 바라며 함께 걸어 준 존재들 덕에 조금씩 변하기 시작했다. 하지만 빈 땅이 채워질수록 고마움과 함께 고민도 시작되었다.

나무가 자라 울창해지고 있다는 것은 나무를 심을 빈 땅이 사라지고 있다는 뜻이기도 했다. 기쁜 일이고 고마운 일이지만 이 활동을 기반으로 단체를 운영해 온 입장에서는 앞으로의 방향을 찾아야 한다는 뜻이었다. 물론 흩어져 있는 16만5000제곱미터 무입목지가 남아 있지만 그곳에서 지금까지와 같은 방식의 시민 참여 나무 심기를 이어 가는 일은 아무리 생각해도 선뜻 내키지 않았다. 그건 정말 마지막 선택지라는 생각이 들었다. 빈 땅에 나무가 들어차기 시작했다는 것을 자각한 수 년 전부터 단체 운영을 이어 갈 길을 열기 위해 안팎으로 이런저런 시도를 했다.

이 땅은 시민들과 씨앗을 키워 숲을 만드는 활동을 하기 이전부터 지금까지 꾸준히 개발 시도가 이어지고 있는 곳이다. 이곳을 개발하려던 사람들의 제안이 전적으로 나쁘다고 생각해 본 적 없다. 그들도 나름의 의미를 찾으려는 시도를 하는 것이라 생각한다. 다만 의미 있음을 정하는 기준이 조금 다르다는 생각이 들 때가 많았다. 인간이 버린 쓰레기로 자연이 훼손된 땅이라는 상징적인 곳에서조차도 자연을 누리는 인간에 더 많은 비중을 두는 듯 느껴질 때가 있었기 때문이다. 인간이 자연의 혜택을 누리는 것이 나쁜 것은 아니지만, 제대로 누리고 싶다면 자연의 다른 존재들도 건강해야 하지 않을까. 그러니 네 개 공원으로 구성된 월드컵공원에서 그중 하나이자 전철역에서 가장 멀리 위치해 방문객이 상대적으로 적은 노을공원만이라도 조금 더 동식물과 인간이 함께 지내는 곳으로 지켜 가는 것도 좋지 않을까.

무엇이 다르기에 공원을 바라보는 시선이 다른 것일까 궁금했다. 그러던 차에 공원을 개발하려는 사람들 중에 공원을 '비어 있는 곳'으로 보는 사람들이 있다는 사실을 알게 되었다. 그들은 빈 땅을 그대로 두지 말고 의미 있게 활용해야 한다고 말했다. 노을공원은 옛 골프장의 흔적으로 유독 넓은 잔디밭이 남아 있다. 어쩌면 그래서 활용 가능한 빈터가 남아 있다는 생각을 했을지도 모른다. 하지만 달리 보면 이곳은 그만큼 더 모두에게 열린 곳이고 모든 활동에 열린 곳이기도 하다. 빈 땅이 아니라 이미 다양한 존재들이 살고 있는 땅이고 그들과 함께 살아가는 것이 인간에게도 도움이 되는 의미 있는 일이라고 생각한다. 그런데 그런 생각을 했던 우리가 나무를 심어 나무가 없는 빈 땅이 채워지고 있다고 생각했다는 걸 문득 알아차렸다. 시민 참여 나무 심기가 줄면 후원금이 줄고 단체 운영이 어려워진다는 걱정에 시선이 나에게로 좁아지고 중심이 흔들렸다는 사실을 깨달았다. 지속할 가치가 있는지 물었어야 하는데 지속할 수 있는지만 물은 셈이었다. 정말 중요한 것이 건강하게 지속하려면 때로는 멈추어야 하는 것도 있다. 무엇이 최선의 선택일까 생각이 거듭되었다.

   단체 운영에 도움이 될 만한 새로운 길을 열기 위해 여러 해 안팎으로 해 보던 시도들이 모두 무산되었다. 어떻게 해야 할까. 막막한 마음에 무작정 작업 가방을 둘러메고 다시 난지도를 걷기 시작했다. 나무가 없는 빈 땅뿐 아니라 아까시나무숲으로도 들어가 숲 틈을 구석구석 살펴보았다.

   노을공원과 하늘공원의 아까시나무숲은 '씨앗부터 키워서 100개 숲 만들기' 활동에 집중하느라 가 볼 여유가 없었던 곳이다. 겉으로 보면 아까시나무가 들어차 있는 듯 보이는 곳이기 때문에 나무를 심을 수도 없고 심을 필요도 없다고 생각했다. 그래서 더 관심을 두지 않았던 곳이기도 했다. 이런저런 이유로 전에는 가 보지 않던 곳으로 막상 들어가 걸어 보니 많은 부분이 생각과 달랐다. 겉보기와 달리 아까시나무가 쓰러진 곳이 많았고 그런 곳은 천이가 이루어지지 않은 상태로 머물러 있었다. 무엇보다 놀라운 것은 아까시나무로만 채워진 곳인 줄 알았는데 의외로 다양한 종류의 나무들이 군락을 이루어 살고 있다는 점이었다. 인간이 심어 가꾼 것이 아닌 새와 동물들이 열매를 물고 와 씨앗부터 시작된 군락지였다. 어느새 처음 난지도를 걸으며 드러난 쓰레기와 마주했을 때 떠올렸던 생각을 똑같이 떠올리고 있었다. '보이는 것이 전부가 아니다.'

다시, 숲을 꿈꾸다

처음 이곳에서 활동을 준비할 때 이 땅은 숲처럼 보이는 곳으로는 만들 수 있어도 천이가 이루어지는 건강한 숲이 되기는 어려울 것이라는 이야기를 자주 들었다. 이 땅에 대한 다양한 의견 중에서도 비교적 공통되게 나오는 의견이었다. 도심 속에 고립된 섬과 같은 곳으로 외부 생태계와 단절되어 있다는 점, 쓰레기산인 데다 아까시나무가 너무 많아서 다른 나무가 들어오기 힘들다는 점 등이 그 이유였다. 물론 쓰레기 매립이 끝난 직후에는 풀조차 나지 않을지도 모른다는 의견도 있었지만 풀이 자라고 나무가 자랐다. 그러니 절대로 안 된다는 말은 할 수 없을지도 모른다. 그럼에도 건강한 천이는 어려울 것이라는 의견이 많았고, 우리도 그 의견에 크게 의문을 품지 않은 채 활동해 왔다.

나무가 없던 쓰레기산 사면에 나무가 살면서 새로운 길을 찾아 난 지도를 다시 걷기 시작했다. 직접 노을공원과 하늘공원의 아까시나무숲 틈을 걸어 보니 이제까지 알고 있다고 생각했던 것과 다른 것들이 보였다. 무엇보다 사람이 심지 않은 곳에 다양한 나무들이 군락을 이루어 살고 있다는 점이 인상 깊게 다가왔다. 동물들이 씨앗을 옮기고 있다는 증거였다. 실제로 동물이 물을 마시도록 뒤집어 덮어 둔 물통 뚜껑에는 다양한 씨앗이 들어 있는 동물의 배설물이 남아 있었다. 나무가 없는 곳에서 사람이 나무를 심는 동안 동물들은 아까시나무숲 틈에서 씨앗부터 나무를 심고 있었던 것이다.

다만 동물이 퍼뜨려 자리 잡은 나무는 대부분 공원에 있는 나무들과 같은 종류의 나무였다. 도심에서 고립된 섬과 같은 곳이기 때문에 외부 생태계와 단절되어 건강한 숲으로 천이가 어려울 것이라는 전문가들의 이야기가 떠올랐다. 어쩌면 이 땅이 천이가 이루어지는 건강한 생태계로 나아가기 위해 사람이 할 수 있는 일이 있을지도 모르겠다는 생각이 들기 시작했다. 동물들이 천이를 위한 매개 역할을 하고 있고, 그들이 옮긴 씨앗이 이 땅에 사는 식물에 국한되어 있다는 것은 막힌 길을 열어 주면 천이가 이루어지는 건강한 숲, 건강한 숲으로 천이가 가능하다는 뜻으로 다가왔기 때문이다. 사람이 길을 끊을 수 있었다면 길을 잇기 위해 사람이 할 수 있는 일도 있을 것 같았다.

쓰레기 매립지로 쓰였고 공원이 된 후에도 여전히 그때 그 쓰레기를 품고 있는 이 땅에는 생태계를 교란시킨다는 '위해식물'이 많다. 훼손된 땅에서도 살아간다는 식물들이니 당연한 현상이기도 하다. 그런 곳에 어린나무를 심으면 나무가 스스로 '위해식물'과 살아갈 힘을 갖출 때까지 몇 년이고 돌보아야 한다. 때로는 이렇게 씩씩한 '위해식물' 틈에서 나무가 살아 줄까 의문이 들기도 한다. 하지만 어느 순간부터 나무는 자리를 잡았고 '위해식물'은 자리를 내주며 나무와 함께 살아가는 존재가 되었다. 때로는 '위해식물'이 드리운 그늘이 강한 볕과 수분 증발을 막아 오히려 어린나무가 살아남는데 도움을 주기도 했다. 밀고 당기듯 살아가는 '위해식물'과 나무의 모습을 보고 있으면 어쩌면 자연이 나아가려는 방향은 공존이 아닐까 하는 생각을 하게 된다. '위해식물'이 나무에게 자리를 비켜 주는 것도 나무에게 지거나 자리를 빼앗긴 것이 아니라 함께 살아가기 위한 조율의 과정이듯, 자연은 존재하는 모두가 함께 사는 것에 우선 기준을 두고 조율하며 나아가는 것 같다.

누구도 홀로 존재하지 않는 세상, 나와 다른 다양함이 기본값인 세상을 살고 있고, 그런 세상에서 살아야 한다는 점을 고려하면 공존을 선택의 우선 순위로 삼는 것은 어떤 의미에서 매우 실리적인 것처럼 느껴지기도 한다. 무엇보다 자연이 선택한 기준이 공존이라면 자연의 구성원이자 작은 자연인 뭇 존재도 기본적으로 같은 방향성을 지니고 있다는 이야기가 된다. 물론 여전히 쓰레기산인 이 땅의 경우 당장 눈앞에 보이는 것은 땅을 독점하고 타자를 밀어내며 독식하듯 퍼지는 '위해식물'이다. 그런 '위해식물'의 모습에서 공존을 향한 움직임을 떠올리기는 쉽지 않다. 하지만 눈앞에 마주한 상황을 조금만 더 넓고 더 길게 바라보면 보이는 것과 조금 다른 이야기가 있음을 알게 된다. 쓰레기 매립으로 훼손된 땅에 들어와 살며 자신의 삶으로 다른 존재가 살아갈 기반을 만들어 온 '위해식물'의 이야기를 들을 수 있게 되는 것이다. 그 이야기를 듣게 되면 비록 인간은 그들을 '위해식물'로 분류했지만 그들 역시 공존을 지향하는 자연의 흐름에 따라 살고 있는지도 모른다는 생각을 하게 된다.

　드러난 현상에는 가려진 맥락이 있기 마련이다. 그 가려진 이야기를 더 깊고 더 넓게 볼수록 우리는 용서라는 말이 필요 없어질 만큼 바른 이해에 다가서게 된다. 그리고 그때 비로소 어리석은 행위를 바로잡되 배제하며 문을 닫는 것이 아닌 더 나은 길을 열어 주며 함께 살아가려는 방식으로 해결 방법을 찾게 된다. 자연이 나아가는 공존의 방향을 따라 순리대로 살아갈 수 있게 되는 것이다. 내 힘을 파괴의 힘으로 쓸지 회복과 살림의 힘으로 쓸지 좌우하는 것은 이처럼 삶과 존재의 본질에 대한 이해다. 삶의 목적이 무엇이며 우리가 가진 힘의 본질이 무엇이라고 생각하는지에 따라 선택의 결이 달라질 수밖에 없다. 생명이 생명과 연결되는 길을 끊을 수 있었던 것도 어쩌면 나 역시 공존을 지향하는 자연의 일원임을 잊었기 때문일지도 모른다. 하지만 설령 잊었다 하더라도 나는 언제나 자연의 일원이다. 편애하며 끌어당기지도 않고, 배척하며 밀어내지도 않으면서 마주하는 모든 것들과 함께 살 수 있는 최선을 찾는 것이 자연의 삶이라면 자연의 일원인 우리가 할 수 있는 일은 단절된 것을 잇고 건강한 연결을 이어 가며 서로를 살리는 공존의 흐름을 따르는 것이다.

존재하는 모든 것은 변화한다. 자연이 지향하는 것이 공존이라면 겉으로는 엎치락뒤치락하는 듯 보여도 모든 존재의 변화는 기본적으로 모두를 살리고 서로를 살리는 방향으로 향한다는 뜻이다. 멈춤 없이 변화하며 서로 연결되어 순환하는 것이 삶의 원리인 것도, 모든 일은 순리대로 흐른다는 사필귀정이 삶을 정화하는 힘으로 작용하는 것도, 모두를 살리려는 것이 삶과 존재의 본질이기 때문인지도 모른다. 다만 삶이 살리려 하는 것이 모두라는 것을 잊고 내가 원하는 것을 내가 원하는 방식대로 얻고자 하는 인간은 공존을 향해 가는 자연의 흐름을 있는 그대로 받아들이지 못할 때가 많다. 하지만 자연의 흐름을 바꿀 수 있는 힘이 인간에게 없다면 흐름을 거스르는 선택으로 인간이 얻을 것은 없다.

물은 장애물을 만나도 구부러지거나 갈라질 뿐 바다로 향해 간다. 그렇다면 물을 품은 더 큰 존재인 자연도 인간과 같은 몇몇 구성원들의 크고 작은 일탈에도 공존을 향해 나아갈 것이다. 어쩌면 그 점이 우리가 희망을 가질 수 있는 근거 중 하나일지도 모른다. 순리에 역행하는 선택을 할 수 있고 진짜를 가려낼 수 없는 인간의 한계에도 인간을 품은 자연은 스스로 정화하며 모두를 살리는 방향으로 흐를 것이기 때문이다. 놀랍도록 아름답고 경이로운 삶의 터전을 펼쳐 놓은 자연이 누군가를 편애하거나 미워할 수 있다는 생각이 들지 않는다. 무엇보다 나를 품고 있는 자연이라는 큰 힘이 지향하는 방향에 대한 인식이 내 선택을 좌우한다면 나는 기꺼이 자연의 선함을 믿고 싶다. 두려움에 뿌리를 내리고 있거나 뿌리가 없는 선과 희망은 한순간 아름다워 보일 수는 있어도 언젠가는 시들어 버린다. 무엇을 선택하는가가 아니라 그 선택의 뿌리가 어디에 닿아 있는가가 어떻게 살아갈지를 좌우한다. 우리가 거두게 되는 것은 행위의 씨앗이 아닌 근원에 있는 의도의 씨앗이 맺은 결실이기 때문이다. 나조차 알아차리지 못한 내 근간의 의도가 얼마나 자연의 순리에 부합한지에 따라 내가 거둘 것이 달라진다. 그렇다면 우선 내가 할 일은 너에 대한 평가가 아니라 지금 뿌려지는 내 선택의 결을 다듬는 것이 아닐까.

 이 땅의 회복을 위해 우리가 생각하는 가장 좋은 방법은 인간의 출입을 한동안 금지하고 이 땅에게 스스로 치유할 시간을 주는 것이다. 그러나 공원으로 개방되고 개발 시도가 이어지는 등 자연이 가진 치유의 힘을 믿고 기다리는 일이 어렵다고 여겨졌기 때문에 그에 가장 근접한 활동을 시도하고 있을 뿐이다. 아까시나무숲 틈에서 동물이 씨앗부터 심어 만든 나무들의 군락지를 보면서도 숲은 인간인 내가 만드는 것이 아니라 자연이 만든다는 생각을 거듭 하게 되었다. 숲은 자연이 만든다. 그렇다면 인간인 내가 흐름을 거스르는 선택을 해도 숲이라는 공존을 향한 자연의 큰 흐름은 바꿀 수 없다. 순리를 거스르는 선택은 그저 고통의 크기와 시간만 늘릴 뿐이다. 어쩌면 사람에게 주어진 선택지는 공존의 숲을 향한 자연의 흐름에 기꺼이 함께할 것인가 아닌가, 숲으로 향해 있는 길을 고통스럽게 갈 것인가 아닌가 하는 것뿐일지도 모른다. 자연의 일부분인 사람이 할 수 있는 일은 무엇일까. 사람이 가진 힘을 파괴가 아닌 살림의 힘으로, 자기만족이 아닌 공존을 위한 도구로 쓰려면 어떻게 하면 좋을까.

 숲이 될 나무를 씨앗부터 키우다 보니 씨앗에서 숲이 되는 것은 직선이 아니라 순환이라는 사실을 깨닫는다. 그 순환이 건강하게 지속되려면 내가 지금 내딛는 한 걸음이 너와 나 모두에게 건강해야 한다. 그렇게 지금 내딛는 작은 한 걸음이 정말 건강하다면 비록 내가 마주한 삶의 모습이 내가 생각한 것과 다르게 펼쳐진다 하더라도 삶은 건강하고 부족함 없이 이어질 것이다. 뿌린 대로 거둔다는 것은 징벌이 아닌 무엇을 거둘지 지금 내가 선택할 수 있다는 희망의 약속이다. 설령 어려운 상황과 마주했다 하더라도 그 상황이 품은 의미를 섣불리 해석하지 않는 것이 좋다. 학년이 오를수록 풀 수 있는 문제의 난이도가 높아지듯, 삶이라는 배움터도 나아갈 수 있는 힘이 있고 더 나아가기를 바라는 존재에게 그에 맞는 어려운 문제를 선물하기도 한다.

 중요한 것은 평탄해 보이는 삶이 아니라 어떤 굴곡에서든 모두를 이롭게 하는 참된 선을 택하는 내면의 힘을 기르는 것이다. 그러니 건강한 선택을 하려면 마주한 것을 내 잣대로 구분 짓거나 판단하기에 앞서 삶에 대한 믿음을 바탕으로 마주한 상황을 있는 그대로 바라볼 필요가 있다. 모든 것을 자기중심적인 저항 없이 받아들이며 존재할 수 있을 때 비로소 모두를 살게 하고 살리려는 삶과 자연의 흐름을 알아차릴 수 있다. 만약 우리가 지금까지 나무를 심어 온 일이 빈 곳을 채운 것이 아니라 부족하나마 숲을 향해 숲의 일원답게 걸어온 것이라면 아까시나무조차 없던 빈 땅이 채워져 가는 이 상황은 막히고 닫히는 것이 아니라 연결과 순환이라는 무한한 열림으로 가는 길이 될 것이다. 아직은 우리가 지나 온 걸음이 정말 숲의 일원답게 건강했는지 잘 모르겠지만, 그래서 펼쳐질 길이 어떤 모습일지 알 수 없지만, 타박타박 그저 걷는 것이 전부였던 우리에게 숲을 향해 함께 걷고 있는 모두가 괜찮다고, 길은 열려 있고 길을 찾게 될 것이라고 이야기해 주는 듯 느껴졌다. 너무 고마웠다.

나무가 없던 곳에 나무가 자라며 동물이 찾아왔다. 그 작은 연결은 또 다른 식물과 동물을 연결하며 커져 갔다. 그렇게 너와 내가 건강하게 연결되고 순환하며 조금씩 생명의 원이 커져 가는 과정을 운 좋게 함께 보아 왔다. 그 변화를 보며 생명의 힘이란 그저 생존하는 힘이 아니라 기꺼이 서로를 응원하며 함께 건강한 숲을 이루고 누릴 수 있는 힘인지도 모른다는 생각을 하게 되었다. 우리는 생명이다. 그러니 우리도 그 힘을 품고 있다. 그렇다면 지금 내가 할 수 있는 일은 내가 가진 그 힘을 펼치기로 선택하는 것이다. 숲의 일원으로 자연의 일원답게 지금 내딛는 한 걸음을 모두를 살리는 방향으로 내딛는 것. 그렇게 모두가 행복하기를 바라는 진실한 마음을 내가 마주하는 모든 순간에 아낌없이 담을 수 있다면 설령 굴곡이 있다 해도 삶은 빛을 향해 열릴 것이다. 여전히 앞이 보이지 않는 길을 마주하고 있지만 그 길을 두려워하지 말고 걸어 보자는 생각이 들었다. '나는 모른다'는 말을 회피가 아닌 받아들이기 위한 말로 쓸 수 있다면 한 걸음씩이라도 나아갈 수 있을 것이다. 쓰레기산에 풀과 나무가 자라고 동물이 살아가기 시작했듯 건강한 숲이 될 수 없을지도 모른다는 쓰레기산도 천이가 가능한 건강한 숲이 되지 말라는 법은 없다. '씨앗부터 키워서 1002遷移숲 만들기', 그렇게 다시 숲을 향한 꿈이 피어오르기 시작했다.

⑤ 씨앗부터 키워서 1002 遷移 숲 만들기

인간 다람쥐가 되다

'씨앗부터 키워서 100개 숲 만들기'를 10여 년간 해 오며 2020년 '천이가 가능한 숲'이라는 조금 더 구체적인 방향을 세웠지만 이제 겨우 시작점에 섰을 뿐이다. 여전히 모색하고 시도하며 다듬어 가는 논의와 실천의 긴밀하고도 자애로운 연결과 순환이 중요한 시기다. 천이가 가능한 숲을 만들려면 어떻게 하면 좋을까. 비전문가인 우리에게 처음 떠오른 단어는 '연결'이었다. 사람 길이 우선되어 동물의 길과 식물의 길이 끊어진 곳, 그래서 그들이 먹을 것도 살 곳도 줄어들고 닫혀 버린 곳, 그곳이 도심 속에 고립된 섬과 같은 곳이라는 생각이 들었다. 그래서 길을 이어 보기로 했다. 실제로 도로를 만들어 물리적으로 길을 연결할 수는 없으니 길이 연결되었을 때 숲이 얻을 수 있는 이로움이 무엇일까 생각했다. 그러다 천이에 필요한 씨앗을 심어 보자는 의견이 나왔다. 이 땅에 필요하지만 길이 끊어져 동물들이 들어오지 못하는 씨앗을 인간이 다람쥐가 된 듯 대신 심어 주는 것이다.

이 땅이 나아갈 방향에 대해 사업소도 전문가도 현장 활동가도 모두 동의한 것 중 하나는 참나무가 기반이 되는 숲을 만들어 보자는 것이었다. 아까시나무가 쓰러진 다음 단계를 참나무로 이어 가려면 기본적으로 도토리를 심을 필요가 있었다. 도토리는 이전에도 계속 심고 키워 온 씨앗 중 하나다. 다만 이전까지는 도토리를 나무자람터에서 2~3년 키운 후 숲 자리에 옮겨 심거나 시드뱅크 방식으로 나무가 없는 빈 땅에 심었다면, 이번에는 숲 틈으로 들어가 씨앗을 직접 심어 보기로 했다. 손에는 삽을 들고 어깨에는 여러 종류의 도토리로 가득 채운 커다란 가방을 메고 숲 틈으로 들어갔다. 다람쥐가 여기저기 씨앗을 묻듯, 동물이 다니며 씨앗을 떨구듯, 인간 다람쥐가 된 듯한 느낌으로 씨앗을 심었다. 아까시나무가 쓰러진 곳, 양지바른 곳, 덤불이 적은 곳, 흙이 좋아 보이는 곳, 너무 메말라 보이지 않는 곳 등을 찾아 정성껏 심되 너무 큰 기대 없이 시험적으로 심어 보기로 했다. 2020년 코로나19가 유행하면서 봉사활동이 모두 중단되었고 예상하지 못했던 시간이 생겼다. 그 덕에 숲에 더 많은 시간과 정성을 기울일 수 있게 되었다.

씨앗을 심으며 숲 틈을 다니다 보니 흙 상태도 괜찮고 공간을 어느 정도 확보할 수 있는 곳과 만나게 되었다. 그런 곳을 몇 차례 마주하면서 다람쥐처럼 여기저기 심는 방법뿐 아니라 작은 묘판을 만들어 심는 방법도 시도하기로 했다. 원형, 직사각형, 삼각형, 구불구불한 형태, 언덕을 따라 내려가며 경사지게 만드는 형태 등 지형과 흙 상태, 바닥 사정에 따라 간편하고 실용적인 묘판을 다양하게 만들었다. 묘판에서 씨앗을 심어 키운 뒤 필요한 다른 곳에 옮겨 심을 수도 있고 묘목을 옮기지 않고 그 자리에서 키워서 묘판 자리가 그대로 참나무 군락지가 되어도 괜찮을 것 같았다. '동물물그릇'이 있는 곳은 빗물을 쓸 수 있어 묘판을 만들어 씨앗을 심고 키우는 데 최적의 장소였다.

씨앗을 심는 방법뿐 아니라 심는 씨앗의 종류도 조금씩 늘려 갔다. 코로나19로 봉사활동이 중단되는 시기가 길어지면서 노천 파종에 집중할 수 있었을 뿐 아니라 노천 파종 후 어떻게 모습이 변하는지 확인할 수 있는 시간도 생겼다. 첫 시도임에도 예상했던 것보다 훨씬 더 발아율이 좋았다. 산발적으로 심은 데다 심은 곳을 모두 표시해 두지 않아 기억이 확실한 곳만 추이를 살펴보았지만 그 정도만으로도 앞으로 계속해도 괜찮겠다는 생각이 들 정도였다. 그래서 이번에는 동물이 다니는 길을 따라 심거나 소단을 기준으로 두고 심는 등 다시 찾아가서 확인할 수 있도록 일정한 기준을 두고 심어 보기로 했다.

전에는 나무가 없는 빈 땅에만 설치했던 시드뱅크도 숲 틈에 시도해 보기로 했다. 곧 쓰러질 아까시나무 아래에 씨앗을 심듯 씨앗과 흙을 담은 시드뱅크 자루를 깔아 주었다. 나무와 나무 사이 빈 공간에도 나무를 심듯 시드뱅크 자루를 깔았다. 언제가 될지 모르지만 아까시나무가 쓰러진 후 그 삶을 도토리가 이어받아 무사히 생명의 순환이 이어졌으면 했다. 얼마 후 거센 바람에 정말 그 아까시나무가 쓰러졌다. 혹시나 싶어 그곳에 설치한 시드뱅크를 살펴보니 도토리가 무사히 싹을 틔우고 자란 모습을 확인할 수 있었다. 우연이기는 하지만 때가 잘 맞았구나 싶어 다행스러운 마음이 들었다. '동물물그릇' 주변으로도 여러 씨앗을 시드뱅크 방식으로 심었다. 물과 흙과 빛과 그늘 등 모든 조건이 빈 땅보다 좋다 보니 잘 자라 주었다.

물론 어느 정도 스스로 자랄 수 있을 때까지는 이렇게 숲 틈에 심은 씨앗과 시드뱅크의 어린나무도 풀을 정리하고 물을 주는 등의 도움을 주어야 한다. 특히 작은 묘판을 만들어 씨앗을 심은 곳과 '동물물그릇' 주변에 시드뱅크 방식으로 씨앗을 심은 곳은 산발적으로 파종한 곳과는 달리 풀을 정리한다. 다만 정원을 가꾸듯 잘 정리하는 것이 아니라 어린나무가 자신보다 큰 풀에 너무 치이지 않을 정도에서 그친다. 어차피 숲을 살피며 자주 다니는 길이기 때문에 지나가면서 한번 거들어 주면 되는 정도라 어렵지는 않다. 유독 시드뱅크와 묘판에 더 마음을 쓰는 이유는 그곳마저 풀에 덮여 사라지면 너무 아쉬울 것 같아서다. 하지만 이런 마음이 그들의 자립을 돕는 것이 아니라 내 만족에만 더 치중된 것이라면 아쉬워도 서서히 내려놓을 생각이다.

    다람쥐가 된 듯 씨앗을 심어 보겠다며 여기저기 구석구석 더 관심을 가지고 다니다 보니 숲 틈에서도 빗물을 쓸 수 있다면 여러모로 도움이 되겠다는 생각이 들었다. 기존 급수관과 숲의 기반이 마련되면서 필요 없어진 빗물통을 활용해 숲속 어디서든 물이 필요하면 빗물을 쓸 수 있게 해 볼 생각이다. 여전히 쓰레기로 가득한 땅이기 때문에 물이 흐르는 일을 우려하는 이들이 있으니 우선 우리가 '레인팟'이라 부르는 빗물통에 물을 채워 두고 필요할 때마다 꺼내 쓰는 방식을 생각하고 있다. 그렇게 '동물물그릇'과 레인팟을 묘판과 잘 연결해서 현장에 맞는 수종을 현장에서 키우는 맞춤식 작은 나무자람터를 만들어 볼 생각이다. 쓰레기산이 공원이 될 때 여러 곳에서 흙을 가져왔고 쓰레기 자체도 각지에서 왔기 때문인지 이곳은 장소마다 흙의 성격이 다르고 적합한 나무도 다르기 때문이다. 인간 다람쥐가 되어 천이를 돕는 시도는 아직 이 정도다. 앞으로도 꾸준히 시도해 보고 수정하면서 모두와 함께 할 방법을 찾아볼 생각이다.

쓰레기산에 나무 심는 법

우리가 쓰레기산에서 숲을 만들기 위해 나무를 심는 방법은 모두 네 가지다. 노천 파종, 시드뱅크, 묘목 심기, '집씨통'. 모두 일시에 계획한 방식이 아니라 그때그때 필요와 상황에 따라 정착된 방법이다. 2011년 6월에 시작된 기업이 참여하는 '100개 숲 만들기'라는 활동명은 노을공원과 하늘공원 사면에 100군데쯤 나무를 심으면 뭔가 변화가 가능할 것이라는 생각에서 나왔다. 그 후로 묘목을 구입하는 데 드는 비용도 비용이지만 구하고 싶은 나무를 구하기 힘든 현실을 경험하면서 토종 나무 다양성을 확보하기 위해 필요한 나무는 우리가 씨앗부터 키우자는 결심으로 '100개 숲 만들기' 앞에 '씨앗부터 키워서'를 더했다.

2022년 여름 기준 100여 종의 토종 나무를 나무자람터에서 키우고 있다. 절반 정도는 씨앗부터 키웠다. 씨앗부터 키우기를 시작할 당시는 버드나무 꺾꽂이를 빼면 도토리가 전부였다. 도토리는 지금도 대세다. 참나무는 자연 숲의 바탕이 되는 수종이기 때문이다. 2011년부터 많은 기업이 지속적으로 참여해 162개의 크고 작은 숲이 생겨났고, 숲과 숲이 연결되어 46개 권역으로 묶였다. 기업이 조성한 숲에서는 자연스럽게 배타성이 사라졌고, 내 장소를 고집하지 않고 필요한 곳에 나무를 심고 관리하자는 설득이 통하게 되었다.

그러다가 2020년 총회에서 '씨앗부터 키워서 1002遷移숲 만들기'라는 활동명이 소개되었다. 숲 만들기 10년이 되어 가던 당시 엉뚱한 고민에 빠져 있었다. 나무를 심을 뚜렷한 새 장소를 찾기가 힘들어지면서 단체의 활동 방향을 걱정하게 된 것이다. 새로운 활동 영역을 개척하거나 단체 활동을 마감하더라도 보람 있는 10년이었다고 생각할 수도 있었으련만, 그때까지의 숲 만들기 방식에서 눈을 돌릴 여유가 없었던 것 같다. 그즈음, 전부터 궁금했던 아까시나무숲 속으로 들어갔다. 노을공원과 하늘공원의 나지가 33만 제곱미터라면 아까시나무숲은 132만 제곱미터에 가깝다. 그곳에 나무를 심을 수 있다면 씨앗부터 키워서 생태 숲 만들기 활동을 정착시켜 이곳을 하나의 숲으로 만들 수 있다.

전에는 숲 사이 빠른 이동을 위해서만 가끔 들어가 보았던 두 공원의 넓은 아까시나무숲을 이번에는 상세히 살펴보았다. 바깥에서 보면 아까시나무, 버드나무, 뽕나무 정도가 전부처럼 보이지만 속은 달랐다. 난지도 쓰레기산에 30년 동안 숲을 만들어 준 고마운 아까시나무 사이사이로 팽나무, 꾸지나무, 고욤나무군락, 가죽나무 등이 골고루 자라고 있었고, 그리 넓은 분포는 아니지만 산복사나무, 신갈나무, 상수리나무, 은행나무, 산딸나무, 산수유, 층층나무, 딱총나무, 모과나무, 국수나무, 청가시덩굴, 개머루, 푼지나무, 노박덩굴, 으름덩굴, 산사나무, 신나무, 중국굴피나무, 키위, 살구나무, 말채나무대형 나무 군락, 참오동나무, 호장근, 쉬나무, 음나무, 양버즘나무, 쥐똥나무, 산초나무, 왕버들, 귀룽나무, 토종 담쟁이덩굴, 탱자나무, 주엽나무, 하늘타리, 명자꽃, 좀목형, 돌배나무, 붉나무, 중국단풍, 네군도단풍, 떡갈나무, 졸참나무 등이 자생하고 있었다. 일부 중복되는 나무도 있지만 우리가 식재한 141종의 나무와 다른 나무였다.

이러한 식생 조사 결과에 따라 도심 속에 고립된 쓰레기산 노을공원의 아까시나무숲은 천이가 어렵다는 과거의 견해와는 달리, 천이가 가능하다는 믿음이 생겼고 총회 자료집에 '씨앗부터 키워서 1002遷移 숲 만들기' 실행 계획을 넣었다. 이 무렵 발생한 코로나19는 기업 참여 숲 만들기 활동을 바탕으로 하는 우리 단체에 심각한 충격이었다. 연간 150여 회 5000여 명이 참여하는 나무 심기 행사의 문이 완전히 닫혔다. 그럼에도 활동가들은 더 바빠졌다. 2020년, 2021년 코로나19 기간 2년 동안 활동가들은 배낭에 도토리를 채워서 노을공원과 하늘공원 사면 구석구석을 오르내리면서 3만여 구덩이에 도토리를 심었다. 2톤 정도의 도토리를 썼고 일부 장소에는 수천 자루의 도토리 시드뱅크를 설치했다. 가래나무 씨앗도 이 기간 중에 처음으로 식재지 현장에 파종했다.

2020년 추석 무렵에는 기업들의 직접 참여 숲 만들기를 대신할 만한 비대면 숲 만들기 활동인 '집씨통'으로 '동물이 행복한 숲 만들기'가 시작되어 2022년까지 점차 숲 만들기 활동의 한 축으로 자리 잡았다. 그 덕에 단체 살림도 유지되었고 참여자들의 호응이 좋아 코로나19와 무관하게 숲 만들기 방식 중 하나로 자리 잡았다. '집씨통'은 노을공원 생태숲 만들기를 기존의 서울과 서울 인접 지역 기업의 직접 참여 방식에서 전국의 개인 참여 방식으로 참여 가능한 지역과 대상이 넓어지는 계기가 되었다. 이제 코로나19로 움츠렸던 시기를 지나 대면 봉사활동을 시작하려는 움직임이 느껴진다.

2023년부터는 자연환경을 지키기 위해 서로 손을 맞잡아야 하듯 쓰레기산에 시민들과 만든 숲과 숲을 개미집처럼 연결해 하나의 숲을 만들어 보려 한다. 노고시모 12년은 이렇게 ① '씨앗부터 키워서 100개 숲 만들기' ② '씨앗부터 키워서 1002遷移숲 만들기' ③ '집씨통으로 동물이 행복한 숲 만들기' ④ '숲과 숲을 잇는 개미숲 만들기'라는 활동명의 변화를 경험하면서 앞으로 나아가고 있다. 이러한 경험에 기반해 나무를 심으러 오는 사람들에게 우리의 네 가지 나무 심기 방식을 다음과 같이 소개한다. 모두 '씨앗부터 키워서 1002遷移숲 만들기'로 가는 방법이다.

① 노천 파종

아까시나무숲에 작은 구덩이를 파고 도토리 위주로 나무 씨앗을 심는다. 잘 심되 결과에 연연해하지 않는다. 바람이 씨를 뿌렸다고 여긴다. 1~2년 지나서 다녀 보면 여기저기 한 뼘 정도 크기의 어린 참나무가 보인다. 5년 후, 10년 후를 기대하며 매년 계속한다. 땅이 어는 계절을 빼고는 언제나 할 수 있는 활동이다. 동물이 씨앗을 빼먹는 것도 감수한다. 서로 나누는 것이니 괜찮다. 난지천 주변이나 습기가 유지되는 땅에는 가래나무 씨앗을 심는다.

② 시드뱅크

40x60센티미터 크기의 천연 소재 식생 마대황마씨 마대에 흙 한 삽 도토리 한 움큼을 넣고, 또 흙 한 삽 도토리 한 움큼 넣기를 서너 차례 하면 마대가 가득 차서 15~20킬로그램이 된다. 시드뱅크는 흙과 도토리를 채운 마대 주둥이를 단단히 묶어서 바닥에 깔아 주는 또 다른 나

무 심기 방법이다. 그 자리에서 싹이 터서 큰 나무로 자라게 한다. 싹이 많이 트면 좋다. 서로 의지하고 경쟁하면서 잘 자란다. 너무 촘촘하다고 걱정하지 않아도 된다. 길가에 한두 줄로 쭉 설치해도 되고 땅의 형편에 따라 5~10자루 촘촘히 깔아 주어도 된다.

따스하지만 한강 바람이 심하여 건조한 노을공원 가양사면의 비탈한 곳에 수백 자루를 굴려서 아예 표면을 덮은 곳이 있다. 여러 번 나무를 심었지만 살아남지 못한 장소다. 도토리 시드뱅크에서 싹을 틔운 어린 참나무들이 화본과 풀과 단풍잎돼지풀 그늘에서 잘 자라고 있다. 이곳은 습기를 유지하기 위해 풀은 정리하지 않는 것이 유리하다. 전에는 나무 심기를 행사를 하면 한 사람이 세 그루 정도 심었는데, 이제는 나무 한 그루만 잘 심고 도토리나 가래 시드뱅크 한 자루를 설치하는 식으로 진행하고 있다. 참여자들도 색다른 경험을 할 수 있고 힘도 덜 들어서 좋아한다.

③ 묘목 심기

묘목 심기는 나무 심기 하면 떠올리는 바로 그 나무 심기다. 다만 우리의 묘목 심기는 우리가 직접 키운 나무가 많다는 점, 식재지까지 나무를 옮기는 방법이 나무자람터 묘상에서 각자 한 그루씩 캐서 뿌리가 마르지 않도록 비닐 부대에 넣어 아기 안듯 안고 이동한다는 점, 그리고 나무를 쓰레기산에 심는다는 점에서 다르다. 나무자람터 나무는 씨앗부터 키웠거나 작은 묘목을 들여와서 키웠다. 2021년부터는 '집씨통'으로 키워 돌아온 어린 참나무도 키우고 있다.

④ '집씨통'

집에서 아이들과 함께 씨앗부터 숲이 될 나무를 키우는 비대면 숲 만들기 방식이다. 인터넷에서 '집씨통'을 검색하거나 '집씨통' 전용 카페에 들어가면 자세한 정보와 참여자들의 게시글을 볼 수 있다.

> 숲 이야기: 제45권역

나무자람터가 자리 잡기 전 육묘장처럼 사용하던 곳이 지금은 멋진 참나무 숲길이 되었다. 노을공원 매점 뒤, 노을계단에서 노을 전망 덱 쪽 200미터 산책로 목책 안쪽 참나무밭 1200제곱미터 지역인 45권역은 2014년 식목일 전후 고등학생 자원봉사 모임, 회원 가족이 작은 묘목을 심기 시작해 다음 해 5월까지 100여 명이 참여했다. 당시 이곳은 숲 만들기 장소가 아니라 산림청에서 지원받은 어린나무를 키우는 임시 육묘장으로 썼다. 그때까지 나무자람터는 좁고 정리가 미흡했기 때문에 이곳을 이용했다. 사업소에서 활용하던 장소라서 땅 파기가 수월했다. 각종 묘목들이 자라면서 대부분 숲으로 옮겨 심었지만 남겨진 나무도 있었다. 특히 상수리나무 중 발육이 느린 묘목들이 여기저기 있었는데 나중에는 아예 이곳에 자리 잡았다. 꽤 자란 나무는 수작업으로 캐기 힘들어서 이식을 포기하기도 했다.

초기에는 사업소에서 정리해 달라는 요청이 있었으나 어영부영하는 사이 훌륭한 참나무 숲길이 되었다. 틈틈이 소나무도 몇 그루 섞여 있다. 무성한 칡이 산책로까지 덩굴을 뻗던 곳에서 살아남은 작은 묘목과 풀 정리에 애써 준 자원봉사자들에게 고마울 뿐이다. 실생 1년 조그만 묘목을 심고 8년이 지난 2022년 가을부터 참나무들이 도토리를 떨구기 시작했다. 한번은 나무자람터에서 시드뱅크를 설치할 때 기왕이면 참가자들이 도토리를 직접 주워서 사용하면 좋을 것 같아 가까운 이곳에 와 보았으나 도토리를 볼 수 없었다. 산책로 주변이라서 지나는 사람들이 남김없이 주워 가기 때문이다. 아쉽지만 그만큼 잘 자랐다는 증거라고 생각하며 위안을 삼는다.

제45권역에 심은 나무 2종 총 315루
상수리나무, 소나무

'집씨통'으로 내 마음에 나무를 심다

씨앗부터 키워서 숲을 만드는 우리의 활동은 거의 대부분 현장 대면 활동이다. 그 덕에 코로나19 바이러스가 퍼지기 시작한 2020년부터 우리가 해 온 거의 모든 활동이 일시 중지 상태가 되었다. 10여 년을 굴러가던 바퀴에 급제동이 걸린 셈이다. 사람이 모이는 봉사활동이 중단되었고 후원금도 대부분 끊겼다. 단체 운영이 걱정은 되었지만 처음에는 자유 시간이 생겼다는 생각이 조금 더 크게 다가왔다. 그래서 늘 하고 싶었지만 봉사활동 진행에 시간을 쓰느라 하지 못했던 일들을 하기 시작했다. 숲을 더 세심하게 돌보고 쓰레기산에 자리 잡은 귀하고 특이한 나무를 찾아 기록했다. 소수 인원으로 시도해야 해서 시간을 내기 어려울 거라 예상했던 인간 다람쥐 활동에도 생각보다 많은 시간과 노력을 집중할 수 있었다. 운영비 확보에 보탬이 되는 일은 아니었지만 숲에 도움이 되는 활동이었기 때문에 좋았다.

숲 틈에 씨앗을 심으며 곳곳에 남아 있는 동물의 흔적과 만나면서 우리의 생활 태도가 달라지지 않는다면 제2, 제3의 코로나가 없으리라는 법은 없다는 생각이 들었다. 우리에게 코로나19는 인간 우선의 태도가 불러온 일종의 환경 재난처럼 느껴졌기 때문이었다. 코로나19로 택배 물량이 늘면서 1회용품 사용량과 포장재 쓰레기가 늘고 있다는 소식을 들으면 아직도 인간은 자신이 자연의 일부라는 사실의 의미를 이해하지 못하고 있다는 생각이 들었다. 그리고 쓰레기 매립지였던 곳에서 숲을 꿈꾸며 활동해 온 우리가 코로나19 같은 환경 재난을 줄이기 위해 할 수 있는 일이 무엇일까 생각이 많아졌다.

숲이라는 곳은 나무만 많은 곳이 아니다. 동물, 식물, 미생물, 무생물, 인간까지 세상에 존재하는 모두가 함께 행복할 때 붙여 줄 수 있는 이름이 숲이라고 생각한다. 나무를 심는 활동을 하면서 부족하나마 동물도 흙도 빗물도 사람도 돌보려 애쓰는 이유이기도 하다. 불현듯 '동물이 행복한 숲'을 만들어 보자는 생각이 떠올랐다. 동물도 행복한 숲을 만들 수 있다면 코로나19 같은 인수 공통 감염병에 대처할 방법이 되지 않을까 싶었다. 이제까지 하던 일과 크게 다른 일은 아니지만 동물도 행복한 숲을 만들자는 취지를 더 도드라지게 내세워 알리고 그 뜻에 공감하는 사람이 늘어나면 서로가 서로를 살리는 힘을 더 크게 키워 갈 수 있을 것 같았다. 쓰러진 나무로 다람쥐 모양의 숲 표지판을 만들었다. 그리고 "동물이 행복한 숲 만들기: 동물도 행복하면 사람도 코로나19로부터 안전해지지 않을까요? 함께 지켜 가요"라는 글귀를 적어 넣었다. 그렇게 방역 수칙에 따라 소수 인원으로 진행하는 '삼삼오오 동물이 행복한 숲 만들기' 활동을 시작했다.

어느 날 '씨앗부터 키워서 100개 숲 만들기' 활동에 참여해 오던 기업 중 한 곳에서 연락이 왔다. 코로나19로 바깥 활동이 어려운 시기 회사 구성원들이 집에서 할 수 있는 의미 있는 활동을 찾다 씨앗을 키워 보기로 했다는 연락이었다. 논의 끝에 도토리를 집에서 키우기로 했다. 씨앗을 키우는 데 필요한 모든 것은 최대한 재활용해 숲에 아픔이 되는 쓰레기를 만들지 않기로 했다. 그리고 씨앗부터 키운 어린나무는 돌려받아 '동물이 행복한 숲'에 심을 나무로 키우기로 했다. 집에서 씨앗을 키우는 기간도 아기가 태어나면 백일잔치를 하듯 대략 100일을 기준으로 하기로 했다. 처음에는 괜찮은 방법이라고 생각했다. 하지만 씨앗부터 키운 어린나무가 실제로 되돌아오면서 예상하지 못했던 고민이 시작되었다.

대부분의 참여자가 집에 있는 것을 재활용해 잘 키워 주었다. 하지만 재활용 소재 중 거의 대부분이 플라스틱이었다. 게다가 어린나무를 무사히 돌려보내는 데 너무 마음을 쓴 나머지 상당량의 포장재 쓰레기가 추가되어 돌아왔다. 하나둘 도착하는 택배 상자에서 어린나무와 함께 나오는 수많은 쓰레기를 보며 이건 아니라는 생각이 들었다. 사람의 즐거움만을 위해 씨앗을 키운 것이 아니라 쓰레기산을 동물도 행복한 숲으로 만들기 위해 키운 씨앗이었다. 비닐 테이프와 완충재 등으로 튼튼하게 포장해서 보내는 이유도 자신이 키운 어린나무가 무사히 숲이 되도록 안전하게 보내려는 마음이 컸기 때문일 것이다. 그런 참여자들의 마음을 충분히 헤아릴 수 있었기 때문에 더 마음이 무거워졌다. 내 나무에 온 마음이 쏠린 나머지 너의 나무와 우리의 숲을 보지 못한 그들을 떠올리며 도움이 되고 싶어 하는 참여자들의 마음이 정말 도움이 될 수 있도록 조금이라도 더 현장 경험이 있는 우리가 방법을 찾아야겠다는 생각이 들었다. 그렇게 해서 '집씨통'을 고안하게 되었다.

가공하지 않은 나무, 가능하면 이곳에 살다 쓰러진 나무로 화분이면서 포장재도 될 수 있는 나무 화분을 직접 만들었다. 친환경 소재를 사용하는 것에서 더 나아가 소비해야 하는 자원 자체를 최소화하는 노력도 해 보고 싶었다. 그래서 직접 수령하는 사람에게는 손수건이나 보자기를 가져와서 싸 가도록 하고, 택배로 주고받을 때는 '집씨통'을 담을 종이봉투 외에 활동 안내문이나 단체 홍보물, 후원 회원 가입서 같은 별도의 유인물을 넣지 않기로 했다. 대신 화분을 넣어 보낼 종이봉투에 키우는 방법과 돌려보내는 방법 등을 안내한 QR코드를 인쇄했다. 그 봉투 안에 흙과 씨앗을 담은 '집씨통'을 넣고 비닐 테이프 대신 생고무 밴드로 묶어 보냈다. 돌려받을 때도 추가하거나 버리는 것 없이 받은 소재를 모두 되돌려 받아 참여자 측에 쓰레기가 남지 않도록 했다. 그리고 우리가 돌려받은 것은 최대한 모두 재사용하거나 재활용하기로 했다.

　코로나19로 대면 활동이 줄면서 단체 운영만큼이나 마음이 쓰인 것은 사람과 숲의 연결 고리였다. 씨앗부터 키워서 숲을 만드는 활동에 사람들이 꾸준히 참여하며 이어진 숲과의 연결 고리를 지켜 가고 싶었다. 그래야 코로나19를 비롯한 각종 환경 재난에서 자유로워질 수 있을 것 같았다. 그런 해결을 위한 대안 중 하나로 '삼삼오오 동물이 행복한 숲 만들기' 활동을 시작했지만 이 역시 대면 활동인 탓에 쉽지 않았다. 그런 고민을 하던 중 '집씨통' 활동을 시작한 것이다. 처음에는 단순히 바깥 활동이 제한된 상황에서 사람들이 할 수 있는 활동을 함께 돕는다는 생각이었다. 하지만 참여자들의 호응을 보면서 어쩌면 '집씨통' 활동이 직접 숲 만들기 현장에 참여하지 않으면서도 사람과 숲의 연결 고리를 만들 좋은 방법이 될지도 모르겠다는 생각을 하게 되었다. 예상했던 것보다 더 많은 사람이 쓰레기를 만들지 않으며 숲을 만들어 보자는 취지에 공감했고, 씨앗에서 싹이 트고 자라는 모습에 감동하고 위로 받고 희망을 가졌기 때문이었다. 씨앗에서 숲을 보아 주었으면 하는 우리의 마음이 전해질 것 같았다.

　'집씨통'은 모든 과정이 사람의 손을 거쳐야 한다. 한 사람이 만들 수 있는 양에 한계가 있다 보니 새벽별을 보기 일쑤였다. 평소 누릴 기회가 없는 조용한 새벽 공원을 '집씨통' 덕분에 마음껏 누리는 셈이니 의외로 얻는 것이 더 많은 일이기도 했다. 고요함마저 아름답게 느껴지는 새벽 하늘 아래 또각또각 나무 화분이 부딪히는 소리는 때로는 꽃향기처럼 느껴지기도 했다. 2020년 9월 그날도 어김없이 새벽별 아래 손전등을 밝히고 작업을 하고 있었다. 목공용 칼로 '집씨통'을 다듬고 있는데 함께 '집씨통'을 만들던 친구가 불쑥 이런 말을 했다. 우리는 똑같은 '집씨통' 수백 개를 만들지만 받는 사람에게는 단 하나의 '집씨통'이라고. 그러니 매번 처음 만들듯 하나하나 정성을 다해 만들고 싶다고. 그리고 이런 말을 이어 갔다. 어디에 있든 어떤 일을 하든 마음속에 자신이 씨앗부터 키운 나무를 간직한 사람은 선택의 순간마다 자신이 키운 어린나무를 떠올리며 조금은 더 주의 깊게 선택할 거라고. 그러니 이 '집씨통'은 사람들 마음에 나무를 심는 희망의 씨앗이 되어 줄 거라고.

살다 보면 누군가 정답을 알려 주었으면 좋겠다는 생각이 들 때가 있다. 봉사활동을 마치고 언덕길을 내려오다 어떻게 살아야 할지 고민이 많다며 "이렇게 살면 된다고 방법만 알려 주면 진짜 열심히 할 자신 있는데"라고 말하던 청년이 떠오른다. 그런 말을 하는 이유를 모르지 않기에 머릿속에 떠오르는 고리타분한 말을 접어 두고 장난스럽게 꼬옥 안아 준 기억이 있다.

삶의 굴곡마다 문을 열어 줄 만능열쇠를 '바른 선택을 할 수 있게 도와주는 것'이라고 풀어 본다면 나는 우리가 그 열쇠를 가지고 있다고 생각한다. 그중 하나가 '생명에 대한 이해'가 아닐까 싶다. 생명이 무엇인지 바르게 아는 만큼 바른 선택을 할 가능성은 높아지기 때문이다. 생명이 무엇인지 안다는 것은 어떤 의미에서 너와 나를 관통하는 하나의 힘에 대해 알아 가는 것이라고도 할 수 있다. 너도 나도 생명을 품고 존재하기 때문이다. 너와 나의 생명이 같은 것임을 아는 사람은 서로 다른 듯 보이는 너와 내가 사실은 하나라는 것을 알게 되고 그 앎을 자신의 삶으로 살아 내게 된다. 너를 사랑하려 애쓰지 않아도 모두를 있는 그대로 조건 없이 사랑할 수 있게 되는 것이다. 그런 이의 선택은 언제나 최고의 선에 닿아 있을 수밖에 없다.

  2020년 9월부터 시작한 '집씨통' 활동은 이제 겨우 시작이라고 생각한다. 우연한 기회로 확실한 준비 없이 시작한 탓에 처음 1년 남짓은 거의 시행착오와 수정의 연속이었던 것 같다. 나중에 잘 썩을 수 있도록 가공하지 않은 나무를 쓰려 하다 보니 화분 틈이 벌어지기도 하고, 성장촉진제를 쓰지 않고 씨앗의 속도를 기다려 주는 방식을 택하려 하다 보니 왜 싹이 나오지 않는지 끊임없이 반복되는 질문을 마주해야 했다. 통상 여름이 되기 전에 도토리 파종을 마쳤지만 비대면 봉사활동을 찾아 시기 구분 없이 참여하길 원하는 이들의 요구에 응하다 보니 햇도토리가 나오기 전 한두 달은 '집씨통'에 수분이 매우 적어진 도토리를 넣어 발아율이 한참 떨어지는 미안한 결과를 만나게 해야 했다. 잘해 보려 노력은 했지만 우리가 부족해 예측하지 못한 이런저런 실수가 쌓이며 '집씨통' 활동도 조금씩 변화하고 있다. 이 모든 변화는 참여해 준 모두가 아쉬워하면서도 이해해 주려는 마음을 더 많이 가졌기 때문에 가능한 변화라는 것을 너무 잘 알고 있다. 그래서 더 미안하고 더 고맙다.

  씨앗에서 정해진 시간 안에 싹이 트는 것이 당연한 일이 아니라는 사실을 알면서도 처음에는 왜 싹이 나오지 않느냐는 질문을 받을 때마다 어떻게 해야 할지 고민이 되었다. 이제는 뿌리를 먼저 잘 내리고 난 뒤에 싹을 올리는 도토리의 성장을 설명하며 애정 가득한 무관심으로 느긋하게 기다려 달라고 부탁한다. 그리고 모든 씨앗에서 같은 속도로 같은 시간에 싹이 트지 않는 것이 더 자연스러운 일이라고 말하고, 대신 원하는 사람에게는 몇 번이고 씨앗을 담은 도토리 편지를 다시 보낸다.

변화는 '집씨통' 포장에서도 일어나고 있다. 포장재 쓰레기를 만들지 않기 위해 '집씨통'을 고안했지만 처음에는 '집씨통'이 여전히 충전재와 비닐 테이프에 싸여 돌아왔다. '집씨통' 포장법을 반복해서 안내하고 집씨통 활동의 중요한 취지 중 하나는 포장재 쓰레기를 줄이는 것이라는 점과 숲은 자연이 만들지만 쓰레기는 인간이 만든 문제이고 인간이 해결해야 한다는 점을 반복해서 전하다 보니 이제는 비닐 테이프나 종이테이프를 붙이지 않고 '집씨통' 포장법 그대로 종이봉투에 생고무 밴드나 마끈으로만 포장해 보내는 경우가 늘고 있다.

단골 택배 기사님들도 '집씨통' 활동의 취지에 공감하고 비닐 테이프 없이 주고받을 수 있도록 여러모로 도와주신다. 참여자 중에는 '집씨통' 활동을 통해 충전재나 비닐 테이프 없이 물건을 보내도 괜찮다는 것을 알게 되었으니 앞으로도 최소한의 포장으로 포장재 쓰레기를 만들지 않도록 해 보겠다고 이야기하는 사람도 늘고 있다. 씨앗에서 싹을 틔우고 그 싹이 살아 있도록 유지하는 것이 얼마나 어려운지 알게 되었다며 앞으로 살아 있는 모든 것을 소중히 여기겠다는 소감을 들려주는 사람도 있다. 그럴 때마다 씨앗부터 키운 나무를 마음에 품고 살아가는 사람은 선택의 순간마다 조금 더 생명을 소중히 여기는 선택을 할 거라 믿는다던 친구의 말이 떠오른다.

희망은 실재한다. 앞이 보이지 않는다고 절망해야 하는 것은 아니며, 어떤 일이 벌어질지 알 수 없다고 삶을 두려워해야 하는 것은 아니다. 앞날을 알 수 없는 삶의 법칙은 어떻게 보는가에 따라 열린 기회이자 희망이 되기 때문이다. 물론 지금 우리가 살아가는 세상을 보면 인간은 여전히 변해야 할 부분이 많은 듯하다. 하지만 작은 씨앗을 키우며 스스로 변화의 길을 걷기 시작한 이들처럼 모두가 함께 행복한 세상을 꿈꾸며 기꺼이 그 길을 걷고 있는 누군가도 분명히 존재한다. 이것이 희망이 실재인 근거이고 삶에 정성을 기울여도 된다는 증거다.

모든 존재는 빛의 씨앗을 품고 세상에 온다. 누군가는 그것을 잊고 살아가고 누군가는 기억하며 살아간다는 차이가 있을 뿐이다. 자신이 빛의 씨앗을 품은 존재임을 기억하는 사람은 그 씨앗이 나뿐 아니라 너의 길도 밝히는 등불의 나무로 자라도록 소중히 돌본다. 이렇게 자신이 품은 빛을 높이 들어 더 넓게 밝히려는 이들 덕에 우리는 암흑에 빠지지 않고 바른 길을 가려내기 위한 빛을 가지고 살아간다. 그것을 아는 사람은 자신이 품은 작지만 분명한 빛의 씨앗을 소중히 돌보려는 용기를 낸다. 아무리 작아도 빛은 어둠을 밝히며 빛과 빛은 아무리 멀어도 서로를 알아보고 하나로 연결되기 때문이다. 빛을 품은 우리는 그 누구도 어떤 순간에도 혼자가 아니다. 그 말의 진위를 자신의 삶으로 확인해 갈수록 어둠 속에서도 절망보다 희망을, 사행邪行보다 정직을 선택할 수 있게 된다. 어떤 성과든 내가 잘나고 내가 잘했기 때문이 아니라 선한 빛의 힘을 믿는 이들이 맞들어 주기 때문에 가능하다는 사실을 다시 깨닫게 해 준 '집씨통' 참여자 모두에게 고맙다.

> 노고시모의 도토리 보관법

'씨앗부터 키워서 1002遷移숲 만들기'의 기본은 도토리다. 사람들이 왜 도토리냐고 물으면 이렇게 답한다. ① 동물의 먹이가 된다. ② 싹을 잘 틔운다. ③ 구하기 쉽다. ④ 공원에서 잘 자란다. ⑤ 우리나라 자연 숲은 24퍼센트 정도가 참나무이고, 쓰레기산 노을공원의 아까시나무 숲이 자연 숲으로 천이하는데 적합한 나무다.

도토리를 키우는 일은 단체 초기부터 중심 활동 중 하나였다. 공원 안에서 부지런히 도토리를 모아 보기도 했고, 어린 참나무를 채집해 화분에 키워 보기도 했다. 공원 근처 큰 건물 지하 쓰레기 집하장이나 커피 전문점에서 버린 종이컵과 플라스틱 컵을 많이 모으기도 했다. 지금 생각하면 활동 초기 공원 비탈에서 봉사활동을 하러 온 학생들을 인솔해 환삼덩굴 싹을 뽑던 일만큼이나 허탈한 기억이지만 그 당시는 심각하게 열성적이었다. 버린 컵의 내용물을 씻어 내고 말리는데도 손이 많이 갔지만, 컵에 심어서 키운 수많은 도토리와 어린 참나무들의 생존율은 낮았다. 그래서 새로 시도한 것이 폐현수막으로 화분을 만들어 도토리를 키우는 것이었다. 중고 공업용 미싱을 구입해 봉사자들과 직접 폐현수막 화분을 만들었다. 모두 열심히 했고 나름 성과도 있었지만 이것도 지금은 하지 않는 방법 중 하나다. 꼭 폐현수막을 쓸 이유가 없다면 쉽게 썩지 않는 폐현수막을 쓰레기산에 보태지 않는 것이 맞다고 생각하기 때문이다. 폐현수막 화분에 심어 자란 도토리가 10년이 지나면서 고개를 올려야 끝을 볼 수 있을 정도의 커다란 참나무로 자란 것을 몇몇 곳에서 볼 수 있는 것이 위안이라면 위안이다.

매년 9월 중 도토리를 1톤 이상 산다. 택배로 도착한 도토리 상자에는 이미 도토리거위벌레 애벌레가 많다. 애벌레들에게는 미안하지만 소독은 필수다. 커다란 통에 도토리를 100여 킬로그램 정도씩 나누어 쏟아붓고 도토리가 물에 잠길 만큼 물을 채운 다음 목초액을 넣어서 이틀 정도 담가 소독한다. 잘 섞이도록 가끔씩 저어 주는 것도 잊지 않는다. 도토리 100킬로그램에 5~10리터 정도의 목초액을 쓴다. 목초액으로 충분히 소독한 도토리를 볕이 잘 드는 곳에 넓게 천막을 깔고 얇게 널어서 말린다. 바삭거릴 정도는 아니어도 2~3일 충분히 말린 다음에 망 주머니에 넣어서 실온 창고에 쌓아 둔다. 창고 바닥이 흙이라면 쥐 피해가 매우 심하다. 쥐 피해를 완전히 막기는 힘드나 바닥이 판자로 된 창고에 보관하는 정도로도 쥐 피해를 많이 줄일 수 있다. 그래도 생기는 피해는 쥐들과 나눈다고 여긴다.

목초액은 참나무 숯가마에서 원액을 사서 쓴다. 목초액은 다음 해까지 두어도 괜찮으니 모자라지 않게 준비한다. 목초액 원액을 꽤 많이 써서 이틀 정도 담가 놓아도 살아남는 도토리거위벌레 애벌레가 꽤 많다. 그 정도는 감수한다. 목초액에서 건져 말린 도토리를 망 주머니에 담아서 쌓아 두면 많은 애벌레가 나와서 땅속으로 기어 들어간다. 그렇게 땅속에서 겨울을 난 다음에 봄이 오면 성충이 되어 참나무에 오른다. 도토리에 난 구멍은 도토리거위벌레의 흔적이다. 구멍 난 도토리도 배아가 멀쩡하면 싹이 트니 버리지 않는다. 하지만 구멍 난 도토리는 시간이 지나면서 쉬이 상하기 때문에 '집씨통'에는 쓰지 않는다. 보통 환경의 실온 창고에 쌓아 둔 도토리는 다음해 4~5월까지는 발아율이 괜찮은 편이지만 6월이면 발아율이 떨어져서 7월이 되면 종자로 쓰지 않는 것이 좋다. 20킬로그램 정도 되는 망 자루를 자루째 30센티미터 정도 깊이로 땅에 묻어 두면 자루 안에서 싹이 나오기 때문에 3월 중·후반에서 4월까지 파종하기에 좋지만 시기를 놓치면 뿌리가 많이 자라서 엉키게 된다. 도토리 싹은 튼튼하고 부러져도 다시 나오기 때문에 파종 시기가 좀 늦어도 괜찮기는 하지만 일시에 쓰지 않고 두고두고 쓸 경우에는 다른 방법도 병행한다.

도토리를 모래에 섞어서 노천 매장하면 도토리의 상태는 최상으로 보존되지만 식목일 무렵까지는 일시에 써야 한다. 그렇지 않으면 쉬이 발아해 장기 보관이 어렵다. 날짜를 정해 단기간에 파종할 때 적합한 보관 방법이다. 하지만 말려서 창고에 높직하게 쌓아 두었다 써도 4월 파종에는 어려움이 없다. 빠르게 발아시키려면 물에 하루 이틀 담갔다가 쓰면 되지만, 굳이 서두르지 않아도 때가 되면 싹을 틔운다. 문제는 9월 햇도토리가 나오기 전 6~8월까지 도토리를 보관하는 방법이다. 이때까지 도토리를 땅속에 두면 도토리 뿌리와 싹이 한참 자라서 까치집처럼 엉켜서 떼어 내기 힘들다.

경험상 가장 좋은 도토리 장기 보관 방법은 말려서 창고에 쌓아 둔 도토리가 뿌리를 내기 전 4월에서 5월 사이에 큼직한 종이 부대에 5킬로그램 정도씩 담아서 둘둘 말아 냉장실에 보관하는 것이다. 이렇게 하면 여기저기 뿌리를 내미는 도토리가 있어도 속도가 빠르지 않고 건강하게 보관된다. 이런 방법으로 보관하면 연중 어느 때고 '집씨통' 활동을 진행할 수 있다. 시민 참여로 씨앗부터 키워서 숲을 만드는 활동이 연중 가능한 셈이다.

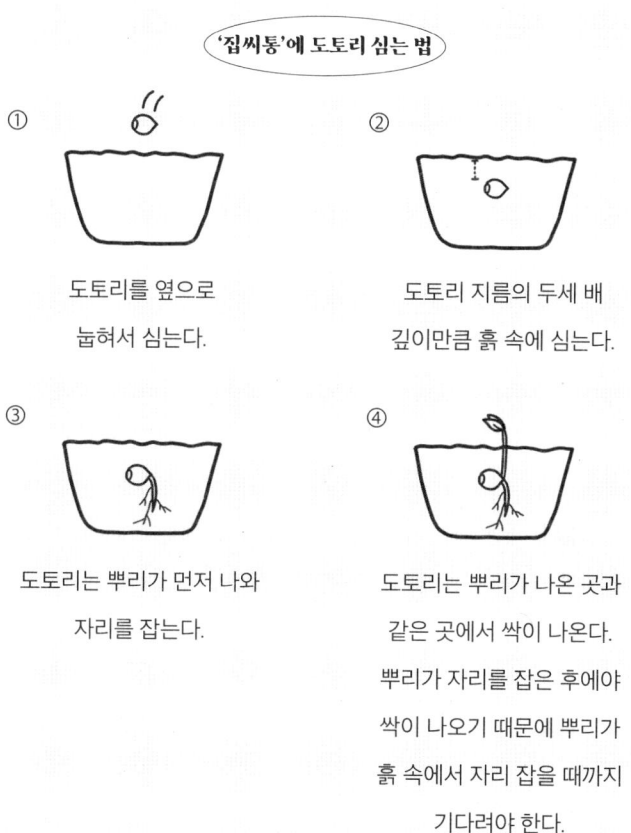

'집씨통'에 도토리 심는 법

① 도토리를 옆으로 눕혀서 심는다.

② 도토리 지름의 두세 배 깊이만큼 흙 속에 심는다.

③ 도토리는 뿌리가 먼저 나와 자리를 잡는다.

④ 도토리는 뿌리가 나온 곳과 같은 곳에서 싹이 나온다. 뿌리가 자리를 잡은 후에야 싹이 나오기 때문에 뿌리가 흙 속에서 자리 잡을 때까지 기다려야 한다.

숲 이야기: 제41권역

　코로나19에 대한 대처로 시작한 '동물이 행복한 숲'은 41권역이다. 노을공원 나무자람터 주변 산책로 아래 두세 번째 사면, 중간 순환길 옹벽까지 1만5000제곱미터 지역인 41권역은 2020년 4월 13일 '백수건달' 선생님 네 분과 활동가 두 명이 참여한 서울시 공모 지원 사업 나무 심기를 시작으로 2022년 3월까지 694명이 참여했다. 코로나19 영향으로 예전과 같은 나무 심기 참여 행사가 어려워지면서 '집씨통으로 동물이 행복한 숲 만들기', '삼삼오오 동물이 행복한 숲 만들기' 등 비대면 숲 만들기와 소수 인원 참여를 강조하는 대면 숲 만들기 방식으로 숲 만들기 활동을 진행했다.

　대면 숲 만들기는 주로 41권역 '동물이 행복한 숲'에서 진행되어, 2020년 봄부터 2022년 봄까지 소규모 직접 나무 심기에 30여 단체가 참여했다. 41권역에는 '동물이 행복한 숲'이라는 권역 자체 숲 이름이 있다. 동물이 숲에서 행복하면 코로나19 같은 수인성 감염병이 생기지 않을 것이라는 메시지를 전달하기 위해 지은 이름이다. 나무자람터 이웃이라 나무를 심으러 가는 동선도 편했고 '집씨통' 참여 답사에도 도움이 되었다. 나무를 심는 곳이면 어디나 '동물이 행복한 숲'이겠지만 여기서 시작하게 되어 다행이고 참여자들에게 고마울 뿐이다.

제41권역에 심은 나무 35종 총 2848그루

가래나무, 갈참나무, 개나리, 개암나무, 고로쇠나무, 귀룽나무,

꾸지나무, 꾸지뽕나무, 노각나무, 느티나무, 닥나무, 단풍나무, 돌배나무,

뜰보리수, 마가목, 무화과나무, 물푸레나무, 밤나무, 복자기, 뽕나무,

산겨릅나무, 산딸나무, 산벚나무, 산수유, 상수리나무, 소나무, 쉬나무,

신나무, 아그배나무, 자귀나무, 자작나무, 쥐똥나무, 팥배나무,

헛개나무, 흰말채나무

숲 이야기: 제21권역

권역 자체 숲 이름이 있는 곳 중 '미세 먼지 줄이기 트리클^{Treecle} 숲'도 있다. 하늘공원 입구에서 하늘계단 방향으로 50여 미터 내려와 도로 옆 상암동 방향 사면 700제곱미터에 해당하는 지역인 21권역은 미세 먼지 관련 숲 만들기가 활발해지기 전인 2016년에 시작했다. 그 전부터 '트리클' 활동을 해 오고 있었기 때문에 붙인 이름이었다. 다음은 2016년 5월 5일 어린이날 '미세먼지 줄이기 트리클 숲' 나무 심기 기록이다. "어린이날인 오늘 오전 하늘공원에서 아이들을 동반한 가족들과 정말 기분 좋은 시민의 숲 만들기를 진행했습니다. 이렇게 소박하고 따스한 마음이 가득한 시민 나무 심기 행사를 점점 늘려 가고 싶습니다. 오늘 감사합니다." 그리

고 한 차례 더, 같은 해 6월 6일의 기록이다. "많은 시민과 미세 먼지 줄이기 트리클 숲에서 이팝나무 60그루, 상수리나무 20그루 총 80그루의 나무를 심었습니다. 〈연합뉴스〉와 환경부에서도 취재를 나와 주었습니다. 모두 열심히 해 주어서 감사합니다." 〈연합뉴스〉와 환경부 취재는 잘못된 기록으로 보인다. 아마 관련자가 다녀간 것 같다.

아쉽게도 이곳에는 5월 5일과 6월 6일 두 차례 48명이 나무를 심은 것이 전부다. 사업소 담당 공무원의 부탁으로 더 이상 나무를 심지 않았다. 이유는 잘 기억나지 않지만 아래쪽에 다른 부서의 현장 막사가 있었기 때문이었던 것 같다. 그게 무슨 상관이냐고 할 수도 있겠지만 속사정은 알 수 없었다. 소박하고 접근성이 좋아서 자원봉사자, 회원 가족과 함께 시작했고 나중에라도 이어 가고 싶었으나 그러지 못했다. 숲 만들기를 위해 설치한 600리터 물통을 2~3년 후에야 치울 수 있었는데 놀랍게도 물이 변하지 않고 맑았다. 물은 햇빛, 영양, 온도, 이렇게 세 가지 조건이 모두 갖추어지면 상하는데, 이 중 한 가지만 조건이 갖추어지지 않으면 상하지 않는다. 우리는 이 사실을 나무 심기 현장에서 확인할 수 있었다.

이후 2019년 하늘공원과 노을공원에 '미세 먼지 줄이기 트리클 숲' 두 곳이 제대로 만들어졌고, 이때는 실제로 '트리클'에 묘목과 연장을 싣고 이동했다. 둘 다 공모 지원 사업이었고 '미세 먼지 줄이기 트리클 숲' 만들기가 주제였다. 첫 미세 먼지 줄이기 숲 만들기는 시작만 하고 사업소의 요청으로 멈추었지만 그 뜻을 이어 다른 곳에 뿌리를 내렸으니 이곳도 나름 역할을 해 준 셈이다. 언젠가 그곳도 숲으로 완성할 수 있기를 바란다.

제21권역에 심은 나무 7종 총 250그루

라일락, 물푸레나무, 산수유, 상수리나무, 이팝나무, 층층나무, 화살나무

씨앗을 모으다

나무자람터 한편에서 직접 키운 버섯으로 가을 채종을 위한 평화여행을 준비한다. 코로나19로 함께 가는 봉사자 수는 줄었지만 고맙게도 채종 평화여행은 이어지고 있다. 평화여행 일정을 잡기 위한 논의는 꽤 오래전부터 이루어진다. 가고 싶어 하는 이들이 모두 갈 수 있도록 번거로움을 마다하지 않고 일정을 조정한다. 어떻게 하면 함께할 이를 더 편하게 해 줄지 서로 방법을 찾고 의견을 주고받는 모습에서 따스한 기운이 오가는 것이 느껴진다. 서로를 위하는 모습이 너무 사랑스럽고 예뻐서 곁에서 지켜보는 것만으로도 행복해지곤 한다.

해를 거듭할수록 채종을 위한 평화여행 참여자 중 채식을 시작하는 사람이 늘고 있는 것 같다. 전체 식단도 자연스럽게 채식 중심이 되어 가고 있다. 식단을 채식으로 준비하는 이유는 배제보다 포용을 선택하는 것이 더 소중한 일이라고 여기기 때문이지, 채식만이 정답이라 여기기 때문은 아니다. 그래서 채식하는 이들을 고려하는 동시에 채식을 선택하지 않은 이들도 내적 불편을 느끼지 않도록 부족하나마 마음을 쓰려 노력한다. 내가 선택한 방식에 만족을 느끼는 것이 나도 모르게 우

월감으로 연결되고 있다면 모두를 살리려는 삶의 본질에서 벗어나 자기중심의 함정에 빠지게 될 수도 있기 때문이다.

    처음 이 땅에 나무를 심을 때 내가 심은 나무에 곧 꽃이 피고 열매가 맺힐 것이라 생각했다. 하지만 꽃이 필 것이라 했던 때가 되어도 꽃은 피지 않았고, 당연히 열매도 맺히지 않았다. 어린나무는 그렇다 하더라도 잘 심으면 열매를 맺을 거라 했던 큰 나무들도 마찬가지였다. 가끔 보이는 몇 안되는 꽃은 식물을 잘 모르는 내가 보기에도 너무 약해 보였다. 색도 탁하고 향도 아프게 느껴졌다. 꽃이 진 자리에 겨우 맺힌 열매에는 씨앗이 없거나 형태만 남아 있었다. 땅이 건강하지 않아서 그렇다는 이야기를 들으며 이 땅이 아직은 아프구나 싶어 새삼 미안했던 기억이 있다. 그렇게 몇 해를 지나며 꽃도 열매도 없는 나무에 익숙해졌을 즈음 반짝반짝 윤이 나는 열매를 맺은 나무들이 생겨났다. 건강한 땅의 나무들에 비하면 여전히 여리고 적은 양이었겠지만 쓰레기산에서 열매를 품은 나무가 눈길 닿는 곳까지 이어지는 모습과 마주했을 때는 마치 다른 세상에 온 듯 믿기지도 않고 괜스레 신이 나기도 했다.

    우리가 나무를 심고 숲의 기반을 만드는 곳은 쓰레기산 사면이다. 밧줄을 잡고 가파른 경사를 내려가 봉사자들과 나무를 심는다. 그렇게 척박한 땅에 나무를 심으며 이곳에서 씨앗을 받을 수 있을 거라는 생각은 하지도 못했다. 그저 살아남기만을 바랐다. 그렇게 여러 해가 지난 어느 날, 늘 그렇듯 숲이 잘 지내는지 하나하나 둘러보며 돌보던 하늘이 참 맑은 날이었다. 눈앞에서 팝콘이 터지듯 열매가 가득 열린 나무와 만났다. 원래 여기 있던 나무일까. 너무 생경해서 주변을 한참 둘러보았다. 곰곰이 생각해 보고 기록까지 찾아보며 4~5년 전 두 해에 걸쳐 봉사자들과 심은 나무라는 걸 확인했을 때 나도 모르게 입이 귀에 걸렸다. 너무 신이 나서 씨앗으로 쓰려고 자루 하나 가득 떨어진 열매를 주워 담았다. 가시에 쓸리는 줄도 모르고 신나게 주운 열매를 한껏 높이 들어 보이며 넘치는 기쁨을 뿜어내는 이들을 보니 고마움이 차올랐다. 그렇게 어느 순간부터 봉사자들과 함께 심고 돌본 나무들이 다른 숲의 나무가 될 건강한 씨앗과 어린나무를 나누어 주었다. 쓰레기산에 심어 놓고 해 준 것도 많이 없는데 이렇게 받아도 되나 싶을 정도였다.

심은 나무에 꽃도 열매도 씨앗도 없는 모습을 오랫동안 보아 왔기 때문인지 이제는 꽃도 열매도 씨앗도 전보다 더 귀하게 느껴진다. 쓰레기산에서 숲을 만들며 식물이 맺는 결실이 당연한 것이 아니라는 사실을 알게 되었기 때문인지도 모른다. 이 땅에서 나무를 심고 여러 해가 지난 뒤 건강한 씨앗을 품기 시작한 나무들이 생겨나자 이제 모든 것이 괜찮아졌다고 말할 수는 없지만 그래도 조금씩 더 건강해지고 있다고 말을 건네는 것 같아 고마웠다. 봉사자들과 함께 만드는 숲 자리에서 다른 숲의 나무가 될 씨앗과 어린나무를 나누어 받을 때면 정말 건강하다는 것, 상처에서 회복되었다는 것은 나도 네 손을 건강하게 잡아 줄 수 있게 되는 것이라는 걸 배운다.

씨앗부터 키워서 숲을 만드는 활동을 하면서 아무리 커다란 나무를 보아도 이 나무의 씨앗은 어떤 모습일까, 작은 씨앗의 여정을 상상해 보는 습관이 생겼다. 씨앗에서 싹이 트고 지금에 이르기까지 자기 몫의 삶을 온전히 살아왔을 나무를 그리다 보면 마주한 상황을 내 기준에 따라 해석하고 그에 따라 기울일 정성의 양을 조절하는 인간의 모습을 돌아보게 된다. 인간에게는 어쩌다 삶에 기울일 힘의 종류와 강도를 조절할 수 있는 선택권이 주어진 것일까.

누구도 대신해 줄 수 없는 것 중 하나가 살아가는 일이다. 누군가와 생의 마지막 순간까지 함께하며 돕고 도움을 받을 수는 있어도 삶 자체를 대신 살아 줄 수 있는 존재는 없다. 그렇게 우리는 자각 여부와 무관하게 내 삶에 뿌릴 씨앗을 스스로 선택한다. 내가 뿌린 씨앗은 삶의 다양한 요소들과 영향을 주고받으며 자라나 그에 걸맞은 결실을 맺고 나에게 돌아온다. 그리고 다시 질문을 던진다. 마주한 이 상황에서 나는 어떻게 할 것인가. 내가 마주한 지금 이 순간은 뿌릴 씨앗을 선택하는 순간이자 뿌린 씨앗을 거두는 순간이다. 내 생각대로 대처할 자유도 주어지지만 누린 자유에 대한 책임 역시 나에게 있다.

뿌린 것은 거둔다는 점에서 책임은 피하거나 전가할 수 있는 대상이 아니다. 하지만 뿌린 것을 거둔다는 점에서 책임은 상벌의 개념도 아니다. 오히려 책임은 선택할 수 있는 자유를 잘 누리기 위한 일종의 안전망 같은 것이다. 진짜를 가려낼 수 없는 인간에게 자유가 자기중심적인 방종이 되지 않으려면, 내가 가진 선택의 힘이 세상을 망가뜨리고 너와 나의 삶을 망가뜨리는 슬픈 힘이 되지 않으려면, 잘못된 선택을 알아차릴 수 있는 믿을 만한 신호가 필요하기 때문이다. 그런 의미에서 뿌린 대로 거둔다는 삶의 원리는 선하고 정직하게 살아가려는 이들이 그 마음을 지킬 수 있도록 삶이 응원하는 든든한 약속이다. 가고자 하는 곳을 찾아가는 데 도움을 주는 나침반처럼 자유와 책임의 조합 역시 삶의 방향을 바르게 잡아 가는 데 도움을 주기 때문이다.

　우리가 마주하는 각종 사회·환경문제도 우리의 선택이 바람직하지 않다는 것을 알려주는 신호이자, 우리에게 정말 소중한 것이 무엇이며 무엇이 더 이로운 선택인지 방향을 알려 주는 실마리다. 다만 그 신호를 바르게 활용하려면 마주한 상황에 내 몫의 책임이 있음을 자각하고 문제 해결을 위해 내가 할 수 있는 최선을 찾고 실천하는 노력이 필요하다. 하나로 연결된 세상에서 오롯이 너만의 잘못인 문제는 많지 않다. 설령 내가 정말 틀림없이 옳은 것만 선택하며 살고 있다고 생각되더라도 그 생각이 나만의 기준에서 비롯된 것은 아닌지 몇 번이고 반복해서 신중하게 생각해 보아야 한다. 세상에는 진리를 깨달은 이도 분명히 있겠지만 지금 우리가 살고 있는 세상을 볼 때 아직은 나를 비롯한 대부분의 사람이 옳다고 생각하는 것과 옳은 것이 일치하지 않는 세계를 살아가고 있기 때문이다.

　바르게 알지 못하면 마치 내 자리가 세상의 중심인 듯 자신이 서 있는 곳을 기준으로 이쪽은 옳고 저쪽은 그르다고 용감하게 말할 수 있게 된다. 자신이 서 있는 곳이 세상의 중심이라고 여기는 이들이 수없이 많다는 것도, 한 걸음만 벗어나도 이제까지 옳다고 했던 것이 틀린 것이 될 수 있다는 것도 모두 망각하기 때문이다. 흔들리는 기준점이라도 붙잡고 방향을 잡아야 한다고 여기는 것이 아직 지혜를 다 배우지 못한 우리지만 적어도 그것이 내가 세운 기준이라는 것만이라도 잊지 않고 살아갈 수 있다면 좋겠다. 어쩌면 선택할 수 있는 힘이 책임이라는 길잡이와 함께 주어진 것은 스스로 진짜를 가려내고 진짜를 선택하는 능력을 키워 더 건강하게 서로를 잡아 주라는 뜻인지도 모른다. 쓰레기산에 심은 씨앗이 건강한 나무로 자라야 숲이 될 씨앗을 나누어 줄 수 있듯, 우리가 건강하게 살아가기 위해서도 각자 바른 선택을 하며 자기 자리에서 건강하게 살아갈 필요가 있다.

이제 우리는 이 땅에 사는 풀과 나무에서 씨앗을 모으던 것에서 한 걸음 더 나아가 이 땅이 천이가 가능한 숲으로 나아가는 데 도움이 될 우리 풀과 나무의 씨앗을 모으려 노력하고 있다. 토종 씨앗을 모아 키우려는 것은 우리 것이 좋고 외래종은 나쁘다 생각하기 때문은 아니다. 잘은 모르지만 시간을 거슬러 올라가면 인간도 단일 조상으로 수렴되듯 식물 역시 기준을 언제 무엇으로 잡느냐에 따라 토종과 외래종의 구분은 달라질 수도 있지 않을까. 식물에 무지한 탓이 크겠지만 그런 생각을 하다 보니 내 것과 네 것을 구분하고 때로는 우열을 가리기도 하는 방식이 아직은 조금 어색하게 느껴진다. 삶이 품은 것이 모두 이듯 우리가 지켜야 하는 것은 전체의 다양성이라 생각한다. 단순한 셈법이지만 각자 자기 자리에서 해야 하고 또 할 수 있는 일을 잘해 내면 건강한 세상을 만드는 데 도움이 될 것이다. 사회나 환경문제를 개인의 탓으로 돌려서는 안 된다고 생각하지만 잘못된 사회구조가 만들어지고 유지 되는데 기여한 나 자신의 무관심과 방관도 모른 척해서는 안 된다.

종 다양성을 지키는 일도 비슷한 것 같다. 내가 있는 곳에서 자생하는 동물과 식물, 내가 있는 곳에서만 살아갈 수 있는 미생물과 무생물을 각자 자기 자리에서 건강하게 지키면 전 지구적으로도 그만큼 더 다양한 종을 지킬 수 있을 것이다. 우리가 이왕이면 토종으로 분류된 씨앗을 모아 키워 보려는 것도 그 때문이다. 마침 우리는 지금 씨앗부터 키워서 숲을 만드는 일을 하고 있다. 그렇기 때문에 토종 씨앗을 모아 숲을 만드는 일이 모두를 위해 우리가 할 수 있는 일이 아닐까 생각할 뿐이다. 물론 나무를 구해서 직접 심어도 된다. 하지만 정보망이 부족한 탓인지 지금까지는 필요한 토종 나무를 구하는 일이 쉽지 않았다. 그래서 씨앗을 모은다. 어느 정도 생태 감수성을 갖춘 현장 전문가의 도움을 받으면 완벽하지는 않아도 생태계 훼손을 줄이며 씨앗을 모을 수 있고, 종 다양성을 지키고 싶다는 의지와 능력을 지닌 현장 전문가와 함께하면 씨앗이 허무하게 사라지지 않도록 잘 돌볼 수 있다. 그렇게 정성으로 모은 씨앗을 볼 때면 이렇게 씨앗을 모을 수 있다는 사실이 너무 고맙다. 아직은 다시 선택할 수 있는 기회가 있다는 뜻이기 때문이다.

'집씨통'에 담아 보내는 씨앗도 갈참나무, 굴참나무, 졸참나무, 신갈나무, 떡갈나무, 상수리나무라는 이름의 토종 참나무 6남매다. 토종 씨앗을 키우는 것이 외래종을 배제하기 때문은 아니라는 것도 잘 전하려 노력한다. 누군가를 배제하는 일은 선을 지향하는 듯 보이는 상황에서도 얼마든지 벌어질 수 있다고 생각한다. 누구도 배제 자체를 의도하지 않았겠지만, 그저 자신에게 필요하고 옳다고 생각한 것을 했겠지만, 그럼에도 누군가가 소외되고 배제되는 일은 왕왕 벌어지곤 한다. 자기만의 가치관에 따라 살아가는 다양한 존재와 함께해야 하는 현실을 감안하면 어떤 상황에서든 다름은 생겨나고, 다름을 받아들이지 못해 비난하고 밀어내는 일이 생겨날 가능성은 늘 존재한다. 때로는 도무지 이해할 수 없는 이들까지 품으며 함께 살기 위해 노력하는 일이 불편하고 납득되지 않을 때도 있을 것이다. 하지만 아무리 내가 옳더라도 누군가를 배제해서 이로울 것은 없다. 배제한다는 건 배제당할 수 있는 환경을 만드는 것에 동의하는 것이기 때문이다. 지금은 내가 당위가 보증되는 듯 보이는 조건에 속해 있다 하더라도 나와 다른 너를 배제해도 된다는 것에 무관심이라는 형태로라도 동의하는 순간 나 역시 어떤 조건 아래에서는 배제당할 수 있다는 것에 동의하는 셈이 된다. 그렇게 되면 우리는 어쩌다 주류로 분류된 힘에 합류하지 못해 소외되는 불안에서 누구도 벗어날 수 없다. 우리는 모두 온전한 자연의 일원이지만 인간이 세운 제각각의 기준에 모두 들어맞는 완벽한 존재는 아니기 때문이다.

함께 살아간다는 것은 각각의 개체가 그 자체로 존중받는 것에서 시작한다. 그리고 그것은 언제나 지금 나부터 시작할 때 시작된다. 있는 그대로의 나를 인정받고 싶다면 나와 다른 너도 진심으로 인정해 주어야 한다. 네가 하면 나도 하겠다는 태도는 때로 너와 나의 존엄에 차이가 있다는 생각에서 나오기도 한다. 우리가 이 땅에서 꿈꾸는 '스스로 크는 숲 함께 가는 숲'도 그러하기를 바란다. 숲이라는 이름을 내세우며 내가 옳다고 여기는 방법만 주장하거나, 네 역할만을 요구하기보다 우리의 선택이 정말 '따로 또 같이'가 가능한 공존의 방법인지 스스로에게 묻고, 나는 내 역할을 올곧게 하고 있는지 먼저 나에게 물으며 숲으로 가는 길을 걸어 보고 싶다. 우리에게 숲은 각자 자신의 삶을 건강하게 살아가는 개체들이 서로의 다름을 인정하며 따로 또 같이 뭔가를 이루어 내는 곳이기 때문이다.

자연은 다양한 존재를 한 가지로 통일하거나 배제하지 않고 있는 그대로의 모두를 품고 균형을 잡아 간다. 하지만 인간은 종종 선하고 아름다운 것과 다양함에도 기준을 세우고 조건을 확인하며 나와 다른 너를 밀어내곤 한다. 입으로는 생명을 존중해야 한다고 말하며 삶으로는 존중받을 가치가 있는 생명을 가리는 인간은 올바르게 살고자 하는 바람마저 자기중심성에 빠뜨릴 수 있는 존재인 셈이다. 우리도 예외는 아니다. 숲을 말하고 씨앗을 모으지만 나를 우위에 두고 너를 배제하는 함정에 빠질 가능성은 늘 존재한다.

하나의 씨앗은 자신의 삶을 자연에 거스름 없이 살아가면서, 동물을 살리고 식물의 세계를 넓혀 간다. 자신의 삶을 살 뿐이지만 그 삶이 순리를 거스르지 않기에 다른 존재들과 함께할 수 있는 숲이라는 건강한 연결과 순환도 만들어 낼 수 있는 것이다. 씨앗을 모으며 씨앗을 키우는 일은 나무를 키우는 일이 아니라 숲을 이루어 가는 일이라는 것을 잊지 말아야겠다. 숲은 나만을 위한 곳이 아니라 모두를 위한 곳이다. 숲이 될 나무를 씨앗부터 키운다는 것은 건강한 순환을 염두에 두어야 하는 일이며, 씨앗을 모은다는 것은 너와 나의 건강한 연결을 염두에 두어야 하는 일이라는 것을 늘 기억하며 살아갈 수 있다면 좋겠다.

나무자람터에서 키우는 나무들 2022년 가을 기준

시기에 따라 종류와 수량에 차이가 있으며, 숲에 옮겨 심을 수 있는 크기의 묘목이 항상 수천 그루 준비되어 있다.

어린 묘목을 구입하거나 수집하여 키우는 나무 56종

가시오갈피나무, 가래나무, 갈참나무, 광대싸리, 귀룽나무, 고욤나무,

고추나무, 개암나무, 국수나무, 꾸지뽕나무, 노각나무, 노간주나무,

누리장나무, 다래, 단풍나무, 돌배나무, 두릅나무, 들메나무, 때죽나무,

떡갈나무, 마가목, 매실나무, 미선나무, 모감주나무, 모과나무,

멍석딸기, 물푸레나무, 박쥐나무, 복자기, 산뽕나무, 상수리나무,

산겨릅나무, 산수국, 산딸나무, 산초나무, 신나무, 신갈나무, 생강나무,

오갈피나무, 오리나무, 오미자나무, 왕머루, 왕버들, 음나무, 진달래,

조록싸리, 졸참나무, 줄딸기, 쥐똥나무, 참옻나무, 청가시덩굴,

팥배나무, 탱자나무, 함박꽃나무, 헛개나무, 흰말채나무

씨앗부터 키우는 나무 26종

가래나무, 갈참나무, 고욤나무, 광대싸리, 굴참나무, 개살구나무,

꾸지나무, 누리장나무, 단풍나무, 돌배나무, 떡갈나무, 모감주나무,

모과나무, 머루나무, 밤나무, 복사나무, 산딸나무, 산초나무,

상수리나무, 쉬나무, 신갈나무, 신나무, 쇠물푸레나무, 왕버들꺾꽂이,
졸참나무, 탱자나무

2021년 채종해 2022년 파종한 72종 경험 부족으로 발아율이 낮지만
개선책 강구 중

개다래, 개머루, 개옻나무, 고로쇠나무, 고추나무, 광대싸리, 괴불나무,

국수나무, 까치밥나무, 나래회나무, 노각나무, 노간주나무, 노린재나무,

누리장나무, 다래, 단풍나무, 당단풍나무, 댕댕이덩굴, 들메나무,

땅비싸리, 때죽나무, 말발도리, 말채나무, 물개암나무, 물오리나무,

물참대, 미역줄나무, 박달나무, 박쥐나무, 배암나무, 병꽃나무,

병조희풀, 복자기, 복장나무, 붉은병꽃나무, 산수국, 산앵도나무,

산진달래, 산철쭉, 산초나무, 새모래덩굴, 생강나무, 세잎종덩굴,

시닥나무, 신나무, 얇은잎고광나무, 오미자, 왕머루, 으름덩굴, 으아리,

작살나무, 조록싸리, 좀깨잎나무, 종덩굴, 주목, 쥐다래, 쪽동백나무,

찰피나무, 참갈매나무, 참빗살나무, 참회나무, 청가시덩굴, 청미래덩굴,

측백나무, 층층나무, 큰꽃으아리, 피나무, 할미밀망, 함박꽃나무,

황벽나무, 회나무, 히어리

숲 이야기: 제33권역

　눈 앞에서 열매를 가득 매단 모과나무를 만난 곳은 33권역이다. 하늘공원 한강 조망 중앙 덱 아래 두 번째 사면 1000제곱미터 지역인 33권역은 2015년 한 외국계 기업 사원 102명이 한 번 나무를 심고 마무리한 구역이다. 이 회사는 공기 중 산소를 이용해 제품을 만들기 때문에 자연에 진 빚을 갚는다는 생각으로 나무를 심겠다고 했다. 그렇다고 공해 배출 업체는 아닌 듯하니 자연을 향한 감사의 표현인 것 같다. 처음 나무 심기는 하늘계단 쪽이었고 그때도 비교적 큰 나무를 심었다. 두 번째는 많은 인원이 많은 나무를 심었다. 전망 덱 아래와 중간 순환길 위쪽의 막힌 장소여서 확장할 수도 없는 1회성 나무 심기였지만 심은 나무들이 나름 잘 살아남았다. 그중 모과나무는 열매를 잘 맺어서 몇 해 전부터 씨앗을 받아 나무자람터에 파종해 묘목을 키우고 있다.

　같은 해 10월, 참여사 본국 본사 부회장이 방문해 평화수업을 듣고 하늘공원에 조성한 숲 두 곳을 다녀갔다. 시종일관 질문도 많이 하고 공원의 역사와 환경에 대해 깊은 공감을 보여 주는 모습이 인상적이었다. 참여사 한국지사는 하늘공원 숲 만들기로 본사의 전 세계 지사 사회 공헌 평가에서 좋은 성적을 얻어서 상을 받았다고 한다. 당시 참여사의 숲 만들기 담당자는 부탁도 하지 않았는데 노고시모의 후원 회원이 되어 주었고, 퇴직 후 유학 중인 가족과 함께 해외 체류 중인데도 2022년 현재까지 후원 회원으로 비대면 총회에 참석하는 등 흔하지 않은 인연을 이어 가고 있다.

> **제33권역에 심은 나무** 12종 총 300그루
>
> 라일락, 모과나무, 목련, 미선나무, 백합나무, 산딸나무, 산수유, 살구나무, 상수리나무, 왕벚나무, 이팝나무, 자두나무

이 땅이 1002遷移숲이 되기를 바라며

'씨앗부터 키워서 1002遷移숲 만들기.' 이제 시작이다. 그래서일까. 해 보고 싶은 일이 정말 많다. 단절된 생태통로를 이어 주는 일도 해 보고 싶고, 숲 틈에 씨앗뿐 아니라 다양한 어린나무를 심는 일도 해 보고 싶다. 숲속 구석구석까지 빗물을 연결해 '동물물그릇'과 작은 규모의 현장 나무자람터도 만들고 싶고, 쓰레기산에 살며 이 땅을 살려 준 아까시나무와 '위해식물'에게 고마움을 전하는 일도 해보고 싶다. 그리고 162개 숲과 숲이 연결되며 46개 권역으로 묶였듯, 권역과 권역을 개미집처럼 연결해 이 땅을 진짜 숲으로, 모두를 위한 하나의 숲으로 만드는 일도 시민들과 함께 해 보고 싶다.

쓰레기산 그대로 공원이 된 이곳에는 일반 공원 방문객은 들어갈 수 없는 관리용 중간 순환길이 있다. 사람이나 관리 차량에는 편리한 길이지만 동식물 입장에서 보면 단절된 길이기도 하다. 나무 심기 봉사활동을 위해 중간 순환길로 들어가 이것저것 준비하다 보면 중간 순환길 상부 사면에서 길이 끊어진 아래쪽 사면으로 내려오려 제법 오랫동

안 시도만 하는 고라니를 만나곤 한다. 중간 순환길 위아래를 거침없이 넘나들며 작업하는 우리가 신기한지 어떤 고라니는 고개를 돌려가며 한자리에서 오랫동안 우리를 관찰한다. 어떨 때는 용감하게 사면에서 길로 뛰어내리다 데굴데굴 굴러 떨어지는 고라니를 보기도 한다. 처음에는 모른 척 하지만 얼마나 아플까 싶어 결국 슬쩍 바라보고 만다. 그러다 눈이 마주치면 고라니는 당황스러움과 아픔을 추스르지도 못한 채 황황히 사라지고, 그런 고라니의 뒷모습을 보며 끝까지 모른 척할 걸 때늦은 후회를 한다.

고맙게도 사업소에서는 이미 중간 순환길 옹벽에 일정한 간격으로 통나무를 걸쳐 두었다. 사람이 다니는 길 때문에 생태 통로가 단절될 수 있다는 것을 알고 있기 때문이다. 다만 시간이 흐르고 공원 생태가 변하면서 고라니같이 큰 동물도 늘었고 생태 통로 자체도 낡고 있다. 기존 사업소의 배려만으로는 다양한 동물들의 필요를 충족시키기 어려워졌다는 생각이 든다.

2017년 12월 눈이 많이 온 어느 날 일이다. 제법 많이 내린 눈에 다들 괜찮은지 숲 자리를 돌아보다 중간 순환길 철문 앞에서 고라니 사체를 발견했다. 조금 이상하다는 생각은 들었지만 먹이사슬 위에 있다는 삵의 소행이려니 생각했다. 하지만 사업소에 알린 후 돌아온 답변은 삵이 아닌 유기견의 소행인 것 같다는 이야기였다. 고라니의 죽음이 사람이 돌보다 버린 개 때문이라면 결국 사람이 한 일이나 마찬가지라는 생각이 들었다. 유기견에 쫓기다 잠긴 철문에 도달했을 때 고라니의 마음은 어땠을까. 어디로든 길이 열려 있었다면 어땠을까. 때늦은 아쉬움과 후회가 계속되었다.

    최근에는 제1매립지였던 노을공원과 제2매립지였던 하늘공원 사이도 점점 단절되어 가는 듯 느껴진다. 두 공원 사이의 도로 중앙 분리대와 자전거 전용 도로 분리대가 단단한 소재로 꽉 막히게 설치되었기 때문이다. 사람은 보호할 수 있겠지만 큰 동물은 건너기 어렵지 않을까 마음에 걸린다. 공원 안에서뿐 아니라 공원과 공원 밖과의 연결은 더 어려워지고 있는 것 같다. 점점 더 많은 아파트가 들어서고 있기 때문이다. 공원을 만들 때 강변북로 아래로 노을공원과 난지한강공원을 잇는 생태 통로를 만들어 두었지만 시간이 흐르며 나뭇가지나 이런저런 것들이 쌓여 동물이 다니기 불편한 곳이 되어 있다.

    생태 통로를 잇기 위한 큰 규모의 공사는 지금의 우리가 당장 할 수 있는 일은 아니다. 하지만 공원에서 살다 쓰러진 나무로 작은 동물뿐 아니라 고라니 같은 큰 동물도 다닐 수 있는 나무다리를 만들고 적당한 간격으로 놓아 주는 일이나, 기존의 생태 통로를 쾌적하게 정리해 주는 일은 우리가 할 수 있는 범위 내에서라도 해 보고 싶다. 하늘공원과 노을공원의 생태길을 연결하는 일이나 공원 안팎을 생태적으로 연결하는 규모 있는 일도 우선 할 수 있는 만큼 현황을 조사하며 계획이라도 세울 수 있다면 좋겠다. 2022년 2월 두 공원을 잇는 출렁다리를 만들기 위해 시추를 하며 현장 조사하는 것을 본 뒤로 인간뿐 아니라 동물이 다닐 길을 만들 능력도 있다고 보아야 하지 않을까 생각했기 때문이다.

    2020년 '씨앗부터 키워서 1002遷移숲 만들기'를 활동 방향으로 잡으면서 숲 틈에 도움이 될 만한 씨앗을 다양하게 심어 보고 있다. 이왕이면 여기서 한 걸음 더 나아가 나무자람터에서 키우는 다양한 어린나무를 시험적으로 숲 틈에 심고 싶다. 도움이 될 만한 나무를 장소, 방향, 토질, 습기 등을 고려하며 소규모로 심고 실제로 어떤 도움이 되는지 경과를 살펴보는 것이다. 2011년부터 쓰레기산 사면에 나무를 심고 돌보며 흙을 비롯한 다양한 자연 요소의 생태가 변하는 모습을 지켜보았기 때문인지 어떤 결과가 나올지 기대가 된다.

숲 틈을 살피며 아쉬운 점 중 하나는 역시 물 부족이다. 쓰레기 속으로 물이 스며드는 것에 대한 사업소의 우려가 있는 만큼 물이 보통 때에 흐르거나 넘치지 않도록 하려 한다. 노을공원과 하늘공원 중간 순환길을 따라 설치한 급수관을 기반으로 하고 공원 내에 설치된 배수로를 기준으로 그 간격만큼 급수관을 연장한 후 우리가 가지고 있는 빗물통을 놓아 빗물을 받아 두면 된다. 필요할 때 '동물물그릇'에 빗물을 채워 줄 수 있고 어린나무 심기나 묘판 파종은 빗물통을 중심으로 시도하면 식물도 사람도 물이 부족해 겪는 어려움 없이 해 볼 수 있을 듯하다.

숲 틈에 들어가 씨앗을 심다 보면 쓰러져 있는 아까시나무들과 마주하게 된다. 노을공원과 하늘공원에 자생하며 사면 식생의 큰 부분을 차지하고 있는 아까시나무는 뿌리혹박테리아로 땅을 기름지게 하는 콩과식물이다. 우리나라 벌꿀 생산의 상당 부분을 담당하는 나무이고, 어디서나 잘 자라며, 재질이 단단하고, 물에 강한 좋은 목재라고 한다. 물론 다른 의견도 있다. 아까시나무는 우리 나무가 아니고 땅을 뒤덮어 다른 존재가 살지 못하게 하는 '나쁜 나무'이니 빨리 베어 내는 것이 좋다는 의견이다. 그런 이야기를 들을 때면 아까시나무를 바라보는 시선과 '위해식물'을 바라보는 시선이 비슷한 것 같다는 생각을 한다.

이곳에서 '위해식물'로 분류된 단풍잎돼지풀이 무성한 곳 중에는 고라니가 자신의 안식처로 삼은 곳이 있다. 단풍잎돼지풀을 정리하기 전 풀숲을 주의 깊게 살펴보면 조금 전까지도 고라니가 쉬고 있었다는 것을 알아차릴 때가 있다. 포근한 온기를 알아차리는 순간 그곳의 단풍잎돼지풀은 베어 내야 하는 '위해식물'이 아니라 지켜 주고 싶은 고마운 풀이 된다. 나무를 덮어 광합성을 어렵게 하는 풀은 균형을 잡기 위한 적정 수준의 정리가 필요하다고 생각한다. 하지만 그 풀을 모두 '위해식물'이라 규정하고 정리하는 것이 좋다는 기준만 우선하면 그들 역시 내가 속한 생명공동체의 동료라는 사실과 의미를 망각하게 된다. 비록 그들의 존재 방식이 내가 바람직하다 여기는 방식과 다르다 하더라도 그들도 나처럼 존재 이유를 가지고 있고, 나름대로 최선을 다하며 살아간다. 그 사실을 잊게 되면 그들을 이해하고 포용하려는 노력마저 놓치게 된다.

너와 나는 하나로 연결되어 순환하며 살아간다. 내 삶의 터전인 생명공동체를 건강하게 지켜 가기 위해서는 서로 다른 너와 내가 모두 필요하다는 뜻이다. 서로 다르지만 모두 소중할 수밖에 없는 이유, 서로의 다름을 인정하며 함께할 수 있는 길을 찾아야 하는 이유이자 자신의 다름을 스스로 소중히 여기며 정성껏 살아야 하는 이유이기도 하다. 몸속 장기의 연결과 순환처럼, 식물 호흡과 동물 호흡의 주고받음처럼, 각자 자기 자리에서 서로 다른 자신의 역할이 바르게 이루어져야 우리 모두가 속한 생명 공동체도 건강하게 지킬 수 있다.

우리는 하나로 연결되어 순환하며 삶을 이어 간다. 그것은 마치 하나의 짐을 함께 지고 가는 것과 같다. 자신의 존엄을 스스로 믿지 못해 제 몫의 삶을 홀대하며 어깨를 움츠리면, 의도하지 않았다 하더라도 세상의 동료들에게 아픔을 주게 되는 것도 그 때문이다. 물론 고통을 통해 지혜를 배우는 경우도 있다. 하지만 고통은 지혜를 약속하지 않으며 지혜를 얻기 위해 반드시 고통을 겪어야 하는 것도 아니다. 그런데도 우리는 곧잘 스스로 고통을 선택하곤 한다. 자연환경을 소홀히 대하며 내가 살아갈 삶터의 안녕을 훼손하고, 나와 연결된 타자들을 홀대하며 내 삶을 지탱해 줄 동료의 힘을 약화한다. 우리를 하나로 이어 주는 연결과 순환의 전체 흐름을 바르게 알지 못해 너와 나의 다름이 우리 모두를 지키는 다양하고도 대등한 힘이라는 것을 알아차리지 못하는 것이다. 그러나 존중하지 못하면 내 삶의 존엄도 지킬 수 없다. 너의 다름을 소중히 여기지 못하면 나의 다름도 소중하게 여겨질 수 없다. 분별심은 너와 나를 가리지 않기 때문이다.

우리는 봄과 가을에 주로 나무를 심는다. 하지만 나무를 돌보고 나무를 덮은 풀을 정리하는 일은 1년 내내 이어진다. 그렇게 매년 풀을 정리하지만 여기서 정리한 '위해식물'은 어느새 또 저기서 자라나고, 이곳에서 잘라 낸 '필요 없는' 나무들은 다시 또 저곳에서 자라곤 한다. 언뜻 생태계 회복이라는 기치를 내건 인간의 노력이 끝이 보이지 않는 힘겨루기를 하는 것처럼 보이기도 한다. 하지만 잠시 한 걸음 물러나 내 뜻대로 평정되지 않는 그들의 삶을 가만히 살펴보면 의외로 그들은 생태계에 해를 입히는 존재들이라는 인간의 판정에도 아랑곳없이 열매로든 꿀로든 푹신하고 따스한 잠자리로든 그때그때 자신답게 자신이 속한 생명 공동체를 살리고 있다는 것을 알게 된다.

게다가 사람이 불쑥 들어와 심은 어린나무가 자라 자신을 지킬 힘을 갖추면, 땅을 독점하고 다른 식물을 배척한다는 그들을 둘러싼 풍문과 달리 어린나무에게 서서히 자리를 내주며 함께 살아가는 동료가 되어 주기도 한다. 그런 모습을 보면 내가 바람직하다 여기는 변화의 모습과 속도가 다를 뿐 그들은 그들의 방식과 속도대로 공존을 향해 나아가고 있는 듯 느껴진다. 이 땅에 쓰레기를 버려 그들이 왕성하게 자랄 수 있는 조건을 만든 것은 인간이다. 인간 때문에 황폐해진 땅에 살아 준 그들 사이에 들어와 다시 함께 누리기를 청하며 방법을 찾을 수는 있겠으나 그 과정과 방법이 그들을 책망하고 배제하는, 고마움을 잊은 방식이 되지 않도록 조심하고 싶다. 인간이 이 땅에서 자신의 욕망을 더 우선하는 선택을 하지 않았다면 '위해식물'이나 '나쁜 나무'를 분류하고 정리하려 애쓰지 않아도 이 땅은 건강하게 살아갔을 것이다. 존중하지 않아 벌어진 문제를 존중하지 않음으로 풀 수는 없다.

천이란 무엇일까. 숲에 관해서는 비전문가인 나에게 천이는 다양한 존재가 공존을 향해 균형을 조율해 가는 과정처럼 느껴진다. 변화하고 흐르며 하나로 연결된 모든 것을 바로잡아 가는 삶의 속성이 자연을 통해 드러나는 것이다. 전체를 볼 수 없는 인간에게는 눈앞에 펼쳐진 부분의 모습이 균형을 잡기 위한 흔들림이 아니라 무언가 잘못되어 흔들리고 머뭇거리는 것처럼 보일 수도 있다. 하지만 쓰레기산에서 다시 생명이 싹트듯 모두를 품은 삶의 커다란 흐름은 바다를 향해 가는 각양각색의 물길처럼 모두를 살리는 공존을 향해 흘러간다. 그저 삶의 순리보다 자신을 더 우선하는 이들 때문에 함께 연결된 모두가 조금 더 멀고 조금 더 어렵게 돌아가는 일이 생겨날 뿐이다. 그럼에도 살리고자 하는 삶의 본질을 바꾸고 공존을 향해 가는 삶의 흐름을 거스를 수 있는 존재는 없다. 그렇지 않다면 우리는 희망을 이야기할 수도 희망의 흔적을 찾아볼 수도 없었을 것이다.

풀도 살기 어려울지 모른다던 쓰레기산이 숲으로 나아가고 있다. 그 변화는 비록 내 앞에 펼쳐진 모습이 내가 제자리라고 생각하는 모습에서 벗어난 듯 보이더라도 우리가 속한 생명 공동체의 큰 흐름은 언제나 너와 나를 살리는 공존으로 나아가고 있다는 것을 보여 준다. 눈앞에 펼쳐진 길이 거칠게 보인다고 자신이 품은 모든 존재를 살리려는 삶의 본질이 바뀌는 것은 아니다. 삶은 모두를 살리고자 변화를 도구 삼아 몇 번이고 길을 열어 다시 선택할 기회를 허락한다. 용서로 자신의 사랑을 드러내는 것이다. 순리를 거스르는 이들이 만들어 내는 오염은 열린 길을 따라 흐르고 순환하며 정화되어 간다. 그런 삶이 펼쳐 놓는 길은 내가 그 뜻을 헤아릴 수 없는 것일 뿐 언제나 살리고자 하는 삶의 정수와 연결되어 있다. 시간이 걸려도 어그러진 일은 바로잡혀 가고 굴곡진 경험이라도 정직하게 귀를 기울이면 거기에는 모두를 살리는 지혜가 담겨 있다. 드러난 것만으로 의미를 단정하지 않는 것이 좋은 이유다.

보이는 것이 전부가 아니며 내가 아는 것이 전부가 아니라는 것을 바르게 아는 것은 감각과 마음을 흔드는 삶의 겉모습뿐 아니라 가려진 삶의 본질에도 주의를 기울일 수 있게 도와준다. 이 땅도 살리고자 하는 삶의 본질을 자신의 삶으로 살아 내는 이들 덕에 숲으로 나아가고 있다. 희망은 실재하며 희망을 향해 걸어도 된다는 것을 자신의 삶으로 보여 주는 그들 덕에 지금까지 걸어온 길에서 마주한 커다란 아픔과 슬픔마저 깊은 고마움을 전할 수 있다. 어떤 모습으로 다가오든 삶은 내가 나아갈 바른 길을 알려 주기 위해 온다는 것을 보여 주었기 때문이다.

가을이면 제주도에서 하늘공원으로 옮겨 심은 억새로 축제가 열린다. 조명과 음악으로 분위기를 띄우는 억새축제를 볼 때마다 이 땅의 아픈 시기를 버텨 낸 아까시나무에게도 고마움을 전해 보면 어떨까 생각하게 된다. 아까시나무는 봄과 여름을 향기로 이어 준다. 공원의 소리가 잦아들고 발길이 드물어질수록 선명해지는 아까시나무꽃 향기를 마주하면서 가만히 상상한다. 향기로 가득한 아까시나무길을 조용히 걸을 수 있게 해보면 어떨까. 중간중간 쉴 수 있는 작은 의자를 만들어 두어도 좋겠다. 하지만 무리 짓지 말고 가능한 홀로, 인공적인 빛과 소리도 덧붙이지 않고, 말없이 자연이 빚어낸 빛·소리·향기를 느끼며 아까시나무길을 걸어 보면 좋겠다. 여전히 쓰레기산인 이 땅에 적합한 아까시나무를 없애려 하기보다 제대로 심어 보고 싶기도 하다. 그리고 쓰러진 나무로 숲 만들기에 필요한 도구나 '집씨통'을 만들듯 공원에 꼭 필요한 목제품을 쓰러진 아까시나무로 만들어 이 땅을 살려 준 나무에게 고마움을 전하고도 싶다.

우리에게 이 땅은 해로운 '위해식물'과 '필요 없는' 아까시나무로 뒤덮인 쓰레기산이 아니다. 이 땅은 '위해식물'로 분류된 풀과 아까시나무 덕에 쓰레기산에서 더 많은 존재가 살 수 있는 땅으로 변해 가고 있다. 어쩌면 지금 이 땅은 지금 상황에 가장 적절한 방식으로 공존을 향해 나아가고 있는지도 모른다. '다양한 존재들이 공존을 향해 균형을 조율해 가는' 우리의 '천이'는 이미 시작되었고 지금도 이어지고 있지만 우리가 알아차리지 못했거나 인정하지 않았을 뿐이다. 그렇다면 인간인 내가 할 일은 이 땅과 이 땅의 존재들을 내 기준으로 재단하는 일이 아니다. 나는 진정 공존을 향한 천이의 흐름을 따라 살고 있는지 정직하게 돌아보는 일, 그리고 나부터 부끄러움을 바로잡아 가는 일이 내가 우선 해야 할 일이다. 그것이 씨앗부터 키워서 숲을 만드는 모든 활동의 근간이 되어야 한다는 생각이 든다.

나와 나의 '우리'만 중시하면서도 좀처럼 알아차리지 못하는 '습'이 된 자기중심성에서 깨어나는 일도 그중 하나일 것이다. 내 기준을 내려놓고 삶의 동료들에게 귀 기울이는 이들이 늘어갈수록 모든 것은 점점 더 괜찮아진다는 것을 이 땅의 변화가 보여 준다. 그러니 너를 사랑하느라 나를 잃어버릴까 걱정하지 않아도 된다. 내가 선택한 사랑의 씨앗이 진짜라면 내가 거둘 것도 사랑이다. 쓰레기산에서 펼쳐지고 있는 변화가 보여 주는 것이 그것이다. 그래서 나는 이 땅이 미안하고 고맙고 아름답다. 자신에게 아픔을 준 인간에게 곁을 내준 이 땅은 내가 마주한 것이 쓰레기라 해도 책망보다 용서를, 절망보다 희망을 선택해야 하고 선택해도 된다는 것을 자신의 삶으로 보여 주기 때문이다.

이 땅이 천이가 이루어지는 하나의 숲이 되기를 바라는 우리는 2023년 162개 숲과 숲을 묶은 46개 권역을 개미집처럼 연결해 보기로 했다. '숲과 숲을 잇는 개미숲 만들기' 활동이다. 2011년 처음 활동을 시작했을 때는 각자 자기 자리를 정하고 자신의 숲 표지판을 걸었다. 고맙게도 매년 참여자가 늘고 숲을 만드는 자리도 늘어났다. 무엇보다 많은 사람의 정성이 담긴 시간이 모여 숲이 자라기 시작했다. 그렇게 어느 순간부터 숲과 숲이 연결되었다. 그 덕에 우리는 2018년부터 숲 만들기 활동이 진행 중이던 119개 개별 숲을 25개 권역으로 묶어 활동을 시작할 수 있게 되었다. 내 자리를 정해 나의 '우리'와 나무를 심는 것이 아닌 공동 장소에서 모두 함께 나무를 심고 돌보는 방식을 기본으로 삼기로 한 것이다. 활동 방식 변화에 담은 뜻을 참여자들과 공유하며 서서히 공동 장소에서 함께 숲을 만드는 방식을 정착시켜 갔다. 그들의 이해 덕에 이 땅도 천이가 가능한 하나의 숲이 될 수 있다는 희망을 가질 수 있게 되었고, 2011년부터 해오던 '씨앗부터 키워서 100개 숲 만들기' 활동은 2020년 '씨앗부터 키워서 1002遷移숲 만들기' 활동으로 이름을 바꾸었다. 개별 장소를 정해 진행하는 숲 만들기 활동은 서서히 줄어 들었고, 2022년에는 개별 숲 표지판을 산책로 목책에 계속 걸어 두는 일도 멈추기로 했다.

    숲은 너의 숲과 나의 숲으로 분리할 수 없다. 내가 나무를 심고 내 이름을 적었다고 내 숲이라 주장할 수도 없다. 숲은 하나로 연결되어 전체가 함께 순환할 때 비로소 진짜 숲이 된다. 인간의 자기중심성으로 아픔을 겪은 이 땅에서 숲의 안녕보다 내 이름과 내 자리를 우선하는 것은 이 땅에 또 다시 아픔을 주는 일처럼 느껴졌다. 그래서 이 땅을 하나의 숲으로 만들고 싶었다. 그리고 그 과정을 마음과 마음을 이으며 해 보고 싶었다. 숲과 숲을 개미집처럼 이어 줄 '1천명의 나무 심는 개미들이하 1천 개미'을 모아 보기로 했다. 개인 대상이며 누구나 참여할 수 있지만 소수가 참여하는 '개별 개미 행사'와 많은 인원이 함께 하는 '무리 개미 행사'로 나뉜다. '개별 개미 행사'를 소수 인원 참여로 제한하는 이유는 나무 심는 법을 일대일로 잘 알려 주고 싶기 때문이다.

10여 년 이상 사람들과 나무를 심고 돌보면서 나무를 제대로 심는 사람이 드물다는 것을 알았다. 경험이 없어서 못 심기도 하고 마음을 담지 못해 못 심기도 한다. 물론 모두가 나무 심는 법을 알아야 하는 것은 아니다. 그러나 나무를 심기로 했다면 자신의 선택에 정성을 다해야 한다. 그건 능숙함과는 다르다. 나무 한 그루 잘 심는 것은 비단 나무 심기에 국한된 일이 아니다. 그것이 무엇이든 내 선택에 최선을 다하는 것, 그건 내가 나를 귀하게 대접하는 일이다.

심은 나무가 자리 잡으며 나무와 '위해식물'이 더불어 살기 시작한다. 서서히 어우러져 가는 그들을 보면 공존은 사랑과 닮았다는 생각을 하게 된다. 서로를 인정하며 함께하는 공존처럼 사랑도 슬픔과 분노와 두려움을 밀어내고 대체하는 힘이 아니라 다양하고도 아픈 그 이름들을 조건 없이 품어 안을 수 있는 힘이기 때문이다. 그것은 스스로 설 수 있는 자의 힘, 가려져 있던 존재의 사랑스러움과 삶의 너그러움을 알게 된 자의 힘이다. 휘몰아치는 삶의 정중앙을 진심을 다해 걸어 본 사람은 알게 된다. 깊은 슬픔을 안고도 사랑할 수 있으며, 차오르는 분노를 인정하면서도 사랑할 수 있고, 흔들리는 두려움과 마주하면서도 사랑을 선택할 수 있다는 것을. 풍랑이 몰아쳐도 바다 깊은 곳에는 변함없는 잔잔함이 있듯 슬픔과 분노와 두려움이 휘몰아쳐도 존재 깊은 곳에는 공존을 향해 나아가려는 사랑의 힘이 자리 잡고 있고, 그 힘이 존재 본연의 힘이라는 것을 알게 되는 것이다. 살며 얻은 배움이 참된 지혜일 때 그 배움에 공존과 사랑의 향기가 짙게 배어 있는 이유도 그 때문이다.

인간의 삶도 '공존을 향해 균형을 조율해 가는' 숲의 '천이'와 닮았다. 예측할 수 없는 다양한 삶의 장면들을 피하지 않고 마주하다 보면 너와 내가 서로를 인정하며 함께 사는 법을 배우게 된다. 인간도 공존을 향한 커다란 흐름에 속해 있으며, 우리 안에는 따로 또 같이 행복할 수 있는 힘이 있다는 것을 배우는 것이다. 다양함이 살아 있는 공존의 숲을 이룰 힘이 내 안에 있음을 알게 되면 어떤 모습으로 찾아오는 삶이든 나를 찾아온 삶을 있는 그대로 인정하며 최선을 찾아 정성을 기울일 수 있게 된다. 거센 파도를 담아 내는 깊은 바다처럼 나에게도 삶의 희로애락을 맞아들이며 지혜를 배울 수 있는 힘이 있음을 알게 되는 것이다. 그렇게 되면 사람은 아픔을 반드시 불행으로 풀어야 하는 것은 아니라는 사실을 이해하게 되고, 진심으로 너와 나에게 '괜찮다'고 말할 수 있게 된다.

씨앗은 흙 속에 뿌리를 내리고 사람은 존재 본연의 힘에 뿌리를 내린다. 내가 누구이고 삶이 무엇인지 바르게 알기 위해 공을 들여야 하는 이유다. 존재 본연의 힘을 잊으면 사람은 자신이 튼튼한 뿌리가 있는 나무라는 사실도 잊게 된다. 아름드리나무가 부평초처럼 살아가면 자신도 세상도 아플 수밖에 없다. 싹을 틔우며 세상으로 나가려는 내

안의 공존과 사랑의 씨앗을 내 손으로 막는 것이 고통이기 때문이다. 선택의 뿌리가 어디에 닿아 있는지 살펴야 한다는 것은 내 안에 있고 나를 관통하는 존재 본연의 힘을 기억해야 한다는 뜻이기도 하다.

어쩌면 삶이 모습을 달리하며 우리에게 묻는 것은 언제나 같은 질문인지도 모른다. 내가 누구인지, 삶이 무엇인지 정말 알고 있는지 확인하는 것이다. 삶의 본질과 존재 본연의 힘을 알고 있다면 삶이 어떤 모습으로 질문을 던져도 그 앎을 거스르지 않는다. 너에게 하는 것이 곧 나에게 하는 것이라는 가르침의 진위를 자신의 삶으로 확인했기 때문이다. 존엄은 사랑을 선택한 만큼 지켜진다. 내가 누구인지 바르게 알고, 한 걸음씩 쌓아 가는 선한 선택의 힘을 믿으며, 내 몫은 결과가 아닌 지금 이 순간의 과정에 있음을 기억하고 매 순간을 정성껏 살아갈 수만 있다면, 쓰레기산이 천이가 가능한 건강한 숲으로 자립하기를 바라는 우리의 바람도 조금씩 이루어지지 않을까, 설레는 마음으로 희망을 품어 본다. 쉽지 않은 삶의 무대에서 제 몫의 삶을 최선을 다해 살아가려 노력하는 우리 모두가 부디 내 안에 있는 지혜롭고 평화로운 사랑을 기억하며 살아가기를 온 마음을 다해 바란다.

모두에게 참 고맙다.

⑥ 도시에서 천이숲을 만든다는 것의 의미

글_오충현 동국대학교 바이오환경과학과 교수

'쓰레기산'의 어제와 오늘

1970년대 이전 난지도는 갈대와 물억새가 우거진 평평한 모래섬이자 땅콩밭이 넓게 펼쳐진 농경지였다. 청춘 남녀가 배를 타고 들어가 즐겁게 보낼 수 있는 소풍 장소 역할을 하기도 했다. 하지만 한강 수위가 높아지면 수시로 물에 잠겨 사람은 살 수 없었다. 평화로운 난지도가 쓰레기 매립장이 된 것은 1978년의 일이다. 당시는 서울 인구가 500만이 넘으면서 심각한 택지 부족 현상으로 강남을 개발하던 시기였다. 인구가 집중되어 쓰레기가 넘쳐나자 서울시는 서울과 고양시 경계에 자리한 난지도를 쓰레기 매립장으로 지정했다.

이때부터 시작된 쓰레기 매립은 작업이 중단된 1993년까지 15년 동안 난지도를 평평한 모래섬에서 높이 95미터의 높은 언덕으로 바꾸어 놓았다. 그동안 난지도는 인근 상암산보다 더 높아졌다. 처음에는 45미터까지만 쓰레기를 매립하려 했지만, 적당한 대체 매립지를 확보하지 못해 난지도는 결국 95미터의 봉우리 두 개가 나란히 서 있는 산처럼 바뀌었다. 동쪽 봉우리는 현재 억새축제를 하는 하늘공원이 되었고, 서쪽 봉우리는 캠핑장을 운영하는 노을공원이 되었다.

아주 오랜 시간이 흘러 현생인류가 사라진 후에 나타난 인류는 난지도를 통해 우리가 살던 시대를 추정할지도 모르겠다. 자연환경을 배려하지 못한 생활 습관으로 생태계가 훼손될 만큼 쓰레기를 만들어 낸 과거를 추정하며 기억해야 할 반면교사로 삼으면 좋겠다.

난지도 쓰레기 매립지의 외곽 사면은 쓰레기를 담기 위한 둑처럼 생겼고, 내부는 각종 쓰레기를 담는 분지 같은 형태를 띤다. 쓰레기를 매립하는 과정에서 분지 내부가 쓰레기로 가득 찼다. 공원을 만들면서 분지 내부로 빗물이 들어가면 침출수가 발생하기 때문에 지하수 오염 방지를 위해 난지도 쓰레기 매립지 상단을 고밀도 플라스틱 필름으로 포장하고 그 위에 흙을 덮어 나무를 심었다. 옥상정원같이 빗물이 지하로 침투하지 못하도록 방수 처리해서 만든 정원인 셈이다. 빗물은 들어가지 않지만 난지도 내부의 쓰레기가 부패하면서 메탄 같은 가스가 발생한다.

난지도는 1978~1993년 서울에서 발생한 생활 폐기물을 매립한 곳이다. 생활 폐기물은 고형 폐기물이 대부분이지만 음식을 만들고 남은 채소 조각이나 먹지 않고 버린 음식물, 병 안에 들어 있던 음료수나 기름 같은 다양한 액체류도 함께 버려졌다. 전국의 공장 액상폐기물이 대량으로 버려졌다는 이야기도 있다. 이런 물질들은 시간이 흐르면 부패되고 분해되어 오염된 침출수 같은 상태가 된다. 이런 침출수가 한강으로 흘러들거나 지하수로 유입되면 심각한 수질오염을 일으킬 수 있다.

난지도는 매립이 끝난 후 수질오염을 막기 위해 외곽에 튼튼한 강철 차수벽을 설치했다. 차수벽은 땅속 암반까지 연결되어 난지도에서 발생한 침출수가 지하수를 오염시키거나 한강으로 유입되는 것을 막는다. 차수벽 내부에 고인 침출수는 인근 난지하수처리장으로 보내 정화한 후 한강으로 배출한다. 배출되는 침출수는 유기물이 분해되는 과정 초기에는 양이 많지만 분해가 끝난 후에는 서서히 감소한다. 난지도 매립지의 폐기물이 모두 분해되고, 빗물이 땅속으로 스며들지 않는다면 침출수 발생은 서서히 줄어들 것이다. 이 과정에서 발생하는 메탄 같은 매립 가스는 포집해 노을공원과 하늘공원 사이에 있는 한국지역난방공사 중앙지사에서 아파트 단지로 보내는 물을 데우기 위한 연료로 쓴다. 다만 침출수가 감소하면서 메탄가스 발생량도 서서히 감소해 난지도에서 메탄이 더 이상 발생하지 않으면 다른 연료를 이용해야 한다. 현재는 마포구와 인근 자치구에서 발생하는 생활 쓰레기를 소각해 그 소각열을 지역난방공사에서 활용하고 있다. 이처럼 난지도 매립지는 매립지에서 발생하는 침출수와 메탄가스가 환경에 미치는 영향을 최대한 줄이고 이를 자원으로 활용하기 위해 노력하고 있다.

난지도는 쓰레기가 쌓여서 이루어진 곳이다. 쓰레기를 쌓을 때는 외곽을 둑 같은 구조로 만들고, 그 안에 쓰레기를 채운다. 둑 구조를 만들 때 서울 각 지역의 건설 현장에서 수집한 콘크리트 파쇄 잔재나 건설 폐자재, 흙, 돌을 이용했다. 이후 쓰레기를 실은 트럭이 다니면서 둑을 단단하게 다졌다. 이처럼 난지도 사면은 단단한 건축 폐자재와 흙 등으로 이루어져 식물들이 살아가기에 적합하지 않은 토양 구조다.

하지만 이렇게 단단하게 다져진 흙도 시간이 지나면 비와 바람의 영향을 받아 흘러내릴 수 있고, 산사태 같은 피해를 일으킬 수도 있다. 이런 피해를 방지하기 위해 여러 개의 단과 배수로를 만들어 빗물에 흙이 흘러내리는 것을 방지하고 있다. 시간이 흐르면서 난지도에는 많은 식물이 유입되어 지금은 멀리서 보면 커다란 산 같지만, 가까이에서 들여다보면 흙이 흘러내리지 않도록 만들어 놓은 여러 개의 단과 빗물 배수로를 볼 수 있다.

쓰레기로 오염된 땅을 정화할 수 있을까?

난지도에는 비닐봉지, 깡통, 유리병 등 1970~1990년대 우리 국민이 사용한 매우 다양한 물건이 매립되어 있다. 폐타이어나 공장 액상 폐기물, 액체류가 담겨 있던 깡통도 함께 매립되어 시간이 지나면서 토양을 오염시키기도 한다. 토양 내부에 있는 오염 물질은 제거하기 어렵다. 이런 토양을 정화하는 방법으로 생물 정화 기법이 있다. 가장 흔히 사용하는 것이 오염 물질을 잘 흡수하는 사시나무속^{Populus}, 보통 포플러라 부르는 나무를 심어 오염 물질을 흡수하도록 하는 방법이다. 인천에 있는 수도권 매립지는 주변에 현사시나무$^{은백양과\ 수원사시나무의\ 교잡종}$를 많이 심었다.

동베를린에도 이와 유사한 사례가 있다. 독일이 통일되기 전 동독에서는 도시 지역에서 배출되는 분뇨를 도시 외곽의 농경지에 커다란 구덩이를 파고 매립했다. 사실 이런 방법은 세계적으로 가장 보편적인 분뇨 처리 방법이다. 1970년대까지 우리나라에서도 이런 방법을 많이 활용했다. 분뇨는 수분이 증발되면 토양과 섞어 비료로 활용하기도 하고, 때로는 수분이 섞인 분뇨를 비료처럼 살포하기도 했다. 하지만 이 경우 악취와 함께 기생충 감염 위험이 매우 높아진다는 문제점이 있다.

지금은 분뇨 처리장에 분뇨를 모아 처리하는 것이 일반적이다. 그런데 동독에서는 1980년대까지 이런 방식의 분뇨 처리가 일반적이었다. 대규모 분뇨 처리는 지하수와 토양 오염이라는 문제점을 불러온다. 이를 해결하기 위해 분뇨가 매립된 지역에는 소나무나 사시나무속 식물을 식재해 토양 속 과도한 영양물질을 흡수하게 하는 대책을 추진했다. 이렇게 식재된 나무를 몇 차례 수확하고 나면 토양에 함유된 영양물질 농도가 낮아져 토양오염이 개선된다. 이런 방법으로 토양오염을 개선하는 것이 대표적인 생물 정화 방법이다. 이렇게 생산된 나무를 목재나 종이 재료인 펄프로 이용하면 토양오염 해결, 탄소 흡수와 저장 등 다양한 효과를 볼 수 있다.

하지만 난지도의 경우 이런 대안을 고민하지 않은 상태에서 매립이 진행되었다. 그래서 매립이 끝난 후 나타날 문제에 대한 대책을 마련해야 했지만 아직도 이를 위한 체계적인 나무 심기가 이루어지지 않고 있다. 매립된 분뇨처럼 당장 피해가 발생하지는 않지만 난지도가 장기적으로 건전한 숲으로 발전하기 위해서는 대책을 마련할 필요가 있다.

생태계와 생명의 연결

숲 만들기의 의미와 가치를 이해하기 위해서 알아 두어야 할 몇 가지가 있다. 우선 생태계라는 용어다. '생태계ecosystem'라는 말은 1936년 영국의 생태학자 텐슬리가 처음 사용했다. 텐슬리는 생물이 살아가려면 생산자·소비자·분해자가 먹고 먹히는 순환 관계가 이루어져야 한다고 보았다. 그는 비생물적 요소인 토양·햇빛·물이 생물 활동과 함께 순환하는 관계를 설명하기 위해 '생태계'라는 용어를 제안했다. 오늘날 사람들은 생태계라고 하면 울창한 숲이나 푸른 바다, 강을 연상한다. 하지만 정확히 말하면 생태계란 생물과 생물, 생물과 비생물적 요소인 환경이 물질과 에너지를 순환시키는 관계로 보아야 한다. 생태계는 우리가 살아가는 지구의 지속 가능성을 위해 가장 중요한 개념이다.

그렇다면 생태계를 구성하는 모든 생명은 어떻게 연결되어 있는 것일까. 생물과 비생물, 또는 생명이 있는 존재와 없는 존재를 구분하는 중요한 잣대가 '증식'이다. 증식이란 2세를 만든다는 의미로 유전자를 남기는 활동을 말한다. 생명이 연결되려면 유전자를 남겨야 하는데, 유전자를 남기는 방식은 다양하다. 가장 보편적인 구분법은 유성생식과 무성생식이다. 유성생식은 암컷과 수컷이 있어 부모로부터 반씩 유전자를 받아 새로운 개체를 만드는 방식이다. 지구상의 고등생물이라 불리는 생명체에게 해당하는 보편적인 유전자 전달 방식이다. 무성생식은 암수 구분 없이 유전자를 남기는 방식이다. 효모가 만들어 낸 새로운 싹이 분리되어 새로운 개체를 탄생시키는 방식이 이에 속한다. 일반적으로 하등생물이라 불리는 생명체가 후손을 남기는 방식이다. 물론 고등과 하등의 구분은 인간적인 구분일 수 있고 절대적인 것은 아니다. 고등생물도 때로는 무성생식으로 번식하는 경우가 있기 때문이다. 봄에 개나리 가지를 꺾어 땅에 심으면 새로운 개나리 개체가 생겨나는 방식도 무성생식이라 할 수 있다.

무성생식은 부모와 자식이라는 구분이 애매하기 때문에 시간이 흘러도 동일한 특성을 그대로 유지한다. 하지만 이런 방식은 환경이 변할 경우 생존하기가 매우 어렵다. 변화하는 환경에 잘 적응할 수 있는 유전자를 선택하기가 쉽지 않기 때문이다. 무성생식으로 번식하는 종은 수시로 바뀌는 환경에 적응하기 어려워 멸종 위험에 처하기도 쉽다.

자연계에서는 환경이 변화해도 멸종하지 않고 살아남는 자가 승자다. 그래서 다양한 환경에 적응해 번식하는 생물이 고등과 하등이라는 개념을 넘어 최고의 승자라고 할 수 있다. 이런 면에서 보면 현재 지구에서는 가장 위험한 생물인 인간이 승자가 아니라 가장 많은 개체 수로 지구상 이곳저곳에서 생활하는 개미 같은 곤충이 더 월등한 생명체라고도 볼 수 있다.

유성생식은 암수가 서로 원하는 짝을 찾아 유전자를 남길 수 있기 때문에 선택적으로 유전자를 전달할 수 있다. 능력 있는 수컷이 암컷에게 선택될 가능성이 높다. 물론 이때 '능력'이라는 것은 상황에 따라 달라질 수 있다. 한 가지 유전자가 영원히 우월하다고는 볼 수 없으니, 어쩌면 세상은 공평한 것인지도 모른다. 가뭄이 들면 가뭄에 강한 유전자가 우월한 유전자가 되고, 비가 많이 오면 습기에 강한 유전자가 우월한 유전자가 될 수 있기 때문이다. 지구상에 있는 모든 유전자는 수많은 변화를 거치면서 살아남은 우월한 유전자라고 할 수 있다. 내 몸속 유전자는 수많은 역경을 극복하고 살아남은 소중한 유전자다.

생태계와 물질 순환

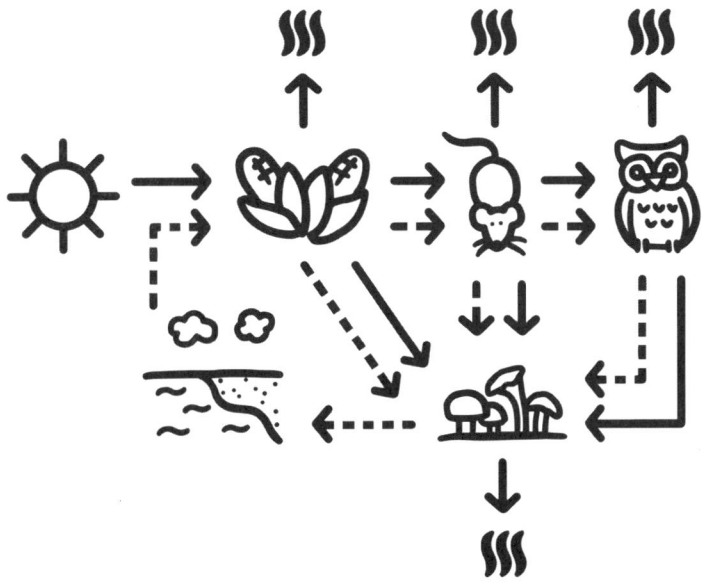

생태계 물질 순환과 에너지 흐름

지구 생태계 유지의 비밀은 '순환'에 있다. 이를 생태학에서는 '생태계'라 부른다. 지구상의 순환은 생명체와 생명체, 생명체와 환경 사이에서 일어나는 순환으로 구분할 수 있다. 생명체와 생명체 간의 순환은 크게 생산자인 식물과 소비자인 동물, 분해자인 미생물 사이에 이루어지는 순환을 의미한다. 지구상의 수많은 생명체는 아주 오랜 시간 이런 순환 활동에 적응해 생명을 유지해 오고 있다. 소비자인 식물은 태양에너지를 받아들여 탄수화물을 만들고, 이렇게 생성된 물질이 동물과 미생물 또는 식물에게 에너지원으로 활용되면서 생명체가 살아가는 데 필요한 식량이 되어 준다. 소비자인 동물은 생산자에게 물질을 받아 생활하지만 무상으로 받는 것이 아니라 그들의 씨앗이나 꽃가루를 운반하는 역할을 하면서 식물의 번식을 돕는 '공생자' 역할을 한다. 분해자인 미생물도 식물과 동물이 남긴 유기물을 분해하고 대기 중 질소를 고정해 식물에게 양분을 제공하는 등 물질과 에너지의 순환과 관련된 다양한 활동을 한다.

지구상의 물질과 에너지의 순환은 단순히 생물들 사이에서만 이루어지는 것이 아니다. 햇빛이나 공기, 토양 같은 환경을 이루는 비생물적 요소와 생물 사이에서도 순환이 활발하게 일어난다. 식물은 햇빛과 물, 이산화탄소를 활용해 탄수화물 같은 물질을 만드는데 이 과정에서 물과 산소가 순환된다. 동물도 살아가기 위해서는 호흡을 해서 물과 산소를 받아들이고, 식물에게 필요한 이산화탄소를 배출한다. 미생물 역시 각종 분해 과정을 거치면서 물과 산소, 또는 이산화탄소를 활용한다. 지구에서 물질과 에너지의 순환이 이루어지지 않으면 지구는 생명이 살 수 없는 죽음의 별이 된다. 하지만 인간은 문명을 발달시키면서 종종 이런 순환 고리를 끊곤 했다. 최근 전 지구적으로 문제가 되고 있는 기후변화는 산업혁명 이후 인간이 지나치게 많은 이산화탄소 등 온실가스를 배출한 결과 발생한 문제다. 또 열대림 파괴, 도시 개발 때문에 생기는 물 순환 환경의 훼손은 지구의 지속 가능성을 침해하는 큰 문제가 되고 있다.

물질과 에너지가 순환하지 않고 고여 있으면 환경이 오염된다. 인간의 간섭 때문에 물질과 에너지의 순환 환경이 훼손되는 것은 환경문제의 가장 기본적인 원인이다. 지구상에 존재하는 물질 중 '나쁜 물질'은 없다. 각각 지구상에서 맡은 역할이 있다. 하지만 사람 때문에 특정 물질이 한곳에 집적되면 오염이 된다. 강물에 유기물질이 집적되어 썩는 현상이 바로 수질오염이다. 유기물은 제대로 사용되면 중요한 자원이자 영양물질이지만, 물속에 지나치게 집적되면 오염물질이 된다.

자연적으로는 수질오염 같은 현상이 벌어지는 경우가 많지 않다. 이런 문제가 발생해도 자연이 지닌 자정 능력으로 스스로 문제를 해결한다. 하지만 사람 때문에 발생하는 물질의 집적과 환경오염은 별도의 에너지가 투입되어야 해소된다. 대기오염이나 토양오염도 모두 마찬가지다. 대기나 토양에 물질이 집적되어 발생하는 물질 순환의 체증이 바로 오염의 원인이다.

오염과 달리 자연 훼손 또는 환경 훼손은 물질과 에너지가 순환되는 체계를 사람이 망가뜨리기 때문에 생겨나는 문제다. 숲을 없애거나 토양을 포장하는 것, 강물이 흐르지 못하도록 댐을 만드는 등의 활동은 오염을 발생시키지는 않지만 물질·에너지 순환 체계를 망가뜨리는 경우다. 사람이 물질·에너지 순환을 방해하는 행위를 환경 훼손이라고 한다. 생태학자 입장에서는 썩지 않고 순환하지 않는 물질은 재앙이다. 오늘날 우리는 기후변화와 도시 인구 집중 등에서 비롯된 다양한 환경오염과 훼손 문제에서 자유롭지 못하다. 지구가 감당하기 어려울 정도로 많아진 온실가스 때문에 일어나는 것이 기후변화인데, 생태계 관점에서는 환경오염과 유사하다고 볼 수 있다. 유기물은 썩어서 다른 생명체에게 영양물질로 제공되어야 한다. 흙에서 출발한 것은 다시 흙으로 돌아가야 영원한 순환이 이루어지고, 지구가 건강해진다. 또 이런 순환을 통해 다른 생명이 태어나고 삶이 영속적으로 이어질 수 있다.

불교의 세계관에 '윤회'라는 것이 있다. 다른 세상을 살아 보지도 기억하고 있지도 못하니 과연 윤회라는 것이 존재할까, 당연히 의문이 든다. 그러나 윤회가 자연계의 물질과 에너지의 순환 같은 것이라면 끊임없이 이어져야 지구가 건강을 유지할 수 있다. 우리의 마음과 육신, 정신도 순환이 이루어지면 좋을 듯하다. 그래서 다시 새로운 생명으로 태어나고, 새롭게 지구에 이바지하고, 서로 돕는 존재가 되었으면 좋겠다. 지구상의 물질들이 분해되어 새로운 생명에게 영양물질이 되는 것처럼, 우리의 영혼과 생각도 분해되어 새로운 생명의 영혼과 생각이 되었으면 한다.

생태계 회복력과 천이

지구상에 있는 모든 사물은 운동량이 최소화되는 평형 상태를 유지하려는 특성이 있다. 생태계 역시 환경이 오염되거나 훼손되면 다시 균형을 맞추기 위한 방향으로 나아간다. 이를 '생태계의 회복력'이라고 부른다. 생태계 회복력을 이해하려면 '천이' 개념을 먼저 알아 두어야 한다. 천이는 맨땅에 숲이 생겨나는 과정을 설명하기 위한 개념이다. 숲이 천이되는 과정은 크게 건생 천이와 습생 천이, 1차 천이와 2차 천이로 구분된다. 건생 천이는 건조한 암석에서 출발하는 천이이고, 습생 천이는 화산 폭발로 생성된 칼데라 호수처럼 영양분이 거의 없는 빈영

	1차 천이		2차 천이
암석지대		산불	
곰팡이로 구성된 지의류		식생 없음	직후
작은 1~2년생 초본류와 선태류		초원	1~2년 후
초원	수백 년	관목림	3~4년 후
양수림		양수림	
혼합림		혼합림	5~150년 후
음수림		음수림	150년 이상

양호貧營養湖에서 출발하는 천이다. 토양이 없고 씨앗이나 뿌리 등 식물이 자랄 수 있는 기본적인 조건을 갖추지 않은 상태에서 출발하는 천이라고 할 수 있다. 그러나 시간이 흐르면 곰팡이 같은 지의류나 이끼 같

은 선태류가 생장하면서 토양이 만들어지고, 이 토양을 기반으로 초원, 관목림, 양수림, 혼합림, 음수림 같은 극상림으로 발달하는 과정을 거친다. 이 과정은 수백 년 이상 걸리는 경우도 있다. 관목림은 키가 작은 나무로 구성된 숲, 양수림은 강한 햇빛이 드는 곳에서 광합성을 잘하는 키 큰 나무로 구성된 숲, 음수림은 빛이 약한 곳에서도 광합성을 잘하는 키 큰 나무로 구성된 숲, 혼합림은 양수와 음수가 섞인 숲이다.

1차 천이는 화산 폭발 등과 같은 조건에서 출발하는 천이이고, 2차 천이는 1차 천이가 진행되는 과정에서 산불이나 산사태가 발생해서 천이가 중단되었다가 다시 시작되는 천이를 의미한다. 2차 천이 단계에서는 토양이나 씨앗, 뿌리 등이 있으므로 1차 천이보다 빨리 진행될 수 있다. 1차 천이로 조성된 숲을 1차림, 2차 천이로 조성된 숲을 2차림이라고 한다. 천이 과정 초기에 숲을 구성하는 수종을 선구수종pioneer plant이라 부른다. 선구자같이 숲의 발달을 이끌어 가는 식물이라는 의미다. 선구식물은 척박한 토양에서도 생육할 수 있도록 뿌리혹박테리아 같은 질소 고정 생물과 공생하는 경우가 많아 척박한 곳에서도 잘 자라고 강한 햇빛 아래서 광합성을 한다. 반면 천이가 완성되는 단계의 수종을 극상수종이라 부른다. 극상수종은 빛이 약한 곳에서도 광합성이 가능한 음수다. 강한 햇빛 아래에서 광합성을 하는 양수를 이기고 숲을 이룰 수 있어야 하기 때문이다.

건강한 생태계와 아픈 생태계

생태학을 공부하는 사람 입장에서 말하자면 물질과 에너지가 원활하게 순환하는 생태계가 '건강한' 생태계다. 사람도 먹고, 자고, 소화하고, 배설하는 것이 원활히 이루어지면 건강한 것처럼 생태계도 유입되는 에너지와 물질이 생태계 내에서 잘 활용되고 분해되고 정화된 후 다시 이용되는 순환 고리가 잘 작동되면 건강하다고 할 수 있다. 사람이 아프면 안색이 나쁘거나 잘 움직이지 못하는 것처럼 생태계가 아프면 여러 징후가 나타난다. 4대강 사업 때문에 대량 발생한 녹조 같은 것이 대표적으로 부정적인 징후다. 물의 경우 생태계가 아프기 시작하면 썩거나, 냄새가 나거나, 녹조가 발생한다.

생태계가 아프면 숲에도 다양한 징후가 나타난다. 대표적인 것이 숲을 구성하는 식물이 죽거나 다른 식물로 대체되는 현상이다. 과거에는 배기가스 때문에 발생하는 산성비의 영향으로 숲 생태계가 아픈 경우가 많았다. 산성비가 토양을 산성화하면 숲의 나무가 죽곤 했다. 이렇게 숲을 구성하는 나무가 죽으면 그 빈틈에 척박한 땅에서도 잘 자라는 귀화식물이 들어선다. 그런데 이런 식물조차 살 수 없을 정도로 토양 상황이 악화되면 붉은 흙이 그대로 드러난다. 우리나라에는 이렇게 흙이 드러나는 경우는 많지 않지만, 과거 여천공단이나 울산공단 같은 곳에서 이런 현상이 부분적으로 나타난 적이 있었다.

도시에 있는 숲은 도시에서 멀리 떨어진 곳에 있는 숲보다 환경오염의 영향을 크게 받는다. 그래서 도시 주변의 숲은 생태계가 건강하지 않은 경우가 많다. 이를 수치화한 것이 '입지별 귀화율'이다. 입지별 귀화율은 대상지 전체 식물의 종수 대비 귀화식물 종수의 비율을 의미한다. 설악산같이 잘 보전된 숲은 입지별 귀화율이 0퍼센트다. 하지만 도시에 있는 숲을 조사하면 서울의 경우 17퍼센트 정도 된다. 입지별 귀화율이 높다는 것은 다른 곳에서 도입된 귀화식물의 비율이 높다는 의미다. 사람이 아프면 혈압이나 체온을 측정하는 것처럼 숲 생태계의 건강성을 알아보기 위해서는 토양을 조사하거나 그곳에서 살아가는 식물의 생육 상태를 살펴볼 필요가 있다. 그렇지만 정밀한 조사를 하지 않아도 대상지에서 살아가는 귀화식물의 비율을 간단하게 조사해도 숲이 얼마나 건강한지 간접적으로 알 수 있다.

귀화식물이 많은 난지도는 '아픈 숲'인가?

난지도는 원래 숲이 있던 곳이 아니라 쓰레기를 매립할 때 함께 들어온 아까시나무와 다양한 귀화식물이 새롭게 숲을 만든 곳이다. 그래서 난지도에 있는 숲을 조사하면 도입된 식물 대부분이 귀화식물이다. 그래서 난지도를 '귀화식물의 천국'이라 부른다. 우리나라 귀화식물을 활발하게 연구했던 박수현 선생님은 난지도에서 대부분의 연구를 했다. 박선생님이 귀화식물에 관심을 가지게 된 것도 난지도를 방문했을 때 관찰한 귀화식물 때문이었다고 한다.

그런데 난지도에 무성한 귀화식물을 보면 이 생태계가 아픈 생태계인가, 하는 의문이 든다. 원래 잘 보전된 숲에 귀화식물이 들어오면 그 숲은 무좀이나 암 같은 병을 앓는 것과 같지만, 원래 식물이 살지 않던 곳에 유입된 귀화식물은 사정이 조금 다르다. 이 식물은 원래 식물이 살지 못하는 땅을 치유하기 위해 도입되었기 때문이다. 난지도의 귀화식물은 본래 살던 나라에서 멀리 떨어진 곳에 어렵게 도착해 다른 식물이 아직 정착하지 않은 척박한 난지도를 푸르게 만든 개척자 같은 역할을 하는 식물이라고 볼 수 있다. 물론 이 식물들이 자연이 잘 보전된 숲에 침입하는 것은 문제겠지만, 척박한 난지도만 놓고 보면 이 식물들의 역할에 감사한 마음이 든다.

생태학에서는 이처럼 척박한 땅에 들어와 땅을 푸르고 비옥하게 만드는 역할을 하는 식물을 선구식물이라고 부른다. 선구식물은 척박한 땅에서도 잘 살 수 있는 콩과식물이 많다. 콩과식물은 뿌리에 뿌리혹박테리아가 있어 척박한 땅에서도 대기 중 질소를 고정해서 살아갈 수 있다. 싸리나 아까시나무 같은 나무가 우리가 흔히 보는 대표적인 콩과식물이다. 풀 중에서는 잡초라 여겨지는 돌콩 같은 식물이 있다. 이 선구식물들은 척박한 땅에 들어와 땅을 비옥하게 한다. 그런 다음 비옥한 땅에서 잘 자라는 식물에게 자리를 내주고 물러난다.

우리나라 산에 식재된 아까시나무가 일제강점기에 일제가 우리 산을 망치기 위해 도입한 나무라는 잘못된 정보를 사실로 믿는 사람이 아직도 꽤 많다. 하지만 아까시나무는 일본이 아니라 대한제국시대 우리 정부가 중국에서 수입한 나무다. 최초로 수입된 아까시나무는 한양도성 안쪽인 인왕산 주변에 식재되었다. 대한제국시대 서울 사진을 보면 나무 한 그루 없이 헐벗은 산이 보인다. 이처럼 척박한 땅에는 콩과식물인 아까시나무를 심어 땅을 비옥하게 만들 필요가 있다. 1970년대 이후 치산녹화治山綠化가 본격적으로 진행되면서 우리나라의 숲은 푸르름을 되찾았다. 그 결과 과거 무성했던 아까시나무가 점점 사라지고 있다. 선구식물로서 본연의 역할을 수행하고 역사의 뒤편으로 사라지고 있는 것이다. 우리는 우리나라 산야를 푸르게 하는 데 큰 공헌을 한 아까시나무에게 고마워해야 한다.

그런데 난지도에는 아직도 아까시나무가 우점종이다. 이는 난지도 사면이 아직은 선구식물이 자라기에 적합한 척박한 땅이라는 의미다. 난지도 역시 시간이 흘러 땅이 비옥해지면 아까시나무가 사라지고, 참나무 숲으로 바뀔 것이다. 하지만 난지도의 토양은 아직 척박하다. 더욱이 난지도 사면의 아까시나무는 사람이 심은 나무가 아니라 1970년대와 1980년대 각종 공사장에서 가져온 토양에 남았던 뿌리에서 자란 나무다. 그래서 난지도 아까시나무는 또 다른 의미가 있다. 난지도의 숲은 아까시나무 같은 외래식물이나 귀화식물이 많다는 점에서 일반적으로 건강한 숲이라고 할 수는 없다. 하지만 난지도의 특성을 살펴보면 아름답고 건강한 숲으로 발전하기 위한 초기 단계라고 할 수 있다. 선구적인 독립운동가들이 활동했던 과거 만주 벌판 같은 숲이라고 생각하면 이해하기 쉬울 것이다.

옛 난지도 땅에 자리 잡은 식물들

아까시나무나 꾸지나무가 난지도에서 잘 자라는 이유는 토양이 척박하고 햇빛이 강하기 때문이다. 이런 조건을 갖춘 곳에는 일반적으로 큰 나무가 잘 자라지 못한다. 그래서 외국에서 귀화한 외래식물이나 콩과식물처럼 질소 고정 작용을 하는 식물이 주로 자란다. 지금도 난지도에는 큰 나무가 자랄 수 있는 토양에는 아까시나무나 꾸지나무, 가죽나무 같은 나무가 자라지만 이런 수종이 자라기 어려운 척박한 토양에는 선구식물의 특징을 지닌 단풍잎돼지풀이나 조릿대, 싸리, 찔레꽃 같은 풀이나 관목이 주로 자란다.

난지도에는 폐기물과 토양에 함께 묻어 온 씨에서 자란 아까시나무가 우점하고 있다. 그래서 충분한 대책을 마련하지 못한 우리 입장에서는 아까시나무가 매우 고마운 존재다. 또 수분이 충분히 공급되는 지역에서는 주변에서 자연적으로 유입된 버드나무들이 자란다. 노고시모에서 도입한 꾸지나무도 잘 자라고 있다. 이런 나무들의 가장 큰 특징은 속성수라는 것이다. 속성수는 자라면서 토양 속 오염물질을 흡수한다. 토양 정화를 염두에 두고 심지는 않았지만 다행스럽게도 생물 정화 능력이 탁월한 나무들이 난지도에 자라고 있는 것이다. 다만 속성수는 빨리는 자라지만 오랫동안 숲을 이루지는 못하기 때문에 이 수종 이후 어떤 나무가 난지도에 들어와 자라는 것이 좋을지 고민해야 한다. 난지도는 의도적으로 일정하게 토양을 반입한 지역이 아니기 때문에 토양 특성이 매우 다양하다. 따라서 일반 산림과 달리 난지도에 적합한 숲을 조성하고 가꾸는 데 많은 어려움이 있다.

꾸지나무가 아까시나무처럼 난지도에서 잘 정착하는 이유는 꾸지나무가 선구식물에 속하기 때문이다. 현재 푸르른 난지도 사면이 유지될 수 있는 것은 아까시나무와 꾸지나무 덕분이다. 선구식물은 대개 뿌리를 깊이 뻗지 못해 바람이 세게 불면 잘 쓰러진다. 난지도에서 자라는 나무들은 토양이 너무 척박해서 높이 자라지 못한다. 우리나라의 일반적인 산에서는 아까시나무나 참나무가 보통 15미터 이상 자란다. 높이 자라는 나무는 20미터를 넘기도 한다. 하지만 난지도에 있는 아까시나무나 참나무 중에 10미터 넘는 나무는 많지 않다. 토양이 척박해서 높이 자라지 못하기도 하지만 심한 바람 때문에 그보다 더 높게 자라면 쉽게 쓰러지기 때문이다. 다만 수분이 충분한 일부 토양에서는 버드나무가 20미터까지 자라기도 한다.

이렇게 난지도에 뿌리를 깊이 뻗지 못하는 천근성 식물이 많아 쓰레기산이 붕괴하지는 않을까 염려하는 사람도 있다. 그러나 천근성 식물은 뿌리가 촘촘하게 발달해 흙을 잘 고정한다. 현재 난지도 토양은 척박하기는 하지만 나무가 없던 과거처럼 쉽게 흘러내리지 않는 환경을 갖춘 셈이다. 꾸지나무나 아까시나무 같은 나무들이 지상으로 드러난 부피 이상의 토양을 뿌리로 잡고 있기 때문에 난지도에 있는 나무들이 강한 바람에도 버틸 수 있는 것이다.

'물가에 심어진 나무같이, 흔들리지 않게'라는 노래 가사가 있다. 어째서 이런 표현이 나왔을까 궁금했는데 물가에서 자라는 버드나무의 뿌리 구조를 알고 나서는 이 표현에 격하게 공감했다. 버드나무는 물가에 사는 천근성 나무다. 버드나무의 뿌리를 유심히 살펴보면 얇은 아가미처럼 생긴 실뿌리가 모래를 여러 겹으로 붙잡고 있는 것을 볼 수 있다. 작은 실뿌리들이 잡고 있는 모래의 부피가 지상에서 자라는 나무의 부피보다 훨씬 크다. 그래서 웬만한 물살이나 바람에도 버드나무가 쓰러지지 않고 물가에서 버틸 수 있다. 부드러운 것이 강한 것을 이기는 대표적인 사례라 할 수 있다. 한강 둔치에 여름철 큰물이 지나가고 나면 잔디나 풀이 있는 곳은 많이 파이지 않았는데, 맨땅인 운동장은 1미터 이상 깊이로 구덩이가 생기는 경우를 볼 수 있다. 작고 연약해 보이는 뿌리가 급한 물살 속에서도 토양을 붙잡고 버티기 때문에 흙이 파이는 것을 막아 주는 것이다.

난지도처럼 쓰레기 매립장으로 이용되거나 도시에 있는 공지에는 일반적으로 외국에서 도입된 귀화종이 쉽게 적응한다. 우리나라 자생종이 모여 있는 지역에 적응하기보다는 다른 종의 간섭이 덜한 쓰레기 매립장 같은 지역에서 자리 잡기가 쉽기 때문이다. 국내 자생종은 아주 오랫동안 살아 온 환경에 적응하다 보니 새롭게 조성된 쓰레기 매립장 같은 공간에는 적응하기 힘들다. 실제로 난지도에서 자라는 식물을 조사해 보면 귀화식물 출현 비율이 다른 지역에 비해 매우 높다. 난지도에서 가장 넓게 분포하는 아까시나무 역시 1800년대 말 중국을 거쳐 미국에서 수입된 귀화식물이다. 이런 귀화식물은 우리나라 자생종이 잘 적응하지 못하는 척박한 땅에 뿌리를 내리고 살아간다.

귀화식물을 싫어하는 사람도 많다. 너무 왕성하게 자라기 때문에 자생종의 터전을 해친다고 생각하기 때문이다. 그러나 이런 생각이 반드시 옳은 것은 아니다. 아까시나무는 척박한 지역에서는 잘 자라지만 토양이 비옥해지면 살아가던 터전을 자생종에게 내준다. 아까시나무뿐 아니라 대부분의 귀화식물이 이 같은 역할을 한다. 다만 너무 왕성하게 번식하기 때문에 자생종의 영역을 심하게 침범하는 귀화식물도 있어 이런 귀화식물이 생태계로 확산되지 않도록 주의하는 것이 좋다.

귀화식물과는 별개로 우리의 필요에 따라 도입한 식물도 많다. 쌀이나 옥수수, 과일이나 채소 같은 농작물이 대표적인데 이런 농작물이 없다면 우리는 살아갈 수 없다. 따라서 외국에서 도입되었다고 해서 무조건 나쁘다고 생각하는 것은 바람직하지 않다. 오히려 우리에게 도움이 되는 다양한 종을 도입해 잘 활용하는 것이 현명하다.

'위해식물'이란 무엇인가

'위해식물' 또는 '유해식물'은 일반적으로 사람 또는 동식물의 건강에 해를 끼치거나 생태계를 교란하는 식물이라는 의미로 많이 알려졌다. 그러나 '위해식물'이라는 말은 법령 등에 명시되어 있지 않으며, 법적 용어는 야생생물보호및관리에관한법률에서 말하는 '유해야생동물'이나 생물다양성보전및이용에관한법률에서 말하는 '생태계교란생물' 등이다. 현행법상 유해야생동물의 정의에서 말하는 '유해'는 '사람의 생명이나 재산에 피해를 준다'는 뜻으로 쓰이며, '생태계교란생물'은 '생태계 균형을 교란하거나 교란할 우려가 있는 생물'에 해당하는 것으로, 같은 법률에 따른 위해성 평가 결과 생태계 등에 미치는 위해가 큰 것으로 판단되어 환경부 장관이 지정·고시하는 동물이나 식물이다.

새로운 생물종이 생태계에 유입되었을 때, 원래 살던 종과 생태적 지위나 먹잇감이 겹치는 경우, 먹이 경쟁이 벌어지거나 극단적인 경우에는 생태계 안에서 최상위 포식자로 군림할 가능성도 있다. 또 공간적으로 서식처가 겹치는 경우 원래 있던 종을 밀어내는 등의 결과가 발생할 수 있다. 이렇게 생물종마다 다른 특성과 영향을 고려했을 때 기존 생태계에 부정적인 영향을 미치는 경우 생태계에 위해를 가한다고 할 수 있다. 현재 생태계교란생물로 지정된 생물은 황소개구리, 큰입배스,

뉴트리아, 꽃매미 등의 동물과 돼지풀, 단풍잎돼지풀, 가시박, 환삼덩굴, 미국쑥부쟁이 등의 식물이다.

이와 관련해 자주 쓰이는 용어로 '외래종'이 있다. '외래종' 또는 '외래생물'은 외국에서 인위적 또는 자연적으로 유입되어 본래의 원산지 또는 서식지를 벗어나 존재하게 된 생물을 말한다. 위해를 가하지 않더라도 다른 나라에서 들어온 생물이라면 모두 외래종이 되는 셈이다. 또 '귀화식물'은 일반적으로 의도적으로 또는 의도적이 아니더라도 우리나라에 유입된 외래 식물이 우리나라에서 야생화해 대를 거듭하는 경우를 말한다. 외국에서 들어오는 식물의 경우 목적을 가지고 인위적으로 도입하거나 재배하는 재배종 혹은 유입되었으나 우리나라 환경에 적응하지 못하고 야생화하지 못한 외국 원산 식물을 모두 포함하는데, 이러한 경우는 귀화식물과 구분할 필요가 있다. 외래종은 귀화식물에 비해 조금 넓은 개념이다.

'외래종'과 반대 의미로 널리 쓰이는 것이 '고유종'이다. 환경부에서는 '지리적으로 한정된 지역에만 분포해 서식하는 생물 분류군'을 고유종으로 분류한다. '우리나라의 주권이 미치는 영토를 포괄적으로 적용하는 지리적 개념에서 대한민국 영내에서만 자연적으로 서식하는 모든 생물 분류군'을 우리나라의 고유 생물종으로 본다.

숲 만들기와 습지의 중요성

대부분의 지구 생물은 몸무게의 70~90퍼센트 이상이 물로 이루어져 있다. 그런 만큼 물은 생명을 유지하는 데 가장 중요한 물질이다. 지구는 '물의 별'이라고 할 정도로 많은 물이 있지만, 대부분은 바닷물과 빙하에 갇혀 육상에 있는 일부 물만 나무와 풀이 이용할 수 있다. 식물보다 육상동물이 먹을 수 있는 물은 더욱 제한적이다. 난지도 역시 물이 귀한 곳이다. 난지도 바로 옆으로 한강이 있지만 한강과 난지도 사이에 위치한 자유로가 동물들의 이동을 방해한다. 대신 소규모 물웅덩이가 난지도에 사는 야생동물에게 오아시스 같은 공간이 되어 준다. 그런 이유로 인위적으로 많은 물그릇을 만들어 야생동물에게 제공하는 일은 난지도의 생물 다양성을 높이는 데 큰 도움이 된다.

노고시모에서는 '동물물그릇'이라 부르는 깊이가 얕고 넓은 통을 난지도 곳곳에 배치해 비가 오면 이곳에 물이 고이도록 하고, 이 물이 아래쪽에 만들어 둔 작은 물굽이에 물을 제공하도록 해 놓았다. 전기에너지를 비롯한 어떤 에너지도 사용하지 않고 고저 차이만 이용해서 만든 획기적인 빗물 공급 시설이다. 그 결과 난지도에서는 작은 곤충과 새는 물론 고라니와 너구리에 이르기까지 여러 동물이 쉽게 물을 마실 수 있다. 배가 고픈 것도 큰 괴로움이지만 목이 마른 것은 더 큰 괴로움이다. 그러므로 야생동물에게 먹이를 주는 것도 중요하지만 물을 주는 일은 더 중요하다. 물그릇을 생태적으로 관리하는 방법도 중요하다. 탐사 카메라로 촬영해 본 결과 겨울철에 얼음이 얼면 새들이 '동물물그릇'의 얼음을 쪼아 먹고, 고라니가 얼음을 핥아먹는다는 사실을 알게 되었다. 다른 계절에는 물그릇에 있는 물이 오염되거나 썩을 수 있다. 이를 막기 위해서는 물그릇 속에 적당한 수초를 심어 스스로 정화 작용을 할 수 있도록 해야 한다. 노고시모는 이런 활동을 이미 하고 있다.

척박한 환경에 '적합한' 나무 심기

요즘 아파트 단지 조경을 보면 입주와 함께 완성된 정원을 볼 수 있다. 어린나무가 자라 숲이 되는 것이 아니라 처음부터 큰 나무로 이루어진 숲을 완성해서 즐기는 것이다. 물론 아파트 입주자들의 쾌적한 삶이나 경관을 위해서는 필요한 일일 수 있다. 하지만 나무가 살아 있는 생명이라는 점을 감안하면 처음부터 자랄 여지를 두지 않고 화병의 꽃처럼 주어진 만큼만 자라라고 하는 것이 잔인하게 느껴질 때가 있다. 생물은 성장하면서 그때그때 나름의 아름다움과 역할을 보여 주기 때문이다. 아파트가 시간이 흘러가면서 나이를 먹는 것처럼 아파트 단지에 있는 정원의 나무들도 함께 나이 들어가는 것이 더 자연스러운 일 아닐까?

그렇기 때문에 환경에 잘 적응하는 나무를 심기 위해서는 큰 나무보다 작은 나무를 심는 것이 바람직하다. 작은 나무는 자라면서 대상 지역의 환경에 자신을 맞추어 가기 때문이다. 아예 생육조건이 맞지 않아서 자라지 못하는 나무가 아니라면 작은 나무를 심어서 환경에 맞게 적응하도록 키우는 것이 좋다. 하지만 사람의 조바심과 욕심 때문에 작은 나무보다 큰 나무를 심고, 대상 지역에 어울리는 나무보다는 빨리 자라는 속성수를 심는 경우가 많다. 토양 조건이 충분하게 갖추어지지 않은 상태에서는 속성수도 잘 자라지 못한다. 이런 경우 척박한 환경에서 잘 견디는 나무를 심고, 시간이 지나 토양이 비옥해지면 대상 지역에 어울리는 나무를 심는 것이 좋다.

그 환경에 '적합한' 나무란 해당 환경에 잘 적응하는 나무를 의미한다. 척박한 토양이나 바람이 많이 부는 곳 등 다양한 환경에 적응해서 토양을 개선하고 다른 나무들이 들어와 살 수 있게 해 주는 나무가 환경에 좋은 나무다. 처음부터 모든 환경에 좋은 나무는 없다. 모든 사람이 잘 살아갈 수 있는 곳을 '이상향'이라 부르는 것처럼 그런 나무가 있다면 이상적인 나무일 것이다. 환경에 좋은 나무는 현재 상황에 적합하고 현재 상황을 개선하는 능력이 가장 좋은 나무다. 과거 우리나라 토양이 척박하던 시절에는 아까시나무 같은 콩과식물이 가장 좋은 나무였다. 그러나 이제 국토 녹화가 완성되고 토양이 비옥해졌으니 아까시나무가 아니라 현재의 환경에 적합한 나무가 환경에 좋은 나무라 할 수 있다.

식물은 동물과 달리 이동이 자유롭지 못하다. 식물의 생애 중 가장 원활하게 이동하는 시기는 바로 씨앗 단계다. 이 시기에는 바람이나 동물의 털 등을 이용해 멀리 이동할 수 있다. 하지만 식물은 한번 정착해서 뿌리를 내리면 숙명적으로 그 환경에 적응해야 한다. 물론 구절초처럼 뿌리를 내린 후에도 조금씩 이동하는 식물이 있기는 하다.

이동이 자유롭지 못한 식물은 뿌리를 내리는 지역의 토양과 수분, 양분, 햇빛 등의 영향을 받는다. 그래서 이런 조건이 충족될 때만 싹을 틔우고 뿌리를 내리는 것이 일반적이다. 그래서 사람들의 눈에는 물가에는 물가에서 잘 사는 식물, 능선에는 능선에서 잘 자라는 식물이 집단을 이루어 살아가는 것처럼 보인다. 식물이 일생 중 가장 원활하게 이동하는 시기에 살기 적합한 장소를 만나 뿌리를 내리기 때문이다. 이런 모습을 보면 식물이 사람보다 더 현명하다고 생각될 때도 있다. 사람들은 욕심 때문에 제대로 발을 뻗기 어려운 환경에서 평생 고생하는 경우가 종종 있다. 물론 모든 식물이 행복한 곳에서 사는 것은 아니다. 원하지 않았던 환경 변화를 겪으며 어렵게 살다가 생을 마치는 식물도 있다.

어딘가에 나무를 심어야 한다면, 어떤 나무를 선택하면 좋을까? 사람들에게 어떤 나무를 심고 싶은지 물으면 열매가 달리는 나무, 목재 가치가 있는 나무, 조경수처럼 아름다운 나무 등 다양한 종류의 나무를 이야기한다. 나무를 잘 아는 사람은 숲을 빨리 우거지게 할 수 있는 속성수 같은 나무를 선호하기도 한다. 우리나라의 산림도 이와 같은 국민의 요구를 반영하여 녹화를 진행했다. 1970년대에는 헐벗은 국토를 빨리 녹화할 수 있는 속성수를 많이 심었다. 사시나무속 식물이나 아까시나무 등이 대표적이다. 이후 1990년대에 들어와서는 속성수보다 목재 가치가 높은 나무나 열매를 수확할 수 있는 나무를 많이 심었다. 그러나 '좋은 나무'는 사람이 원하는 나무보다 그 지역의 토양과 기후에 적합한 나무다. 토양이나 기후가 뒷받침되지 않은 상태에서 무리하게 나무를 심으면 시간이 흘러도 나무가 정상적으로 자라지 않고, 때로는 적응하지 못하고 죽기도 하기 때문이다. 따라서 적합한 나무는 그 지역의 토양과 기후 특성에 어울리는 나무라고 할 수 있다. 그런 이유로 산에 대규모로 나무를 심을 때는 산림 전문가의 자문을 받아야 실패하지 않고 효과를 거둘 수 있다.

하지만 우리나라의 경우 나무 심기를 너무 쉽게 생각해서 산에 어울리는 나무가 아니라 본인이 좋아하는 나무를 심는 경우가 많다. 서울

강남구의 도시숲을 방문하고 깜짝 놀란 적이 있다. 식목일에 지역 주민들이 돈을 모아 동네 산에 나무를 심었는데 원래 자라던 참나무를 베어 내고 정원에 소규모로 심어야 하는 산철쭉이나 작은 매실나무를 심었기 때문이다. 이런 나무들은 10~20년이 지나도 산을 푸르게 만들 수 없다. 오히려 산에 자라고 있는 참나무 같은 나무에 가려져 시간이 지나면 모두 죽어 버릴 수 있다. 이처럼 산에 정원에 많이 심는 나무를 심는 것은 현명한 선택이 아니다. 산은 정원이 아니고 정원도 산이 아니므로 필요한 공간에 필요한 나무를 심어야 한다.

씨앗을 심어 나무를 키우는 것의 장점

우선 씨앗에서 싹이 나기까지 어떤 과정을 거치는지 알아보자. 종자의 형태는 식물에 따라 다양하지만, 기본적으로 종자 바깥을 단단한 씨껍질종피이 감싸고 있고, 그 안에 식물체의 어린잎이 되는 떡잎자엽과 뿌리가 되는 어린뿌리유근가 있다. 수정 후 종자가 발달하는 과정에서는 아주 작은 식물체인 '배'와 양분이 되는 '배젖배유'가 형성되는데, 종에 따라 배젖이 남아 있거나 퇴화해 없어지기도 한다. 배와 배젖이 남아 있는 종자를 유배유종자라고 하며, 남아 있지 않는 경우를 무배유종자라고 한다.

발아 조건 역시 식물에 따라 다양하다. 가을에 성숙한 종자가 분리되어 계절을 지나는 동안, 온도·수분·빛 등 여러 자연환경의 영향을 받은 뒤 알맞은 조건이 만들어지면 발아가 시작된다. 광발아와 암발아처럼 빛 조건에 따라 발아 능력이 다른 경우가 있으며, 농가에서는 계절

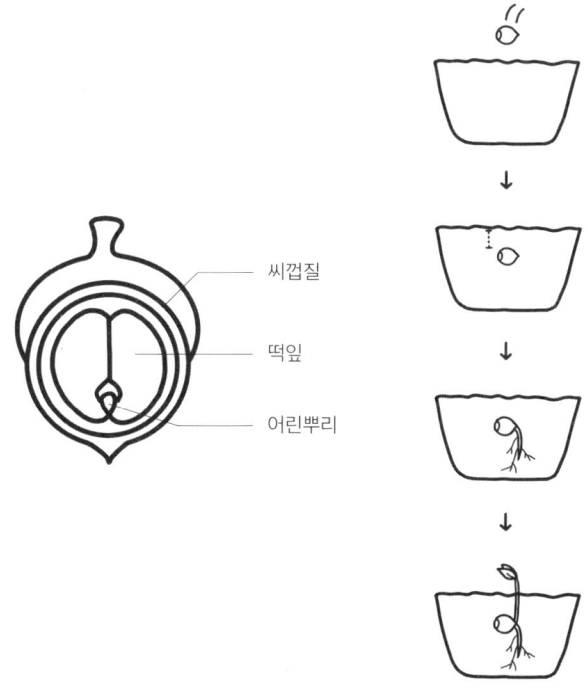

도토리에서 싹이 트는 과정

에 따라 기온이 변하는 자연의 규칙과 비슷하게 맞추기 위해 종자를 발아시킬 때 인위적으로 저온 처리 등을 거치기도 한다. 공통적으로는 배가 충분히 성숙했을 때 여러 호르몬의 영향으로 발아가 시작된다.

발아에 영향을 주는 호르몬 역시 매우 다양하다. 미국이나 호주 등 지역에 따라서는 자연적인 산불이 지나간 이후 씨앗이 일제히 발아하는 현상도 나타난다. 식물이 불에 타며 생기는 연기에 포함된 화학물질이 잠들어 있던 씨앗을 깨운다는 연구도 있다.

씨앗에서 싹이 나기까지 과정은 아주 복잡하다. 다만 성숙한 종자에는 어린잎과 뿌리가 만들어져 있고, 숨을 쉬며 때를 기다리던 종자가 적당한 조건을 만나 발아하면 세포분열을 시작하면서 씨껍질을 뚫고 뿌리를 내려 잎을 밀어 올리게 된다.

꺾꽂이삽목로 나무를 키울 수도 있다. 꺾꽂이는 가지·뿌리·잎 등 나무의 일부를 잘라 흙에 심어 새로운 개체로 성장시키는 방법이다. 주로 1~2년 된 가지를 잘라 흙에 꽂거나 물에 담가 뿌리를 내리게 하는 방법을 많이 쓴다. 이끼 등을 제외한 관다발식물이라면 어느 가지에나 물관 혹은 체관으로 이루어진 관다발이 있다. 꺾꽂이로 번식시킬 가지 삽수삽목에 쓰이는 줄기·뿌리·잎를 땅에 심거나 물에 담그면 물관과 체관을 통해 수분과 양분을 공급받아 죽지 않고 버티며 생장할 수 있다.

식물의 놀라운 능력 중 하나가 '전형성능全形成能'이다. 이는 식물 세포의 조직이 세포 전체의 형태를 형성하거나 식물체를 재생하는 능력을 말한다. 식물체 일부분을 꺾꽂이했을 때 세포가 분화해 차츰 온전한 식물의 형태로 자랄 수 있는 것은 바로 전형성능 때문이다. 그리고 식물체에서 세포분열이 가장 활발하게 일어나는 부분은 주로 눈이나 가지 끝에 있는 생장점과 쌍떡잎식물의 관다발에 있는 형성층이다. 이러한 생장점이나 형성층이 있다면, 삽수에서 훨씬 쉽게 새로운 뿌리가 나거나 새잎이 돋을 수 있다.

모든 식물 세포에는 전형성능이 있기 때문에 이론상으로는 모든 수종이 꺾꽂이가 가능하다고 볼 수 있다. 하지만 나무에 따라서 뿌리내림 발근이 잘되는 종류가 있고 그렇지 않은 종류가 있으므로 수종에 따라 꺾꽂이의 난이도가 다르다. 삽목 발근이 쉬운 수종으로는 포플러류, 버드나무류, 은행나무를 비롯해 동백나무, 수국, 무궁화 등이 있다. 반대로 발근이 어려운 수종으로는 소나무류, 참나무류, 귤나무류, 단풍나무류, 벚나무류, 사과나무류 등이 있다. 다만 발근이 어려운 수종도 환경을 잘 조절하고 발근을 돕는 호르몬과 양분을 충분히 공급하면 뿌리를 내리고 새로운 개체로 탄생할 가능성을 높일 수 있다.

씨앗을 심어 나무를 키우면 우선 유전적 다양성 보전에 도움이 된다. 식물이 번식하는 방법은 크게 영양번식무성생식과 종자번식유성생식으로 나눌 수 있는데, 영양번식은 앞에서 언급한 꺾꽂이와 뿌리 부근의 곁가지를 뿌리와 함께 떼어 내 새로운 개체로 성장시키는 포기나누기분주, 실험실에서 자주 이루어지는 조직 배양 등이다.

영양번식은 어린나무가 자라는 단계를 기다리지 않아도 되는 경우가 많기 때문에 비교적 짧은 기간에 쉽게 큰 나무를 기를 수 있으며, 상품성이 높은 품종이나 보호 대상인 희귀식물을 대량으로 늘릴 수 있다. 하지만 영양번식으로 키워 낸 개체는 모체와 유전적으로 똑같다. 따라서 개체 수는 많지만 전염병이나 환경 변화에 취약하고, 여러 번 번식하는 과정에서 유전병도 쉽게 발생할 수 있다.

이에 비해 종자번식유성생식은 말 그대로 씨앗으로 새로운 나무를 길러 내는 방식이다. 꽃이 피어 열매를 맺기 위해서는 꽃가루받이受粉 과정이 필요하다. 벌, 나비, 새, 바람 등을 매개로 유전자가 서로 다른 부모의 암술과 꽃가루가 만나야 씨앗이 생겨난다. 이렇게 종자로부터 길러 낸 어린나무는 부모와 유전적으로 다른 개체가 된다. 유전적 다양성이 높으면 전염병이나 환경 변화에 강해진다. 자연 상태에서 아주 긴 시간 종자 번식이 이루어지면 진화를 거쳐 새로운 종으로 분화할 가능성도 있다.

씨앗부터 심어 나무를 가꾸는 일은 무엇보다 이 땅에 필요한 다양한 우리 나무를 확보할 수 있고, 우리 땅에서 씨앗부터 건강하게 자라게 할 수 있다. 씨앗부터 키운 정성이 숲으로 연결될 수 있으며, 예산도 절약할 수 있다.

훼손되고 척박한 환경에 효과적으로 다양한 나무를 심는 방법

최근 기후변화로 강원도에 산불이 발생하자 이를 복원하기 위한 다양한 방법을 검토하고 있다. 사실 복원 사업을 할 때 가장 어려운 점은 지역에 적합한 묘목을 구하는 일이다. 짧은 시간에 대규모 면적을 조림해야 하니 국내에서 생산되는 자생종 묘목으로는 복원에 한계가 있기 마련이다. 이런 경우 조금 긴 안목으로 당장 여름철에 토양이 유실되지 않도록 처리하고, 주변 지역에서 채종해 묘포장을 만든 후 복원 공사를 천천히 진행하는 것도 대안이 될 수 있다. 실제로 노고시모에서는 오랫동안 이런 방법을 이용해 묘목을 확보하고 숲을 효율적으로 조성해 왔다.

노고시모에서는 종자를 나무자람터에서 키우는 방법 외에도 자연 소재 식생 마대에 종자와 흙을 담아 묘포苗圃, 묘목을 기르는 밭를 거치지 않고 사면에 직접 배치하는 방법도 실험했다. '또 다른 나무 심기 시드뱅크'라 이름 붙인 이 방법은 토양 조건이 좋지 않은 지역에서는 토양 개량 없이 숲을 만드는 좋은 방법이다.

일본 홋카이도에서 나무를 심는 방법도 이와 유사하다. 홋카이도는 추운 지방이고, 화산이 폭발해서 이루어진 지역이라 토양이 척박하다. 이런 환경에서 나무를 심기 위해서는 토양을 개량하고 묘목을 심는 곳까지 운반해야 하는 어려움이 있다. 이 문제를 해결하기 위해 작은 종이 상자에 신문지와 토양, 양분을 넣은 후 종자를 심어서 숲을 만들고자 하는 지역에 상자를 뿌리는 방법을 활용한다. 이렇게 상자에 씨앗과 토양을 담는 작업은 도시에 사는 노인들도 할 수 있다. 현장에서 상자를 뿌리는 것은 청년들이 진행한다. 직접 나무를 심지 않아도 홋카이도를 푸르게 하는 작업에 누구나 쉽게 참여할 수 있다는 것이 이 방식의 장점이다. 홋카이도에서는 이런 상자를 '씨앗 폭탄'이라 부른다. 이곳저곳에 '투하'할 수 있기 때문이다. 노고시모에서 하는 '또 다른 나무 심기 시드뱅크'도 어린이부터 어르신까지 다양한 계층이 함께 난지도를 푸르게 하는 데 참여할 수 있는 활동이다.

노고시모에서는 '집씨통'으로 나무 심기 사업을 확장했다. 이 사업은 코로나19 때문에 시민들이 노을공원에서 나무를 심지 못하게 되자 집에서 나무로 만든 통 속에 도토리를 심고 묘목으로 키워 노을공원으로 보낼 수 있도록 기획되었다. 화분과 포장재를 겸하는 '집씨통'은 씨앗에서 숲을 보기를 바라는 마음과 포장재 쓰레기를 줄여 보자는 마음에서 만들어졌다. 시민들이 키워서 '집씨통' 포장법대로 묘목을 보내주면 활동가와 자원봉사자가 나무자람터에 심고 2~3년 더 키운다. 직접 나무를 심지 않아도 쓰레기 매립지를 숲으로 만드는 활동에 참여할 수 있게 한 것이다. 씨앗을 묘목으로 키우고 심는 방법은 매우 다양하다. '집씨통'처럼 많은 시민이 참여할 수 있고, 식재된 나무도 잘 자라게 하는 창의적인 방법을 다양하게 시도하는 것은 환경운동 차원에서 매우 소중하다.

부록
'씨앗부터 키워서 1002遷移 숲 만들기'에 참여해 보세요!

활동 이름에 담은 뜻

2011년부터 '씨앗부터 키워서 100개 숲 만들기'라는 이름으로 시민 참여형 숲 만들기를 시작했다. 하늘공원·노을공원에 100군데쯤 나무를 심으면 변화의 시작을 이루어 낼 수 있을 것 같았다. 함께해 준 이들 덕에 노을공원·하늘공원 사면 무입목지에서 이루어지는 숲 만들기 장소 중 절반 이상에서 더 이상 사람이 집중적으로 나무를 심지 않아도 되는 숲의 기반이 마련되었다. 그렇게 숲이 자라며 숲과 숲이 연결되어 권역으로 묶이기 시작했다.

2018년, 당시 진행 중이던 119개 숲을 25개 권역으로 묶을 수 있었다. 이를 계기로 개별 장소를 정해 활동하던 방식에서 공동 장소를 정해 함께 숲을 만드는 방식으로 전환했다. 이후 무입목지의 상당 부분에 숲의 기반이 마련되면서 단체는 다음 활동을 고민해야 했고, 2019년에는 처음 단체를 준비할 때처럼 다시 난지도 전체 지역을 걸어 다니며 살펴보았다. 그때 이 땅이 비록 쓰레기산이지만 숲처럼 보이는 곳에 멈추는 것이 아니라 진짜 자연 천이가 가능한 숲도 꿈꿀 수 있겠다는 가능성과 마주했다. 아까시나무로 가득 들어차 천이가 어렵다는 지역에서 동물들이 씨앗을 옮겨 이루어진 다양한 나무의 군락지를 발견했기 때문이다.

이를 계기로 기존 16만5000제곱미터 무입목지에서 진행했던 숲 만들기 활동을 전체 132만 제곱미터의 땅을 대상으로 확대하기로 하고, 활동명도 2020년부터 '씨앗부터 키워서 100ز遷移숲 만들기'로 바꾸었다. 자연 천이가 가능하도록 숲을 만들어 가겠다는 방향을 활동명에 담은 것이다. 활동 방법도 기존에 해 오던 묘목 심기와 시드뱅크에 노천 파종을 추가했다. 그런데 구석구석에 참나무 6남매 열매인 도토리와 가래나무 씨앗을 노천 파종하다 보니 작은 규모로 산재한 숲 틈이 눈에 들어왔다. 이곳에서도 숲을 위한 활동을 할 수 있다면 쓰레기산 난지도 전체를 하나의 건강한 숲으로 만들 수 있겠다는 생각이 들었다. 권역과 권역을 잇는 사잇길을 만들어서 그 길을 따라 숲틈으로 들어가면 되겠다는 생각이 들었다. 커다란 권역과 권역을 사잇길로 이어 숲을 만들어 가는 모양이 마치 개미집처럼 보여서 활동명을 '숲과 숲을 잇는 개미숲 만들기'라고 지어 보았다. 별개의 활동이라기보다 건강한 천이숲을 만들기 위해 추가된 방법의 이름이다.

2022년까지 시민들과 함께 만드는 162개 숲 자리가 연결되며 46개 권역으로 묶였지만, 권역과 권역이 단절되어서 어떻게 하면 모든 숲을 하나로 연결할 수 있을까 고민이 많았다. 하지만 사잇길을 만들고, 그 길을 따라 산재한 숲 틈에서도 그 땅에 적합한 어린나무를 심고, 빗물을 쓸 수 있게 하고, '동물물그릇'을 곳곳에 만들어 주며 숲의 기반을 만들어 간다면 그 고민도 해결할 수 있는 셈이다. 씨앗부터 키우는 이유도, '100개 숲', '1002遷移숲', '개미숲'처럼 활동명이 변화를 거치는 이유도, 모두 쓰레기산을 하나로 연결된 건강한 천이숲으로 만들기 위함이다. 하나로 연결되어 천이가 이루어지는 건강한 숲을 위해 '1천 개미'도 모집하고 있다.

숲 이야기: 제46권역

　　권역과 권역을 개미집처럼 연결해 이 땅을 하나의 숲으로 만들 수 있겠다는 생각은 일반 방문객이 다닐 수 없는 41권역 '동물이 행복한 숲'에서 46권역 'ESG숲' 사잇길을 오가면서 하게 되었다. 노을공원 상부, 가양대교가 내려다보이는 노을 전망 덱 우측 아래 사면 3300제곱미터 지역인 46권역은 2022년 9월 17일 한 금융 컨설팅 기업에서 처음 나무를 심었고, 10월 29일까지 476명이 참여했다. 나무자람터 주변 목책 너머 '동물이 행복한 숲'과 '개미숲'으로 연결되는 숲으로, 2022년 가을 나무 심기는 모두 'ESG숲'을 중심으로 진행했다.

　　예전부터 이곳에도 나무를 심고자 하는 마음이 간절했다. 나무자람터에서 겨우 100여 미터 떨어진 이곳에는 노을공원에서 가장 아름다운 노을을 볼 수 있는 전망 덱이 있다. 한강과 고양시까지 내려다볼 수도 있다. 사람들의 참여를 위해 처음 바닥 정리와 빗물통 준비를 마치고 잘했다는 확신이 들었다. 이웃한 '동물이 행복한 숲'으로 숲길을 내서 빗물을 끌어오고 삽과 물뿌리개를 옮기면서 '개미숲'을 구상했다. 이렇게 하다 보면 권역과 권역이 연결되고 10년 동안의 무입목지 숲 만들기를 아까시나무숲 전체로 확장할 수 있게 된다.

　　46권역에는 들메나무를 많이 심었다. 공원에 처음 소개되는 나무라 기대가 크다. 이웃 권역으로 통하는 숲길을 따라 몇 개의 숲 틈을 정리해 밀원수인 헛개나무와 쉬나무를 많이 심었다. '개미숲'치고는 커다란 숲이다. '개미숲' 경계에서는 버드나무, 말채나무, 쓰러진 오동나무 등 볼 거리도 있는데 모두 대형이다. 나무를 심을 때 나무자람터에서 노을 전망 덱 목책에 매어 놓은 밧줄을 잡고 내려올 수도 있지만 나무자람터에서 '동물이 행복한 숲'으로 내려가서 숲길을 통해서 올 수도 있다. 행사를 끝내고 귀가할 때는 다시 올라가서 공원을 통과할 수도 있지만 아래쪽 옹벽에 설치한 임시 다리를 통과해 중간 순환길을 걸을 수도 있다. 기왕이면 일반 공원 이용객이 들어갈 수 없는 중간 순환길을 걸으면서 쓰레기산의 속 모습을 보는 것이 좋겠다.

중간 순환길로 내려가면 정면은 고양시 덕은지구, 오른쪽은 상암동 방면 북사면, 왼쪽은 한강 방면 남사면이다. 기회가 되면 양쪽 모두 걸어 보면 좋다. 어느 쪽으로 가든 숲 만드는 장소, '동물물그릇', 빗물 이용 시설을 볼 수 있으며 운이 닿으면 야행성 동물이지만 고라니와 마주칠 수도 있다.

제46권역에 심은 나무 21종 총 2016그루

고욤나무, 광대싸리, 귀룽나무, 꾸지나무, 느티나무, 단풍나무, 들메나무, 말채나무, 모감주나무, 모과나무, 밤나무, 산뽕나무, 상수리나무, 쉬나무, 오갈피나무, 옻나무, 졸참나무, 참느릅나무, 팽나무, 헛개나무, 흰말채나무

노을공원 · 하늘공원

- 권역
- '동물물그릇'
- 빗물통
- 빗물 급수관
- 개미숲
- 특이 나무 서식지

※ 더 자세한 내용은 QR코드로 확인해 주세요.

① 01권역
② 02권역 미세먼지 줄이기 트리클 숲
③ 03권역
④ 04권역
⑤ 05권역
⑥ 06권역
⑦ 07권역
⑧ 08권역
⑨ 09권역
⑩ 10권역
⑪ 11권역
⑫ 12권역
⑬ 13권역 나무자람터 주변
⑭ 14권역
⑮ 15권역 노을계단 상부 전망 덱 사면
⑯ 16권역
⑰ 17권역 천인공노 숲于人共NO생규축구장건설
⑱ 18권역
⑲ 19권역 하늘계단 상부 전망 덱 사면
⑳ 20권역 하늘계단 상부 산책로 사면
㉑ 21권역
㉒ 22권역 중앙 전망 덱에서 노을공원 쪽
㉓ 23권역 중앙 전망 덱에서 평화의공원 쪽
㉔ 24권역
㉕ 25권역 미세먼지 줄이기 트리클 숲
㉖ 26권역
㉗ 27권역
㉘ 28권역 반딧불이 서식지
㉙ 29권역 파크골프장 옆 도로변 양쪽
㉚ 30권역
㉛ 31권역 바람의 광장 안쪽 잔디밭 옆
㉜ 32권역
㉝ 33권역
㉞ 34권역
㉟ 35권역 북사면 중간 순환길 1킬로미터 구간
㊱ 36권역 남사면 중간 순환길 2킬로미터 구간
㊲ 37권역 하늘공원 남사면 1킬로미터 구간
㊳ 38권역
㊴ 39권역
㊵ 40권역
㊶ 41권역 동물이 행복한 숲
㊷ 42권역
㊸ 43권역
㊹ 44권역
㊺ 45권역 산림청 지원 상수리나무숲
㊻ 46권역 노을 전망 덱 사면

노고시모의 나무 심는 방법

우리는 한 장소에서 연간 2~5회 평균 3년쯤 나무를 심는다. 처음부터 3년 계획을 세우고 한 것은 아니다. 사람들과 나무를 심고 돌보는 경험이 쌓이면서 대략 3년이라는 기준을 세웠다. 나무는 외부에서 구입하기도 하지만 나무자람터에서 키운 나무를 많이 쓴다. 식재지에 작은 묘상을 만들고 도토리를 심어 현장에서 씨앗부터 숲이 될 나무를 키우기도 한다. 나무 심기는 나지에 하고 도토리 묘상은 소단이나 숲 틈, '동물물그릇' 주변에 만든다. 1년에 2~5회 한 장소에서 3년쯤 나무를 심으면 그때마다 준비되는 나무의 종류와 크기가 다르기 마련이다. 무질서해 보일 수도 있겠지만 그 덕에 자연스럽게 다양성이 확보된다. 또 같은 장소에서 여러 차례 빈 곳을 채우 듯 심다 보니 결과적으로 섞어서 촘촘히 심는 방식이 된다.

심는 사람들의 성향도 가지각색이어서 정원에 귀한 나무를 심듯 구덩이를 크게 파고 물도 넘치도록 주고 돌을 모아 테두리까지 만드는 사람이 있는 반면 대충 쓰윽 심고 지나치는 사람도 있다. "나무는 아무렇게나 심어도 잘 살더라." 6~7년쯤 전에 어떤 사람이 나무 심으면서 한 말이다. 듣고 넘기면 되는 말인데 아직까지도 잊히지 않는다. 아마도 항상 나무 잘 심어 달라고 부탁하고 강조하는 입장이다 보니 그런 것 같다. 분명한 것은 정성을 들여 심은 나무는 확실히 살지만 대충 심은 나무는 반드시 산다고 기약할 수 없다는 점이다. 우연히 대충 심어도 나무가 살아남을 수도 있겠지만 생명을 심는 일이니 기왕이면 확실하게 살 수 있도록 세심하게 배려하는 것이 맞다.

나무 심기가 시작되면 처음 10분, 20분 동안 활동가는 OT 시간에 설명했던 내용을 다시 현장에서 돌아다니면서 소리쳐 전달한다. 나무 심는 방법을 말로 설명하고 실제로 해 보여도 처음 하는 사람들은 제대로 심기 힘들다. 잘 들리게 큰 목소리로 반복해서 설명하고 힘들어하는 사람마다 찾아다니며 일대일로 도와준다. 20~30분쯤 지나면 그런대로 식재 장소가 안정되어 간다. 50~60분쯤 되면 나무 한 두 그루씩 심은 사람들이 어렵지만 보람 있다는 표정으로 일을 마무리하게 된다.

① 나무 심을 구덩이 팔 자리 정하기

쓰레기가 드러난 경사지에 나무를 심는 경우 어디에 심으면 되는지 어디쯤 심으면 되는지 알 수 없을 때가 많다. 우선 허전해 보이는 곳을 선택한다. 옆 사람의 작업에 방해가 되지 않을 정도의 간격을 두되 되도록 촘촘한 간격으로 땅을 판다. R2 ^{R은 나무 밑동의 지름, 근원직경을 의미한다}크기라면 삽 한 자루 길이 간격, 1미터쯤 키의 묘목이라면 한 걸음 정도가 좋다. 바람에 씨앗이 날려 떨어질 때 줄 맞추어 떨어지지 않듯 이곳에 나무가 있었으면 좋겠다 여겨지는 곳, 건축 폐기물이 없어서 파기 편한 곳을 판다. 빈 곳이 생기는 것도 자연스럽다.

② 나무 심을 구덩이 팔 자리 정돈하기

쓰레기, 낙엽, 풀 등을 치우면서 구덩이 팔 자리를 평평하게 정돈한다.

③ 구덩이 파기

흙을 파서 멀리 흩뿌려 버리지 말고 구덩이 바로 아래쪽에 쌓아 둔다. 깊이는 삽 날 정도, 넓이는 어른 발이 편히 들어갈 정도로 판다. 그 정도면 작은 묘목부터 R2근원 직경 2센티미터 분뜨기 나무까지 심을 수 있는 평균 크기다. 자신이 심을 나무 뿌리의 상태를 보고 구덩이 크기를 조절한다.

④ 구덩이 바닥 정돈하기

요를 깐다는 마음으로 바닥을 부드럽고 평평하게 고르면서 흙 외의 물질을 치운다. 잔뿌리 사이로 고운 흙이 들어가야 뿌리가 활착되어 나무가 잘 살 수 있다.

⑤ 나무를 넣고 흙을 반쯤 덮은 후 밟기

구덩이에 넣은 나무의 뿌리가 보이지 않을 만큼 흙으로 덮은 다음, 나무를 똑바로 세우면서 두 발로 꾹꾹 밟는다. 그렇게 해야 잔뿌리 사이로 고운 흙이 들어가 잘 활착되기 때문이다.

⑥ 첫 번째 물 주기

다음 해야 할 일은 첫 번째 물 주기다. 구덩이를 반쯤만 메운 상태라 물뿌리개 한 통쯤은 넘치지 않게 부을 수 있다.

⑦ 구덩이 완전히 덮어 주기

물이 다 스미기를 기다리지 말고 흙을 마저 덮는다. 노을공원처럼 흙이 부족한 경사지의 경우 구덩이 주변, 특히 위쪽을 무너뜨려 덮으면 된다. 구덩이 팔 때 나온 흙은 구덩이 아래쪽이나 주변을 돋우는 데 썼기 때문에 새 흙을 찾아야 한다. 건축 폐기물투성이 쓰레기산에 나무 한 그루 심는 것이 이래저래 만만치 않은 이유다.

⑧ 나무 심는 깊이 흙 덮어 주는 높이

묘목이 본래 땅에 묻혀 있던 부분까지 흙을 덮어 준다. 나무 뿌리 위쪽 줄기 밑동을 보면 색이 달라 양묘장에서 땅에 묻혔던 위치를 알 수 있다.

⑨ 겨울 나무 심기 때 나무 심는 깊이

곧 겨울을 맞는 가을 나무 심기라면 좀더 깊이 심는다. 구덩이를 깊이 파기보다는 흙을 더 보태 두껍게 덮어 준다고 생각하면 된다.

⑩ 물집 만들기

나무를 심을 때 가장 중요하지만 가장 안되는 일이 물집 만들기다. 물집은 물이 머무는 곳이다. 구덩이 주변을 움푹하게 만들어 물을 주거나 비가 올 때 물이 고일 수 있게 만들어 준다. 다만 이곳은 경사지이기 때문에 높은 쪽을 무너뜨려서 위쪽이 움푹 파이게 만든다. 그렇다고 뿌리가 뻗을 정도의 깊이까지 파내지는 말아야 한다. 어차피 물집은 그렇게 오래가지 않는다. 뿌리가 자리를 잡고 살아남기까지 필요한 기간인 다음 해 정도까지 물을 주거나 비가 올 때 빗물이 고일 수 있도록 작은 물웅덩이 역할을 하면 된다. 물집을 제대로 만들어 주지 않으면 식재 후 호스를 끌고 다니면서 아무리 물을 주어도 밑 빠진 독에 물 붓기다. 물집의 크기는 물뿌리개 한 통 정도의 물을 품을 수 있으면 족하다.

⑪ 두 번째 물 주기

물집을 만들고 또 한 번 물을 주면 확실한 나무 심기가 된다. 이렇게 나무 한 그루 심을 때마다 물을 두 번 준다. 물 주기는 비가 자주 오는 시기에도 생략하면 안 된다. 물을 충분히 주어야 잔뿌리 사이로 고운 흙이 밀려 들어가서 뿌리가 잘 활착되고 생존율이 높아진다. 이렇게 물을 흠뻑 주면 흙이 곤죽이 되어 흐물흐물해질까 걱정하기도 하는데 괜찮다. 물은 곧 땅속으로 스며들고 흙은 단단해진다. 방법을 제대로 지켜 나무를 심었다면 다음은 하늘과 땅에 맡긴다.

식재지까지 나무 안고 가는 법

노고시모의 나무 심기 특징 중 하나는 나무 심을 사람이 각자 자기가 심을 나무를 아기처럼 안고 식재지까지 가는 것이다.

① 봉사자들이 각자 안고 갈 나무를 비닐 부대에 넣어 출발 장소에 둔다. 부대에 담아 두는 이유는 안고 가기 편하게 하기 위함도 있지만 빛과 바람으로부터 나무 뿌리를 보호하기 위해서다. 빈 비료·상토 부대는 나무 옮기는 부대로 재사용한다.

② 출발 장소에서 나무 심기 설명을 끝낸 후 나무를 직접 안고 가도록 준비해 둔 나무 부대를 나누어 준다. 알아서 집어 가게 하지 않고 활동가가 하나씩 전달하면서 아기처럼 안고 가라고 말하면 효과적이다.

③ 식재지 현장 초입까지 안고 온 자기 나무는 바닥에 내려놓지 않고 나무 부대를 안은 채 그대로 밧줄을 잡고 식재 현장으로 내려간다.

④ 넓은 장소라면 자기가 나무 심을 자리 옆에 자기가 안고 온 나무 부대를 두고 구덩이를 판다. 구덩이를 다 파기 전에 부대에서 나무를 꺼내면 햇빛과 바람에 나무가 상한다는 점을 꼭 알린다.

⑤ 장소가 협소하고 밀식해야 한다면 여러 명의 나무 부대를 함께 쌓아 두고 구덩이를 판 다음 내 것 네 것 가리지 말고 한 부대씩 가져다 심는다. 숲은 모두의 숲이니 내가 안고 온 나무가 아니라고 섭섭해하지 말라고 전한다. 구덩이를 다 파기 전까지 나무를 부대에서 꺼내면 안 된다는 사실도 강조한다.

⑥ 나무를 심을 장소에 누군가가 나서서 작은 묘목을 미리 사방에 뿌려 두는 일은 절대 없도록 한다.

⑦ 인원이 너무 많지 않으면 내가 심을 나무를 나무자람터에서 직접 캐는 일부터 같이 한다. 다니기 편한 곳에 부대와 삽을 미리 준비해 두고

묘상에서 캔 나무를 부대에 넣어 아기처럼 안고 가도록 일러둔다.

노고시모의 밧줄 활용과 경사지에서 큰 나무 옮기는 법

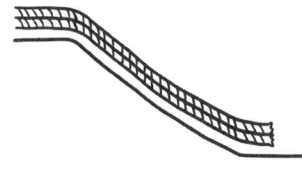
나무 심을 경사지를 안전하게 오르내리기 위해 밧줄을 사용한다. 우리의 경우 폐현수막을 꼬아 직접 만들기도 하고 숲 만들기 참여 기업에서 가져온 밧줄을 버리지 않고 재사용하기도 한다. 밧줄은 노천에 그대로 두어도 상하지 않는 소재로 두겹으로 만들어 쓴다.

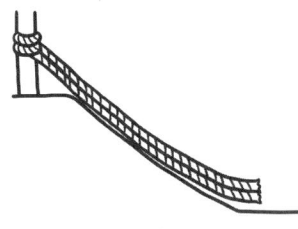
밧줄을 시작 지점에 있는 튼튼한 구조물이나 나무줄기에 어른 허리 정도 높이로 단단히 고정한다.

힘이 좋은 사람 한 명이 시작 지점에서 밧줄을 잡고 들어 주는 것이 좋다. 밧줄이 경사로 시작점에서 땅에 닿아 있으면 사람들이 줄에 의지하기가 불편하기 때문이다.

활동가 한 명이 먼저 내려가면서 이동 속도를 조절하고 안전을 챙긴다. 봉사활동이 진행될 때 진행 담당 활동가가 혼자라면 활동가는 작업을 하지 말고 작업 지도와 안전에 신경 쓴다.

우리가 나무를 심는 곳은 비탈진 곳이라 큰 나무를 식재지로 내릴 때는 모두가 힘을 모아야 한다. 사면에서 단순히 식재지로 이동만 하는 것이 아니고 큰 나무를 릴레이로 운반하는 경우라면 사람과 사람 사이 간격과 인원을 고르게 분배해 멈추어 서 있게 한다. 특히 밧줄을 사이에 두고 이웃 사람과 마주 보고 서게 해야 한다. 그래야 힘이 덜 들고 무거운 나무도 릴레이 방식으로 편하게 내릴 수 있다.

참여자들이 밧줄을 사이에 두고 서로 마주 보고 고른 간격으로 현장 초입 상부부터 비탈 아래 현장까지 일렬로 선 후에 나무를 한 그루씩 손에서 손으로 건네 주며 내린다.

나무는 크건 작건 뿌리 바로 위 줄기 부분을 잡고 뿌리 부분이 앞으로 향하게 해서 옮긴다. 그래야 묘목의 가지가 어딘가에 걸리지 않고 동료의 얼굴을 찌르는 일도 생기지 않는다.

상단 시작점과 하단 도착점에는 힘이 좋은 사람 두세 명이 같이 있는 것이 좋다. 하단의 도착점에는 활동가가 미리 나무를 쌓아 둘 장소와 방향을 정해 놓았다가 함께 내린 나무를 쌓는다.

나무 도착 장소와 식재지가 멀어서 릴레이 운반이 어려울 경우에는 소수 인원이 옮겨야 하는데, 작은 묘목이라면 어렵지 않지만 분뜨기 나무의 경우에는 쉽지 않다. 한두 그루씩 들고 먼 거리를 오르내리기는 더욱 더디고 힘들다. 이럴 때는 톤백 같은 대형 자루에 그늘막이나 부직포 같은 푹신한 소재를 충분히 깔고 분뜨기 나무를 10여 그루쯤 담아서 혼자 끌고 내려가면 된다. 경사지라서 미끄러뜨리는 식으로 내릴 수 있으며 조심하면 분이 망가지지 않는다. 다만 안전에 유의한다.

밧줄을 사용할 때 주의할 점

많은 사람이 경사지를 내려가고 올라갈 때 밧줄에 매달리면 위험하다. 만일 밧줄이 끊어지면 큰 사고로 이어질 수 있으니 밧줄은 안내선 정도로만 이용하고 자신의 힘으로 이동해야 한다는 사실을 꼭 기억하자.

밧줄은 숲 관리 때 수시로 사용하기 때문에 현장에 그대로 깔아 두는 경우가 많다. 따라서 튼튼한 재질이어야 한다. 밧줄은 매듭지어서 사용하지 않는다. 매듭을 지어 놓으면 사용자들이 힘을 주어 매달리기 쉽고 걷어서 정리할 때나 활동가가 단독으로 신속히 오르내릴 때 불편하다.

커피자루 시드뱅크 계단

사람이 많을 때 밧줄 이용은 위험하다. 그래서 요즘은 식재지 사면에 커피자루 시드뱅크 계단을 만든다. 황마씨 마대 시드뱅크와 방법은 같지만 자루가 황마 100퍼센트 커피자루라는 점, 계단처럼 설치한다는 점이 다르다. 커피자루 시드뱅크 계단은 싹이 나올 때까지만 계단으로 이용한다. 싹이 나오면 더 이상 계단으로 사용하지 않고 숲으로 자라도록 돌본다.

나무 심기 진행 방법 오리엔테이션부터 사후 정리까지

준비

식물에 관해서도 시민 참여 활동에 관해서도 유사한 경험을 해 본 적 없이 쓰레기 매립지였던 난지도에서 시민 참여형 숲 만들기를 시작했다. 아무것도 모르니 쉽게 갈 일을 어렵게 돌아가기도 했지만, 그 덕에 모든 순간이 우리를 성장시키는 소중한 경험으로 쌓이기도 했다. 모든 처음은 '무경험'에서 시작한다. 그러니 정말 하고 싶은 일이 있다면 모른다고 물러서지 말고 할 수 있는 길을 찾아보자.

식재 행사는커녕 나무를 심어 본 적도 없는데 나무 심기 행사를 진행해야 한다면 사전에 나무 심는 단체의 식재 행사에 참여해 보는 것이 좋다. 그래도 걱정이 될 때는 식재 단체 담당 활동가나 조경회사 사람 등 경험자를 초청하여 식재 행사 진행을 맡기고 그 모습을 보며 학습한다. 그렇게 몇 차례 경험하다 보면 자기만의 진행 방식을 터득하기 마련이니 걱정은 내려놓자.

10여 년 넘게 시민 참여 숲 만들기 활동을 진행하다 보니 어떤 일이

든 준비가 중요하다는 생각이 든다. 식재 행사가 이루어질 장소, 참여 인원, 시기, 참여자의 참여 의도 등을 고려해서 적절한 준비를 한다. 이곳에서는 쓰레기가 드러난 경사지에 나무를 심고 돌본다. 식재 장소가 결정되고 일정이 잡히면 행사 전날까지는 경사지로 안전하게 내려가 활동할 수 있도록 진입로를 정리하고 드러난 철근, 억센 풀 등을 정리해서 사람들이 다치지 않도록 준비한다. 물이 없는 경사지이기 때문에 사람들이 나무를 심으며 나무에 물을 줄 수 있도록 식재지 곳곳에 물통을 갖다 놓고 물을 받아 둔다. 삽, 물뿌리개, 낫 등 참여자들이 쓸 작업 도구를 점검하고 준비한다. 심을 나무를 준비하고 비탈로 내려갈 때 의지할 밧줄을 설치한다. 현장 준비를 마치면 봉사자들이 모일 장소에 필요한 물품을 준비하고 활동 취지와 방법 등을 안내하는 OT 준비도 모두 마친다.

보통 봉사자들이 참여하는 나무 심기는 준비가 60퍼센트, OT를 포함한 행사 진행이 10퍼센트, 사후 정리가 30퍼센트로 활동의 비중을 배정한다. 실제 진행에 너무 적은 비중을 두었다고 여길 수도 있다. 하지만 실제 진행은 시험과 같다. 시험을 잘 보기 위한 공부를 오랫동안 하는 것이지 시험은 순간이다. 나무 심기도 비슷하다.

오리엔테이션

참여 인원이 10여 명 전후라면 식재 현장에서 직접 활동가가 실제로 나무 심는 모습을 보여 주는 것이 효과적이다. 참여 인원이 많을 때는 우선 OT 장소에서 괘도로 설명한다. 모두 볼 수 있는 크기의 천에 나무 심는 방법을 그리고 장대 두 개를 이용해 괘도 형태로 만들어 두면 둘둘 말아 설명 장소가 어디든 옮겨 가며 이용할 수 있다. 형편이 된다면 OT장소에 나무를 심어 보일 수 있는 흙동산을 만들어 두면 좋다. 괘도 설명 후에 OT 장소에서도 직접 나무를 심으며 설명하면 나무 심기 방법을 더 명확하게 전달할 수 있기 때문이다. 이때도 사람이 많기 때문에 활동가 한 명은 실제로 나무를 심고 다른 활동가가 그 과정을 확성기로 설명하면 뒤에 있는 사람도 들을 수 있어 효과적이다. 참여자들이 심을 나무는 OT 장소에 수종과 크기별로 견본 나무를 한 그루씩 부대에 넣어 준비해 둔다. 나무 심기 방법을 설명할 때 심을 나무의 이름과 특성 등을 함께 알려 주고 부대에 넣은 나무를 아기 안듯 안고 가는 모습도 직접 보여 준다.

현장 진행

나무 심는 방법을 어떤 방식으로 설명하든 나무를 심어 본 경험이 없는 참여자들이 나무를 제대로 심기는 어렵다. 그래서 현장에 도착하면 활동가들은 전체를 조망하면서 서툰 참여자들을 찾아 도와준다. 다만 대신 심어 주는 것이 아니라 참여자 스스로 심을 수 있도록 도와주어야 한다. 대상과 상황에 따라 너무 관망하지도 지나치게 관여하지도 않는 적절한 배려의 감각을 익히는 것이 좋다. 무엇보다 나무를 심고 돌보는 방법은 나무를 심는 실제 현장 조건을 고려해야 한다. 정답이 있는 것이 아니라 심는 나무의 특성과 현장의 특성을 잘 이해하고 그에 맞게 조금씩 응용할 수 있는 감각을 찬찬히 키워 간다.

사후 정리

사전 준비 못지않게 중요한 것이 사후 정리다. 봉사활동 참여자들이 하는 사후 정리는 한계가 있다. 사용한 작업도구를 제 자리에 모아 주는 것만으로도 고마운 일이다. 그들이 부족하거나 의지가 없기 때문에 못하는 것이 아니라 현장과 상황을 활동가만큼 모르기 때문이다. 도움을 잘 받기 위해서도 담당 활동가는 그 일을 잘해야 한다. 잘하려면 그 일을 하는 이유와 잘하고자 하는 의지 그리고 부단한 연습이 필요하다. 사후 정리가 중요한 이유는 참여자들이 심은 나무를 한 그루 한 그루 세심하게 살펴보고, 잘못된 식재를 바로잡고, 물집을 제대로 만들어 물을 잘 줄 수 있는 때가 바로 사후 정리이기 때문이다. 이때를 놓치면 심은 나무를 한 그루씩 살피고 돌보는 일은 다른 일에 밀려 늦어지게 된다. 어떤 의미에서 나무 심기 행사가 끝난 다음 사후 정리는 쓰레기산에 심은 나무를 살릴 수 있는 최고의 기회다. 봉사자들에게 각자 사용한 도구를 제자리에 반납하도록 부탁할 때는 봉사자들이 잘 반납할 수 있도록 미리 장소를 정해 두고 OT 때 반납 방법을 미리 알려 주면 좋다. 사람이 적으면 한 곳으로 되지만 사람이 많은 행사라면 반납 장소를 여러 곳에 둔다. 어떤 일을 누구와 하든 마지막 점검은 담당 활동가가 책임지고 한다.

나무 심기 활동을 할 때 준비물과 주의 사항

옷차림은 계절에 관계없이 가능한 긴소매 상의와 긴바지, 튼튼한 등산화가 좋다. 여름에는 모자, 땀을 닦을 가벼운 수건을 준비하면 좋다. 다회용 물통에 자신이 마실 물과 간단한 간식, 그리고 알레르기가 있거나 특수 체질의 경우 자신에게 맞는 약을 준비한다. 그리고 이 모든 것을 양쪽 어깨에 메는 가방에 넣어 가져오는 것이 좋다. 한쪽 어깨에 걸치는 가방이나 손에 소지품을 들면 물건을 챙기느라 제대로 활동하기 어렵다.

우리의 경우 장갑은 빨아서 재사용하기 때문에 장갑은 사오지 않도록 부탁한다. 물 역시 1회용 페트병 음료는 가져오지 않도록 부탁한다. 개인 물병을 준비하기 어려운 경우 우리가 큰 물통과 스테인리스스틸 컵을 준비한다. 체질에 맞추어 복용하는 약은 개인이 준비하지만 기본적인 구급약품은 우리가 준비한다. 낫을 쓸 때 가죽 장갑을 준비하는 등 활동에 따라 별도의 도구나 안전 장비를 갖추어야 하는 경우가 있다. 그런 특별한 경우에는 필요한 준비물 모두 활동가가 미리 준비한다.

도구 사용법이나 활동 방법, 주의 사항은 현장에서 안내하지만 오기 전에 장갑, 1회용 페트병 음료, 물티슈, 각종 1회용품을 가져오지 않도록 안내한다. 도시락이나 간식을 준비하는 경우도 쓰레기가 나오지 않도록 부탁한다. 이렇게 부탁하면 발생한 쓰레기는 도로 가져갈테니 걱정하지 말라고 하는 사람들이 있다. 하지만 쓰레기를 누가 치우는지는 본질이 아니다. 쓰레기 자체를 생산하지 말자는 취지다. 우리가 극단적인 환경주의자는 아니지만 일상 생활 속에서 어렵지 않게 지킬 수 있는 일은 지키고자 한다.

코로나19와 같은 상황에는 체온계, 소독 약품 등 필요한 물품을 준비하고 봉사자에게도 오기 전에 방역 수칙 준수를 부탁한다. 안전과 효율적인 작업을 위해 무엇보다 신발을 잘 챙겨야 한다. 튼튼한 등산화나 작업화가 좋은데, 발목을 보호할 수 있는 제품이면 더 좋다. 나무 심는 장소가 건축 폐기물이 많은 쓰레기산이고 가파른 경사지이기 때문이다.

공원에 올 때도 자가용이 아니라 대중교통을 이용하면 더 좋겠지만 최소한 공원 안에서는 걷는 것이 원칙이다. 전기차를 이용하니 괜찮다고 말하는 사람들이 있는데, 내가 쓰는 전기가 어디에서 어떻게 만들어지는지도 생각해야 한다. 굳이 환경, 에너지를 염두에 두지 않더라도 모처럼 온 공원인데 걷는 것이 더 좋지 않을까. 쓰레기산 특성도 살펴보고, 꼭대기 33만 제곱미터 잔디밭을 걷는 상쾌함도 있으니 말이다. 마지막으로 나무를 많이 심으려 하기 보다 한 그루의 나무를 제대로 심어 달라고 부탁하고 싶다. 그래야 나무를 살린다.

안전 관리

숲 만드는 장소가 건축 폐기물 쓰레기가 드러난 사면이다. 다른 곳에서 이루어지는 나무 심기보다 더 위험하기 때문에 안전에 신경 쓰면서 나무를 심고 돌봐야 한다. 따라서 진행자는 시종일관 안전 관리를 최우선으로 봉사자들의 활동 전체에서 눈을 떼서는 안 된다. 이제까지 있었던 안전사고는 어지럼증, 염좌, 자상, 가시 찔림, 벌이나 진드기 피해 등이 있었지만 다행히 심각한 경우는 없었다. 나무를 심고 돌보는 활동도 중요하지만 그 활동을 하는 사람이 안전해야 한다. 안전을 위해 OT 때 몇 번이고 강조하며 부탁하는 것은 천천히 움직이기, 절대 무리하지 않기, 나 자신뿐 아니라 남도 자신만큼 배려하기 등이다. 긴급 상황 발생 시 자격 없는 사람의 개입은 제한하는 것이 좋다.

한국의 119구급대는 전문성, 신속성, 무료 서비스 등 상위급 서비스를 제공한다. 구급차 이용뿐 아니라 응급처치법과 병원 정보 등도 친절하게 안내해 준다. 그러니 활동가는 전문가가 아닌 이상 섣불리 직접 처치하기보다 119구급대 전문 인력을 활용하는 법을 익혀 두는 것이 좋다. 우리처럼 현장이 넓은 곳에서 활동하는 경우 어떤 현장에서도 구급차가 정확하게 들어올 수 있도록 길을 안내하는 방법을 숙지하는 것이 중요하다. 또 통신 상황이 고르지 않은 우리 같은 조건에서는 비록 가끔 쓰는 것이라 하더라도 번거롭다 여기지 말고 휴대전화와 무전기 둘 다 지니고 송수신 상태에 주의를 기울이는 것이 참여자뿐만 아니라 활동가 본인의 안전 확보를 위해서도 좋다.

현장에서 주의할 부상·사고·질병 사례

이제까지 우리의 경우 부상은 당하는 사람이 계속 당하는 경향이 컸다. 체질이나 작업 태도 등도 부상에 영향을 미치는 것 같다. 따라서 안전장비 준비는 물론 자신에게 맞는 활동 분야를 조정해 최대한 부상을 예방해야 한다. 사고를 당하는 사람에 따라 반응도 매우 다르다. 누구는 툭툭 털고 일어서는 반면 누구는 회복에 어려움을 겪는다. 다쳤을 때는 일을 염려하지 말고 충분히 쉬면서 최선의 치료를 받아야 한다. 사고 발생은 예방이 최선이며 만일의 경우가 발생하면 우선 피해자 편에서 생각하며 치료에 시간과 비용을 아끼지 말아야 한다. 관련 공단의 보상에만 의존하지 말고 사설 보험에 들어서 가능한 많은 보상을 받을 수 있도록 한다. 그리고 개인과 단체 양측을 위해 노무사 상담을 받으며 진행하는 것이 바람직하다. 이제까지 우리가 경험한 사례를 소개해 보고자 한다.

① 풀관리 중 낫으로 손가락 자상

다행히 심각한 부상은 없었으나 항상 신경 쓰이는 부분이다. 인대, 신경, 뼈까지 다치면 심각하기 때문이다. 가죽 장갑을 착용하고, 낫이 자신과 동료를 다치게 하지 않도록 낫을 쓰는 방향과 힘을 조절하고 충분히 거리를 유지하며, 낫을 쓰는 동안에는 옆 사람과의 잡담은 자제하면서 낫에 주의를 집중해야 한다. 낫은 휘두르지 않는다. 낫은 휘두르지 않고 풀을 잡고 풀을 끊는 방식으로 쓴다. 그렇게 하면 낫의 날이 움직이는 반경이 좁고 안정적이다. 힘을 주어 휘두르거나 잡아당기면 날이 자신이나 남을 다치게 할 수 있다. 낫에 자신이 다치지 않도록 주의하면서 내 낫이 움직이는 반경 안에 다른 사람이 있게 해서도 안 된다.

낫을 각자 가지고 비탈을 이동하지 않도록 한다. 낫을 운반할 때는 모아서 비닐 부대에 넣어 운동신경이 좋은 사람이 작업 지점까지 가지고 내려가서 나누어 주고, 작업 종료 후에도 모아서 이동한다. 낫을 비닐 부대에 넣을 때는 날이 얽히지 않도록 한 방향으로 넣는다. 낫은 날을 잘 갈아서 쓴다. 작업 효과도 효과지만 낫은 날이 예리한 때보다 무딜 때 다칠 위험이 크다. 날이 무디면 과도한 힘을 쓰게 되기 때문이다.

날은 숫돌에 갈 수도 있지만 활동가가 아니면 힘들다. 전동 그라인더로 갈 수 있지만 능숙하지 않으면 낫이 튈 염려가 있으니 쓰지 않도록 한다. 현장에서 수시로 갈기에는 스펀지에 사포가 부착된 제품을 주머니에 넣고 다니면서 쉬는 시간에 재미 삼아 낫을 갈아 쓰면 좋다. 사포로 낫을 갈 때는 밀고 당기는 방식으로 사용하는 숫돌과는 달리 한 방향으로만 밀어내는 방식으로 간다. 낫은 녹이 슬면 날이 상하기 때문에 장기간 보관할 때는 금속 부분에 오일을 칠해 비닐 부대에 넣어 습하지 않은 곳에 보관한다.

② **염좌**

이제까지 경우를 보면 풀 관리 때 풀에 덮힌 굴곡 면을 헛디뎌 발목이나 팔목을 삐는 경우가 있었다. 다행히 심한 염좌로 이어진 경우는 없었지만 활동하는 곳이 경사지이기 때문에 늘 주의를 기울이며 천천히 이동한다.

③ **벌 쏘임**

말벌이나 땅벌 등 벌의 종류와 체질에 따라 벌에 쏘인 후 반응에 차이가 큰 편이다. 알레르기가 심한 사람은 즉시 병원에 가야 한다. 한번은 인부를 고용해 경사지 풀을 정리하던 중 남성 어르신 한 분이 말벌에 쏘여 아나필락시스 쇼크로 쓰러져 호흡곤란 상태에 빠진 적이 있다. 동료들이 힘겹게 공원 상부로 옮긴 후 119 구급차로 병원에 후송하여 안정을 찾기까지 숨가쁘고 아찔한 시간이었다. 그 이후로 인부를 고용해서 풀을 정리하는 일은 하지 않는다. 체질에 따라서 차이가 크고 사고를 당하기 전에는 자기 체질을 본인조차 모르는 경우가 많기 때문이다. 예상되는 위험은 발생율이 낮아도 피하는 것이 좋다. 그 사고 이후로는 풀 정리에 일손이 부족하면 전문 숲 관리 회사에만 일을 맡긴다. 아무래도 사고 발생이 적고 사고가 발생해도 회사 차원에서 수습할 수 있기 때문이다. 실제로 그 회사 직원이 풀 베기 작업 중 벌에 쏘였는데 하필 눈동자에 쏘였다. 회사가 애는 먹었지만 그래도 대처 능력이 달랐다.

풀 정리 전 장대를 가지고 작업 장소 풀섶을 두드리면서 벌집을 탐색하라고 하지만 현장에서는 그게 말처럼 쉬운 일이 아니다. 이곳은 단순 풀섶이 아니고 단풍잎돼지풀, 가시박, 환삼덩굴 등으로 정글을 이루고 있다. 장대를 휘젓는 일 자체가 만만치 않은 현장이다. 한두 마리 날아다니는 벌은 사람을 쏘지 않는다. 벌은 자기 집을 침범 당했을 때만 사람을 쏜다고 한다. 낫이나 예취기로 풀을 베다가 큰 소리가 나고 많은 벌들이 부산스럽게 오가면 신속히 도망친다. 벌은 무한정 따라오지는 않는다. 수 미터 반경 안에서 집을 지키기 때문이다.

몸에 붙은 벌은 최대한 빠르고 강한 손, 팔 동작으로 퇴치한다. 말벌집은 어른 머리통만 한 크기로 나무에 매달려 있거나 죽은 나무 그루터기에 붙어 있어 일이 생기기 전에 눈에 띄는 경우가 많다. 하지만 땅벌은 땅속에 집이 있어서 발로 밟으면서 문제가 생기고 수많은 개체가 공격해 오기 때문에 속수무책으로 당하기 쉽다. 게다가 옷 속으로 들어가기 십상이어서 일이 벌어지면 대책이 없다. 벌 쏘임은 체질도 큰 몫을 한다. 사람에 따라 쉬이 넘기는 사람도 있고, 병원에서 주사 치료 후 며칠 쉬어야 하는 사람도 있는 것을 보면 자신의 체질을 잘 알아 두는 것이 좋겠다.

④ 뱀 물림

이제까지 10여 년 이상 활동해 오는 동안 다행스럽게도 뱀에 물린 사례는 없지만 이곳에서 뱀은 종종 마주하게 되는 동물 중 하나다. 뱀은 특유의 무조건적인 거부감과 사방에 부착된 뱀 주의 표식 때문에 위험군으로 치부된다. 잘 알지 못하고 두려움만 강조된 동물 중 하나인지도 모르겠다. 독이 없는 구렁이나 누룩뱀은 전혀 위험하지 않다. 하지만 유혈목이, 살모사, 쇠살모사, 까치살모사 등 독사 종류는 물리면 매우 위험하니 병원으로 바로 가야 한다. 까치살모사는 신경독이라 빨리 퍼져서 더 위험하다고 하지만, 까치살모사 서식지는 대부분 1000미터 정도의 고산 지대여서 병원에 가는 시간이 오래 걸리기 때문에 더욱 위험하다. 까치살모사에게 물리면 일곱 발자국 떼기도 전에 쓰러져 죽는다고 해서 칠점사라 불리기도 하며 노을공원에는 아직 없다. 뱀은 대개 인기척을 느끼면 스스로 사라지지만 살모사는 동작이 완만하여 잘 마주치게 되고 건드리면 고개를 치켜들며 대항하기도 한다.

나무 심기 행사를 시작하기 전에 미리 풀을 정리하고 행사장 바닥을 정리하기 때문에 자원봉사자들이 뱀을 만나는 일은 드물다. 하지만 하절기 풀 정리 때는 뱀과 마주칠 수도 있다. 특히 봄가을에 활동가들은 사람이 안 다니는 공원 비탈을 오를 때 땅바닥에 손을 짚기 쉬운데,

양지바르고 돌이 있어서 뱀들이 쉬기 적당한 곳은 조심해야 한다. 하지만 개구리 같은 파충류가 많은 곳에 뱀이 있는 것이어서 뱀이 많다는 것은 그만큼 생태계가 건강하다는 표시이기도 하다.

⑤ 가시박 가시 찔림

협력 단체 지원 활동으로 시니어 자원봉사자들과 함께 외부에 나가서 가시박을 정리하다가 생긴 일이다. 갈고리가 달린 장대로 키 큰 버드나무를 뒤덮은 가시박을 걷어 내다 사고가 났다. 위를 올려다보고 가시박 줄기를 끌어내리다가 바람에 날리는 가시박 가시가 봉사자 한 분의 눈에 들어간 것이다. 봄에서 여름까지 진행하는 가시박 정리는 위험하지는 않지만 가시박 열매가 여무는 시기가 되면 건드리지 않는 것이 좋다. 가시박 열매가 터지면 수많은 가시 바늘이 퍼지는데, 옷이나 피부에 닿으면 떨어지지 않고 파고들어서 매우 곤란해진다.

커다란 버드나무가 질식해서 죽을 만큼 가시박으로 뒤덮힌 것을 구하겠다고 봉사활동에 나선 참여자가 바람을 마주보고 가시박을 올려다보며 장대를 쓰다가 변을 당한 적이 있다. 주말이라 구급차에서 병원을 물색하다가 결국 종합병원 응급실에서 몇 시간을 대기하여 겨우 진료를 받고 다시 타 지역 전문 병원으로 전원해야 했다. 가시를 빼는 일보다 언제 의사 선생님을 만나 치료를 받을 수 있을지 모르는 채 마냥 기다리는 시간이 무척 힘들었다. 다친 분이 기다리는 동안 심한 통증과 두려움을 5~6시간 이상 견뎌야 했기 때문이다. 다행히 병원을 옮기고 전문의와 만나자 눈에서 가시를 빼는 일은 그리 큰 일이 아니었고 큰 탈 없이 잘 마무리되었다.

⑥ 진드기 물림

숲 관리 활동으로 풀 정리를 하거나 나무 아래를 다니다 보면 목이나 팔이 긁히면서 먼지부터 이런 저런 크고 작은 것들이 땀에 들러붙어 몸이 가렵고 따갑다. 이때 진드기를 주의해야 한다. 작고 납작하며 칙칙한 색깔의 벌레 같기도 하고 곤충 같기도 한 것이 여러 개의 다리를 꿈실대며 부지런히 피부 위를 기어다니는 것이 눈에 뜨이면 진드기인지 확인해 본다. 진드기는 동물이 다니는 통로 위쪽 나무에 매달려 있다가 지나가는 동물의 체온을 감지하고 재빨리 몸을 떨구어 동물의 피부에 붙어서 피를 빤다고 한다. 풀섶을 지나온 후에 몸이 가렵고 따끔하면 잘 살펴야 한다. 작업이 끝나고 샤워를 하면 좋지만 그럴 수 없는 환경이라면 더 주의를 기울여야 한다.

이제까지 두 번의 진드기 피해가 있었는데 그나마 다행인 것이 모두 활동가가 입은 피해였다. 한번은 풀 정리 후 퇴근길에 마트에 들렀는데 목이 가려워서 동료에게 보였더니 동료가 질겁을 했다. 진드기가 머리쪽 반을 목 피부에 들이민 채 다리를 버둥대고 있었다. 그 작은 것이 어찌나 단단히 박혀 있던지 맨손으로는 미끄러워 도저히 뽑아내지 못하고 목장갑을 끼고 빼냈다. 진드기를 무사히 빼내더라도 감염 예방을 위해 병원에 다녀오는 것이 좋다.

두 번째 역시 풀 관리를 하고 씻지 못한 채 귀가했는데 옆구리를 파고 들어간 진드기를 발견했다. 그때는 꽤 많이 박혀 있어서 빼내지 못하고 진드기 몸체의 뒤쪽 끝부분만 조금 잘린 채 그냥 둘 수밖에 없었다. 진드기는 죽은 상태라서 더 이상 파고 들어갈 염려는 없었지만 몸에 박혀 있어서 병원에 가서 빼내고 주사를 맞은 후 감염 여부를 검사했다. 다행히 두 번 모두 큰 탈 없이 끝났지만 진드기가 작다고 가볍게 지나치면 안 된다.

⑦ 교통사고

자전거로 공원에 오던 중 횡단보도를 건너면서 운전자의 부주의나 교통신호 위반으로 교통사고가 난 적이 세 번 있었다. 뺑소니를 당하거나 크게 위험한 적은 없었다 하더라도 교통사고는 언제나 예상치 못하게 발생하고 치료 기간이 길며 후유증이 심하기 때문에 주의해야 한다. 급해도 횡단보도에서는 자전거에서 내려 끌고 건너도록 하고, 신호도 확인하면서 차를 살피고 차를 먼저 보내도록 한다. 교통사고는 나만 주의한다고 해서 피할 수 없기 때문에 위험 요소는 미리 최대한 피한다. 교통사고가 나면 차주의 연락처를 받고 보험사에 연락하고 경찰이나 119에라도 신고해야 한다. 그리고 일 걱정은 하지 말고 바로 병원으로 가 치료를 받고 이후에도 치료에 우선 전념해야 한다.

⑧ 어지럼증

더운 여름에 발생하기 쉬운 증상이다. 봉사활동 집결지까지는 잘 왔으나 활동 현장으로 이동해서 활동하다 보면 햇볕이나 체력 소모 때문에 공원 도착까지는 없었던 어지럼증을 느끼는 사람들이 종종 있었다. 어지러우면 경사지에 넘어져 구를 위험이 있기 때문에 부축하거나 업어서 평탄한 곳 그늘로 옮겨 상온의 물이나 이온 음료를 섭취하며 쉬게 하고 상태가 심하면 구급차를 부른다.

⑨ 과도한 활동이 원인이 되는 질병

우리가 하는 일은 장소 특성도 그렇고 하는 일도 현장 활동이다 보니 체력을 요구하는 일이 많다. 일을 잘하고 싶은 마음은 고맙지만 자칫 지속적으로 과도한 힘을 쓰고 피로가 쌓이면 근육통에 시달리거나 심한 경우 인대를 다쳐서 수술까지 받게 된다. 장기적으로 보면 당사자 개인은 물론 단체도 어려움을 겪는다. 질병이 발생하면 일 염려는 끊고 치료에 전념해 자칫하면 평생 지속될 수도 있는 후유증이 남지 않도록 주의해야 한다.

⑩ 기계 부상

기계 사용에서 입는 부상은 당사자의 고통이 심하고 단체의 안전 관리 책임이 따를 수도 있어서 특별히 더 조심해야 한다. 기계 사용법을 잘 익히고 능숙해졌다고 단계를 건너뛰지 말고 사용법과 주의 사항을 잘 지켜야 한다. 주의력이 떨어지지 않도록 피곤할 때는 기계 사용을 자제하는 것이 좋다. 자신이 다룰 수 없는 기계 조작은 전문가에게 의뢰하거나 아예 포기하는 것도 방법이다.

노고시모가 지금까지 심은 나무들

2011년부터 2022년까지 노고시모가 심은 누적 식재 수종 가나다순

*141종 13만 3708그루 2022년 12월 31일 현재

가래나무, 가시오갈피나무, 가중나무, 갈참나무, 감나무, 개나리,
개벚나무, 개암나무, 고광나무, 고로쇠나무, 고욤나무, 골담초, 곰솔,
공조팝나무, 광대싸리, 국수나무, 굴참나무, 귀룽나무, 꽃사과나무,
꽃산딸나무, 꾸지나무, 꾸지뽕나무, 나무수국, 낙상홍, 남천, 노각나무,
눈주목, 느릅나무, 느티나무, 닥나무, 단풍나무, 대왕참나무, 덜꿩나무,
돌배나무, 두릅나무, 들메나무, 등나무, 때죽나무, 떡갈나무, 뜰보리수,
라일락, 마가목, 홍만첩매실, 말발도리, 말채나무, 매실나무, 머루,
명자꽃, 모감주나무, 모과나무, 모란, 목련, 무궁화, 무화과나무,
물푸레나무, 미선나무, 미스김라일락, 박태기나무, 밤나무,
배롱나무, 백당나무, 백두산소나무, 백합나무, 버드나무, 벚나무,
병꽃나무, 병아리꽃나무, 복분자딸기, 복사나무, 복자기, 붉나무,
뽕나무, 사철나무, 산겨릅나무, 산딸나무, 산벚나무, 산복사나무,
산뽕나무, 산사나무, 산수국, 산수유, 산철쭉, 산초나무, 살구나무,
상수리나무, 서양측백, 소나무, 수국, 수수꽃다리, 쉬나무, 쉬땅나무,
스트로브잣나무, 신나무, 싸리나무, 아그배나무, 아로니아, 앵도나무,
영산홍, 오갈피나무, 오리나무, 옻나무, 왕벚나무, 왕보리수나무,
은행나무, 음나무, 이팝나무, 일본매자나무, 잎갈나무, 자귀나무,
자두나무, 자작나무, 잣나무, 전나무, 조팝나무, 졸참나무, 좀작살나무,

주목, 쥐똥나무, 진달래, 쪽동백나무, 찔레꽃, 참느릅나무, 참싸리, 참죽나무, 철쭉, 층층나무, 탱자나무, 팔꽃나무, 팥배나무, 팽나무, 포도, 함박꽃나무, 헛개나무, 호두나무, 화살나무, 황매화, 회양목, 회화나무, 흰말채나무, 흰철쭉, 히어리

식재 항목 식재 수량순

번호	나무 이름	수량	번호	나무 이름	수량
1	꾸지나무	1만8739	21	모감주나무	1387
2	상수리나무	1만8376	22	자작나무	1368
3	백두산소나무	7755	23	꾸지뽕나무	1292
4	사철나무	5957	24	화살나무	1279
5	뜰보리수	4512	25	영산홍	1254
6	닥나무	4191	26	오갈피나무	1228
7	헛개나무	3805	27	마가목	1218
8	산딸나무	3196	28	팥배나무	1197
9	산벚나무	2878	29	산수유	1166
10	이팝나무	2642	30	고로쇠나무	1165
11	소나무	2218	31	오리나무	1107
12	덜꿩나무	1955	32	회화나무	1073
13	산복사나무	1945	33	왕벚나무	1022
14	단풍나무	1919	34	낙상홍	992
15	물푸레나무	1865	35	갈참나무	916
16	쉬나무	1780	36	목련	874
17	졸참나무	1723	37	병꽃나무	864
18	국수나무	1700	38	복자기	845
19	철쭉	1599	39	산철쭉	845
20	층층나무	1513	40	뽕나무	841

번호	나무 이름	수량
41	백당나무	815
42	매실나무	801
43	모과나무	772
44	두릅나무	766
45	귀룽나무	744
46	들메나무	726
47	라일락	707
48	공조팝나무	650
49	흰철쭉	650
50	개암나무	649
51	좀작살나무	645
52	무궁화	640
53	잣나무	597
54	산수국	550
55	노각나무	531
56	나무수국	510
57	함박꽃나무	501
58	버드나무	494
59	쥐똥나무	447
60	산사나무	445
61	느티나무	434
62	음나무	420
63	찔레꽃	420
64	때죽나무	406
65	박태기나무	339
66	회양목	338
67	산초나무	310

번호	나무 이름	수량
68	가래나무	292
69	아로니아	288
70	꽃사과나무	284
71	자두나무	270
72	신나무	247
73	진달래	215
74	백합나무	204
75	탱자나무	200
76	살구나무	188
77	고광나무	185
78	흰말채나무	178
79	앵도나무	175
80	미선나무	158
81	밤나무	157
82	가시오갈피나무	150
83	스트로브잣나무	149
84	수수꽃다리	133
85	머루	132
86	복분자딸기	130
87	일본매자나무	130
88	곰솔	129
89	복사나무	126
90	자귀나무	110
91	남천	101
92	무화과나무	100
93	쪽동백나무	100
94	옻나무	98

번호	나무 이름	수량
95	말채나무	90
96	왕보리수나무	87
97	팽나무	83
98	산겨릅나무	81
99	돌배나무	79
100	팥꽃나무	70
101	전나무	65
102	벚나무	64
103	산뽕나무	62
104	황매화	60
105	대왕참나무	51
106	눈주목	50
107	모란	50
108	쉬땅나무	50
109	조팝나무	50
110	참죽나무	48
111	병아리꽃나무	47
112	히어리	47
113	꽃산딸나무	46
114	골담초	41
115	명자꽃	40
116	미스김라일락	38
117	고욤나무	37
118	포도	35
119	말발도리	32
120	홍만첩매실	25
121	수국	20

번호	나무 이름	수량
122	아그배나무	20
123	감나무	19
124	개벚나무	15
125	배롱나무	10
126	붉나무	10
127	주목	10
128	서양측백	5
129	잎갈나무	5
130	개나리	4
131	느릅나무	4
132	굴참나무	3
133	참싸리	3
134	가중나무	2
135	광대싸리	2
136	떡갈나무	2
137	싸리나무	2
138	은행나무	2
139	참느릅나무	2
140	호두나무	2
141	등나무	1
계	141종	13만3708

'씨앗부터 키워서 1002遷移숲 만들기' 참여 방법 개인·기업

'1천명의 나무 심는 개미들'

대상 개인

참여 형태 직접 참여

활동 '씨앗부터 키워서 1002遷移숲 만들기' 관련 모든 활동에 참여합니다. 그때그때 숲을 위해 꼭 필요한 활동을 하기 때문에 특정 활동을 지정할 수 없습니다.

시기 인원 제한 없이 다수가 함께하는 '무리 개미' 행사와 소수 참여로 진행하는 '개별 개미' 행사 같은 정기 행사는 물론, 예고 없이 모집하는 수시 행사가 있습니다. '개별 개미' 행사는 활동 하나하나 일대일로 잘 알려 드리기 위해 소수로 진행합니다.

후원 개인 활동은 후원금을 받지 않습니다.

신청 방법 QR코드로 접속하여 '1천명의 나무 심는 개미들'에 등록하면 제출한 연락처로 참여 신청서를 보내 드립니다.

'숲과 숲을 잇는 개미숲' 만들기

대상 기업

참여 형태 직접 참여, 대리 식재 등 참여 방식은 상호 협의하여 결정합니다.

활동 숲 조성이 필요한 지역에 지속적으로 나무를 심고 돌봅니다. 상세 내용은 함께 조율합니다.

시기 나무 심기는 3~6월, 9~11월이고 나무를 돌보는 일은 연중 가능합니다. 구체적인 시기는 함께 조율합니다.

후원 기업의 나무 심기는 후원금을 받습니다. 정해진 금액은 없고, 함께 논의하여 형편에 맞게 하면 됩니다. 후원금의 액수에 따라 활동에 차등을 두지 않습니다.

신청 방법 QR코드로 접속해 상세 안내를 확인한 후 해당 연락처로 문의해 주세요.

'집씨통'으로 '동물이 행복한 숲' 만들기

대상 개인, 기업 누구나

참여 형태 비대면 참여

활동 '집씨통'을 집에서 100일 정도 키운 후 쓰레기 없는 포장법을 지켜 돌려보내면 나무자람터에서 2~3년 더 키운 후 숲 조성지에 옮겨 심습니다. 참여자들의 활동은 '집씨통'을 보내는 것으로 끝나며, 2~3년 더 키운 '집씨통' 나무를 숲에 옮겨 심는 것은 별개의 활동이니 따로 문의해 주세요.

시기 1년 365일 가능합니다.

후원(2023년 5월 기준) '집씨통' 1세트당 2만5000원입니다.

신청 방법 QR코드로 접속해 신청서를 제출해 주세요.

당신과 함께 '나누고' 싶습니다

　　중학교 3학년, 의무 봉사 시간을 채우기 위한 곳을 검색하던 중 우연히 발견한 노을공원시민모임 자원봉사 신청 페이지가 지금 여기까지 나를 이끌었다. 처음에는 누군가 나에게 노을공원에 가는 것을 좋아하는 이유를 물어보면 제대로 답하지 못했다. 그저 내가 어릴 때부터 자연을 좋아하기도 했고, 아무 잡념 없이 일할 수 있어서 좋다고만 생각했다. 고등학생이 되어 먼 곳으로 떠난 나는 그곳에서 멋진 친구들을 만났고, 그 친구들이라면 노을공원 활동을 함께해도 좋을 것 같았다. 그렇게 고등학교 3년 내내 기술가정 발표, 진로 발표, 영어 발표 등 여러 발표 자리에서 노을공원 이야기를 했고 글쓰기 과제, 에세이 쓰기 대회에서도 노을공원 이야기를 써서 냈다. 이런 과제를 하면서 내가 노을공원을 향한 애정이 생각보다 크구나, 그곳에서 많은 것을 배우고 있었구나, 이 일을 많은 사람과 함께 나누고 싶어 하는구나, 깨달을 수 있었다.

　　돌이켜보면 처음부터 나는 '노을공원에 이 사람을 정말 데려오고 싶다'라는 생각을 정말 많이 했던 것 같다. 내가 좋아하는 일을 좋은 사람들과 함께하는 것이 좋았고, 한자리에 둘러 앉아 밥을 함께 나누는 것이 좋았고, 나에게 생긴 기쁜 일을 함께 이야기하는 것이 좋았다. 노고시모는 나에게 거창하지는 않더라도 진실된 나눔을 실천할 수 있는 소중한 공간이었던 것이다. 이곳에서 하는 나눔은 사람과 사람 사이로 국한되지 않는다. 우리는 노동을 하며 노을공원이라는 땅에 나무를 나누어 주고, 나무는 동물들에게 살 곳을 나누어 주고, 동물들은 생태계가 자연스럽게 순환할 수 있는 원동력을 노을공원에 나누어 준다. 그리고 노을공원은 일을 하는 우리에게 보람과 행복을, 공원을 방문하는 시민들에게 여유와 평온함을 나누어 주고 있다.

도시사회학 개념 중에 '제3의 장소'라는 것이 있다. 미국의 사회학자 레이 올든버그Ray Oldenburg가 그의 책 《제3의 장소The Great Good Place》에서 제시한 개념이다. 제1의 장소인 가정과 제2의 장소인 일터나 학교에서 벗어나 마음이 맞는 사람들끼리 자유롭게 이야기를 나누고 시간을 보낼 수 있는 공간이 바로 제3의 장소다. 나는 노을공원이 노고시모를 찾는 사람들에게 '제3의 장소' 역할을 한다고 생각한다. 노고시모 봉사자들을 보면 어린아이부터 퇴직한 어른까지 연령대도 다양하고 직업도 천차만별이다. 그들이 어떤 경로로 이곳을 알게 되었고, 어떤 마음으로 이곳에 오는지, 그 이유는 각자 조금씩 다르겠지만, 모두 노을공원에 애정을 가지고 일을 함께 '나누러' 온다는 것이 공통점일 것이다. 서로를 잘 알지는 못하지만 우리는 노을공원에 모여 각자의 이야기와 감정을 나누며 공감한다. 그렇게 새로운 인연을 맺고 소중한 관계를 이어 나가기도 한다.

아직은 모르는 것이 대부분이고 배울 것이 훨씬 많은 나는 단체의 방향성이나 목표를 깊게 생각해 본 적도 없고 함부로 말하기도 어렵다. 그저 노을공원이 앞으로도 나를 포함한 많은 사람과 동·식물에게 자유롭고 평화로운 나눔의 장이 되었으면 하는 바람이다. 노고시모에 처음 발을 들였던 그때부터 9년째인 지금까지 쭉 그랬던 것처럼, 앞으로도 노고시모가 내가 좋아하는 사람들을 초대하고 싶은 그런 곳으로 계속 남기를 바란다.

글_이지원 연세대학교에서 경영학을 공부하고 있는 이지원은 중학교 때부터 대학생이 된 지금까지도 꾸준히 노을공원에서 봉사활동을 하고 있는 '꿈꾸는 젊은이'다

씨앗부터 키워서 천이숲 만들기

글 김성란·노을공원시민모임·오충현

초판 1판 1쇄 펴낸날 2023년 7월 5일

펴낸이 전은정
펴낸곳 목수책방
출판신고 제25100-2013-000021호
대표전화 070 8151 4255
팩시밀리 0303 3440 7277
이메일 moonlittree@naver.com
블로그 post.naver.com/moonlittree
페이스북 moksubooks
인스타그램 moksubooks
스마트스토어 smartstore.naver.com/moksubooks

표지 그림 흐른
내지 그림과 지도 이우진, 이지원, 전세빈, 흐른
디자인 문석용(mmotif)
제작 야진북스

이 책의 인세는 전액 황촉규장학금에 기부됩니다.

Copyright ⓒ 2023 김성란과 목수책방의 독점 계약에 의해 출간되었으므로 이 책에 실린 내용의 무단 전재와 무단 복제, 광전자 매체 수록을 금합니다.

ISBN 979-11-88806-41-6 (03300)

가격 20,000원